合肥工业大学图书出版专项基金资助项目

基础化学实验

主 编　姚　鑫

副主编　刘　娟　叶跃雯

　　　　杨　曦　周万鹏

　　　　翟　颖

合肥工业大学出版社

图书在版编目（CIP）数据

基础化学实验/姚鑫主编 . —合肥：合肥工业大学出版社，2024
ISBN 978 - 7 - 5650 - 6122 - 6

Ⅰ.①基…　Ⅱ.①姚…　Ⅲ.①化学实验—高等学校—教材　Ⅳ.①O6 - 3

中国国家版本馆 CIP 数据核字（2024）第 014294 号

基础化学实验

姚　鑫　主编		责任编辑　赵　娜	
出　　版	合肥工业大学出版社	版　次	2024 年 1 月第 1 版
地　　址	合肥市屯溪路 193 号	印　次	2024 年 1 月第 1 次印刷
邮　　编	230009	开　本	787 毫米×1092 毫米　1/16
电　　话	理工图书出版中心：0551 - 62903004	印　张	20
	营销与储运管理中心：0551 - 62903198	字　数	462 千字
网　　址	press. hfut. edu. cn	印　刷	安徽联众印刷有限公司
E-mail	hfutpress@163. com	发　行	全国新华书店

ISBN 978 - 7 - 5650 - 6122 - 6　　　　　　　定价：56.00 元

前　言

化学是一门以实验为基础的学科,实验教学是化学教学过程中的重要环节。基础化学实验是高等院校化学、材料化学、高分子材料与工程、药学、环境等专业学生必修的主干基础课程之一。它既是一门独立的课程,又与化学理论课程密切相关。其主要任务是通过实验加深学生对化学中的基础理论、基本概念的理解;帮助学生掌握化学实验的基本实验方法、基本操作和技能;让学生学会正确地使用基本仪器测量实验数据,正确地处理实验数据和表达实验结果。为锻炼学生的实验技能,提高其分析问题、解决问题的能力,培养其科学研究能力和创新思维,本书根据教学大纲的基本要求,依据普通高等学校历年来的实验教学实践,共编入 50 个实验,供不同专业学生选用。同时,本书根据现代化学的发展需要、实验仪器设备的调整,对原有的实验内容进行了调整和更新。

本书共分为四大部分:基础化学实验基本知识与基本操作、基础型实验、综合型实验和附录。每个实验都明确了实验教学的目的,透彻地分析了实验的原理,详细描述了实验的步骤,并有针对性地设计了思考题,能更好地辅助学生顺畅的完成实验内容、把握实验的重点,并引导学生进行深度思考,进一步强化学生对理论知识的理解。

本书第 1 章、第 3 章 3.6 节、第 4 章及附录部分由姚鑫编写;第 2 章、实验 1~12 由周万鹏编写;实验 13~21、实验 46~50 由刘娟编写;实验 22~29、实验 42~45 由杨曦编写;实验 30~41 由叶跃雯编写;第 3 章 3.1~3.5 节由翟颖编写;由姚鑫对全书作最终修改和整理。本书的出版得到了合肥工业大学化学与化工学院和合肥工业大学出版社的大力支持和帮助。此外,史成武教授、倪刚副教授和叶同奇副教授在书稿的编写过程中进行了多次校审,提出了很多宝贵的意见和建议,在此表示由衷的感谢!

由于编者水平有限,书中不足之处在所难免,恳请读者批评指正,以便进一步修改和完善。

编　者

2023 年 7 月

目　　录

上　篇

基础化学实验基本知识与基本操作

第1章 基础化学实验的目的及学习方法

1.1 基础化学实验的目的

化学是一门以实验为基础的学科。化学理论和规律的形成大多建立在对大量实验资料分析、概括、综合和总结的基础上,而进一步的实验又为理论的完善、发展和应用提供了依据。化学实验是化学教学中一门独立的课程,贯穿化学教学的始终,也是实施全面化学教学、提高化学能力的最有效的形式。化学实验教学的目的不仅是传授化学实验基本技能和方法,更重要的是借助实验这一途径培养学生动手、科学思维、协作等多方面的能力。

基础化学实验是化学、化工及相关专业本科生的必修实验课程。该课程的主要目的如下:

(1)巩固和加深学生对化学理论课程中相关理论的理解;

(2)指导学生了解化学的研究方法,掌握相关实验的基本操作和仪器的使用方法;

(3)通过对实验现象的观察、实验数据的处理及实验报告的撰写,学生具备实验设计、实验方案筛选与确定、实验条件优化和实验结果分析等专业研究必备的技能;

(4)培养学生实事求是的科学态度和准确细致的科学习惯。

1.2 基础化学实验的学习方法

将正确的学习态度与科学的学习方法相结合,才有可能取得最好的学习效果。在学习基础化学实验时,应该掌握好以下几个学习环节。

1.2.1 课前预习

充分预习是做好实验的前提和保证,也是培养学生自主学习的形式之一。实验课是在教师指导下由学生独立完成的,学生是实验课的主体,因此学生只有在课前充分理解实验原理、操作重点,明确需要解决的问题,了解如何做和为什么这样做,才能主动和高效地进行实验,取得较好的效果,并感受到实验课的乐趣和意义。预习过程需做到以下几点。

(1)钻研实验教材。认真阅读实验教材和相关的参考资料,达到明确实验目的、理解实验原理、熟悉实验内容和实验操作步骤、掌握实验方法的目的。找出顺利完成实验的关键步骤和方法。了解实验的注意事项,熟悉安全注意事项。

(2)合理安排好实验。在熟悉实验内容的基础上,需要对实验内容的操作过程做一个合理的时间规划。例如,干燥的器皿或热水应提前做准备;为避免使用公用仪器而浪费时间可适当调整实验先后顺序。对设计性实验应该设计出具体的实验方案和详细的实验步骤,对各项实验内容应该预测可能出现的实验现象。

(3)撰写预习报告。根据教材中设计的预习报告,认真地完成每一个问题。这样做可以帮助学生理解实验,有助于实验的顺利进行。

1.2.2 课堂讨论

实验教学是一个师生互动学习的过程,因此对实验而言讨论是十分重要的。一般实验讨论安排在学生开始动手实验之前,讨论内容基本包括如下几项。

(1)对实验原理和方法的讨论。教师可通过提问的形式指出实验的关键,由学生回答,以加深学生对实验内容的理解并检查预习情况。

(2)教师或学生进行实验中操作的示范及讲评。

(3)对上次实验进行总结和评述;不定期举行实验专题讨论,交流实验方面的心得体会,对实验方案进行总结。

1.2.3 实验操作

在教师的指导下,独立地进行实验是实验课的主要教学环节。实验过程应注意以下几点。

(1)规范操作。基本操作训练是大学初级阶段实验学习的第一要务,操作是否规范直接决定实验结果的好坏。实验时要遵循实验要求,认真、正确地操作,多动手、动脑,仔细观察、积极思考,及时、如实地做好记录,要善于合理和充分地安排时间。遇到问题及时与教师沟通。

(2)仔细观察记录并分析实验现象。在实验中物质的颜色和状态的变化、沉淀的生成和溶解、气体的产生、反应前后温度的变化等都属于实验现象。透过现象看本质是科学工作者必须具备的素质。

(3)正确记录实验数据。实验中现象和数据均需记录在实验记录本上。要详细注明数据所指代的物理量及物理量的单位等。记录要求及时、实事求是,决不能拼凑或伪造数据。实验数据的表达要与实验的方法或仪器的精密度相匹配,当数据较多时最好用表格的形式记录。

1.2.4 实验报告

做完实验后,要及时撰写实验报告,将感性认识上升为理性认识。实验报告要求文字精练、内容确切、书写整洁,应有自己的看法和体会。实验报告内容包括以下几个部分。

(1)实验流程。其包括实验目的、简明原理、实验步骤(尽量用简图、反应式、表格等)、装置示意图等。

(2)记录部分。其包括观察到的实验现象,测得的数据等。

(3)实验结论。其包括现象的分析与解释,数据的处理,结果的归纳与讨论,对实验的改进意见、体会等。这部分是实验报告的核心内容,也是考查学生对实验掌握程度的主要依据。尤其是对现象的分析和讨论及对实验的改进意见部分,体现了学生对实验思考的主动性,是学生提高实验能力的有效途径,也为学生独立科学工作的开展奠定了良好的基础。

1.3　基础化学实验室规则

(1)实验前充分预习,写好预习报告,否则不得进行实验。

(2)提前5分钟进入实验室,为实验做好准备。

(3)实验时保持实验室安静,不得打闹、大声喧哗。

(4)认真完成规定实验,如果对实验步骤和操作有改动或希望做规定内容以外的实验,那么应先与教师商洽,得到允许后方可进行。

(5)实验过程中,保持实验台面的干净、整洁。试剂和仪器应整齐地摆放在规定的位置。应特别注意的是,取用试剂前一定要先看标签,用好后放回原处。有腐蚀性或污染性的废液应倒入废液桶或指定的容器内。火柴梗、碎玻璃等废物应倒入垃圾桶内,不得随地乱扔。

(6)实验结束后,将预习报告、实验记录交给教师检查,教师签字后方能离开实验室。

(7)离开实验室前,应将实验仪器清洗干净,做好个人的台面卫生并洗手。

(8)各实验台学生轮流值日,打扫地面,保持实验室内清洁卫生,关好窗户、水、电。

第2章 化学实验的安全知识

2.1 化学实验室安全总则

为了贯彻"安全第一,预防为主"的方针,保证有一个安全、整洁的工作实验环境,使实验室人员安全、有序地开展科研和实验工作,特制定以下条例。

1. 第一责任人制

各实验室安全第一责任人全面负责实验室的安全,并检查、督促实验室内成员的安全操作和实验室清洁卫生工作,保证所属实验室地面、试剂架、试剂橱、实验操作台、书桌的干净整洁。

2. 三级安全教育制

各类人员进实验室前必须接受系、教研室和课题组三级安全教育。实验室安全责任人须对新进实验室从事科研、实验、实习的人员,进行技术安全知识教育,一旦允许上述人员上岗,则视作安全教育考核通过。各类人员离校前必须进行一次清理和交接班工作,经课题组长验查获准后方可办理离校手续。

3. 严禁脱岗

做实验期间严禁脱岗。过夜实验应有专人值班,对没有专人值班的过夜实验,须认真填写过夜实验登记单,按照"过夜实验管理规定"执行。

4. 事故报告

凡发生事故者,必须提交事故报告,隐瞒不报者要追查事故直接人责任。对重大事故,安全管理部门和课题组要按照"四不放过"(事故原因不清不放过、事故责任者未受处罚不放过、相关人员没有受到教育不放过、没有防范措施不放过)的原则处理;触犯刑律者交司法部门依法追究其刑事责任。

5. 安全的一般规定

(1)熟悉所使用的化学物质的特性和潜在危害。

(2)检查设备性能,充分考虑使用设备的局限性,不得盲目操作。

(3)不得在实验室储藏食品、进餐、抽烟、使用化妆品及清洗隐形眼镜等。不得将家属、小孩、亲友带进化学实验室。

(4)熟悉在紧急情况下的逃离路线和紧急疏散方法;清楚灭火器材、安全淋浴间、眼睛冲洗器的位置及使用方法,急救电话等。

(5)始终保持实验楼(室)消防通道的畅通,最小化存放实验室的试剂数量,严禁实验室储存剧毒药品。

(6)挥发性实验必须在通风柜内进行,密闭和有压力的实验必须在特种实验室进行。

(7)遇试剂溢出,应当立即清除。若溢出物有剧毒气体挥发,当事人无法处理,则必须及时疏散人员并封闭现场,立即报告导师和学校保卫部门。

(8)及时按规定处理废弃化学品,包括化学废弃物、过期化合物、生物废弃物等。

(9)实验楼(室)内禁止吸烟。严禁违章使用明火。

(10)工作时间之外,不允许在实验室单独操作大型仪器和使用危险化学品,或单独处于具有潜在危险的场所。

(11)保持实验室干净、整洁,无堆积,每天至少清理一次实验台面,通常在下班前或完成某个特定实验后进行。

(12)离开实验室前须洗手,不可穿着实验服和戴手套进入楼外公共场所,如餐厅和图书馆等。

6. 化学药品的储藏、保管规定

(1)所有化学药品的容器都必须贴上清晰的标签,以标明内容物及其潜在危险。

(2)所有化学药品都应具备物品安全数据清单。

(3)对于在储藏过程中不稳定或易形成过氧化物的化学药品须加注特别标记。将不稳定的化学品分开储藏,标签上标明购买日期。

(4)化学药品储藏的高度应合适,通风橱内不得储存化学药品。

(5)装有腐蚀性液体的容器的储藏位置应当尽可能低,并加垫收集盘。

(6)将互不兼容的化学品分开储藏。避免这些化学品相互作用产生有毒烟雾、火灾,甚至爆炸。

(7)挥发性和毒性物品需要特殊储藏,未经允许实验室不得储存类似药品。

(8)实验室内不得储存大量易燃化学药品,并按"控制实验室试剂使用量的规定"执行。

7. 易燃液体的使用规定

(1)将易燃液体的容器置于较低的试剂架上。取液后立即密闭容器盖子。

(2)易燃液体溢出,应立即清理干净。及时参阅物品安全数据清单。

【注意事项】

有些溢出物气体毒性很大。

(3)允许在通风柜里使用的易燃液体不得超过 5 L。

(4)用加热器加热时必须小心,最好用油浴或水浴,不得用明火加热。

(5)不得将腐蚀性化学品、毒性化学品、有机过氧化物、易自燃和放射性物质保存在一起。这些物品包括但不限于漂白剂、硝酸、高氯酸和过氧化氢。

(6)熟悉离实验室最近的灭火器材的位置并会使用。灭火器材包括二氧化碳灭火器、干粉灭火器、灭火毯和黄沙。

(7)认真做好废弃化学品的分类处理,配合废试剂回收人员,每日清空废试剂。

(8)严格遵守物品安全数据清单要求。

8. 压缩气体和气体钢瓶的使用规定

(1)压缩气体属一级危险品,包括永久气体(第一类)、液化气体(第二类)和溶解气体(第三类)。

(2)普通实验室的钢瓶数量和压缩气体容量限制存放,普通实验室内严禁存放氢气、乙炔、氯气、氟气等易爆或剧毒气体。

(3)压缩气体钢瓶应当直立放置,确保单独靠放实验台或墙壁,并用铁索固定以防倾倒;压缩气体钢瓶应当远离热源、腐蚀性材料和潜在的冲击;当气体用完或不再使用时,应将钢瓶立即退还供应商;钢瓶转运应使用钢瓶推车并保持直立,同时关紧阀门、卸掉调节器,并用安全帽保护。

(4)压缩气体钢瓶必须在阀门和调节器完好无损的情况下和通风良好的场所使用;涉及有毒气体应增加局部通风。压力表与减压阀不可沾上油污。

(5)打开减压阀前应当擦净钢瓶阀门出口的水和尘灰。

(6)检查减压阀是否有泄漏或损坏,钢瓶内保存适当余气。

(7)钢瓶表面要有清楚的标签,注明气体名称。

(8)每次用过气体,将钢瓶主阀关闭并释放减压阀内过剩的压力。

9. 化学废水和废弃物的处理规定

【注意事项】

化学试剂、实验后的废液、残渣和受到化学品污染的物品,不得倒入下水道及生活垃圾桶,必须分别放入指定的专用容器储存,统一回收,集中处理,储存容器容量不得超过10 L,须放置在实验室指定位置。

(1)常用废化学试剂装在5 L塑料桶内,其他化学试剂要注明品名、装试剂箱。

(2)应当密切关注化学容器的标签和相关的记录。

(3)大多数化学废弃物属危险品,实验室需在指定区域存放化学废弃物,互不兼容的化学废弃物要分开储藏。

(4)尚未处理的化学品应当贴标签明示,并储藏在合适的容器内。

10. 电的使用规定

【注意事项】

输入标准插座的是50 Hz 220 V的交流电;国际标准的电线套色:相线为红色;零线为蓝色;地线为绿色/黄色。在配备电器与插座之间的导线时务必遵守此标准。

(1)实验室内严禁私拉私接电线。若需加装,则经批准后请专业部门帮助。

(2)不用潮湿的手接触电器。

(3)不得超负荷使用电插座。

(4)不得在同一个电插座上连接多个插座并同时使用多种电器。

(5)确保所有的电线设备足以提供所需的电流强度。

(6)长时间不使用的负载必须切断电源(包括接线板)。

11. 液氮的使用规定

【注意事项】

制冷剂会引起冻伤;少量制冷剂接触眼睛会导致失明;少量的液氮可以产生很多气体,液氮的快速蒸发可能会造成现场空气缺氧。

(1)处理接触液氮的任何事情都要戴上防冻手套。

(2)穿上长度过膝的长袖实验服。

（3）穿上封闭式的鞋,戴好防护眼镜,必要时戴防护面罩。

（4）环境保持空气流畅。

12.防火安全注意事项

（1）实验室禁止使用敞开式电炉。实验室内严禁存放大量的易燃、可燃试剂。遇水燃烧物,剧毒品、爆炸品要集中加锁保管(剧毒品、爆炸品领用要经安全管理部门审批)。

（2）各类液化压缩气钢瓶应放在通风避光的地方,要用铁链条固定防止倾斜倒地。

（3）实验室的配电箱内禁止放易燃物品和杂物,配电箱门应能保持正常开启,烘箱周围不能放易燃物品,冰箱内禁止放与实验无关的物品。

（4）实验室电器、电线损坏,应报后勤派人修理,禁止非电工做电工工作。

（5）制定实验室的消防安全制度,检查实验室安全防火工作,发现隐患应采取有效措施,及时报安全管理部门。

2.2 实验室紧急应变指南

2.2.1 实验室紧急应变措施

1.衣物着火

（1）就地翻滚熄灭火苗或者使用灭火毯覆盖,若安全冲洗设备可用,则立即用水浸透衣物。

（2）如有必要,采取医学处理。

（3）向教师和学校保卫部门报告事故。

2.化学品溅到身体

（1）用紧急冲洗设备或水龙头将身体溅到的部位在快速流动的水下冲洗至少 5 min。

（2）立即除去被溅到的衣物。

（3）确认化学品没有进到鞋内。

（4）如有必要,采取医学处理。

（5）向教师和学校保卫部门报告事故。

3.轻微割破和刺伤

（1）使用水冲洗伤口几分钟并用力地挤出血液。

（2）如有必要,采取医学处理。

（3）向教师和学校保卫部门报告事故。

4.身体受到放射性污染

（1）除去受污染的衣物。

（2）用水彻底冲洗被辐射部位。

（3）如有必要,采取医学处理。

（4）向教师和学校保卫部门报告事故。

2.2.2 医疗急救快速处理步骤

（1）保持冷静,立即告知校医院。

（2）如有必要,马上采取可以救生的一切措施。

(3)除非有被进一步伤害的可能,否则不要轻易移动受伤人员。

(4)做好受伤人员的保暖工作。

(5)由医务室医生打急救中心电话求助。

(6)轻伤可直接去校医院治疗。

2.2.3 重大事故快速处理步骤

(1)将受伤或受辐射人员抬离事故现场。

(2)疏散事故现场人群。

(3)报告学校保卫部门和校医院。

(4)封锁现场。

(5)现场应有处理事故经验丰富的人员和学校保卫部门及校医院人员。

2.2.4 紧急灭火

1. 注意事项与预防措施

(1)小型火灾可用灭火器直接将火熄灭,无须疏散人群。为防止火势失控,随时做好疏散人群的准备也是至关重要的。

(2)不要进入充满烟雾的房间。

(3)不要在没有后援人员的情况下独自进入着火的房间。

(4)不要在房门上半部分摸上去发热的情况下将门打开。

(5)切断房内电源。

(6)移出钢瓶。

2. 紧急状况下的应对措施

1)小火的应对措施

(1)立即通知实验室人员,呼叫周围可以提供帮助的人员,立即移走周围所有易燃物品;

(2)使用正确的灭火器材,包括灭火器、黄沙桶、灭火毯等;

(3)灭火器应对准火焰的底部喷射;

(4)随时保持逃生途径的通畅;

(5)避免受到烟熏。

2)大火的应对措施

(1)立即通知并疏散实验室人员,对正在进行的实验装置进行紧急处置;

(2)尽可能移出钢瓶,将门关闭以控制火势蔓延;

(3)将人群疏散到安全区域或通过应急消防楼梯逃离现场,不得使用电梯;

(4)拨打火警电话;

(5)现场应有处理事故经验丰富的人员和学校保卫部门及校医院人员。

2.2.5 化学药品溅出

1. 注意事项和预防措施

(1)知道实验室使用的危险品数量与种类,并对可能发生的化学品溅出事故有安全预防措施。

(2)了解所使用的化学药品的性质。

(3)可以用带有使用说明的溅出物处理包(盒)、吸收剂、反应剂和防护设备来清理轻微化学品溅出。轻微化学品溅出是指实验人员在没有急救人员在场的情况下,能自行安全地处置的事故。所有其他化学品溅出事故都应被视为重大事故。

(4)确认化学品安全技术说明书(Material Safety Data Sheet,MSDS)是有效的。

2. 紧急状况下的应对措施

1)轻微化学品溅出

(1)通知事故现场人员;

(2)必要时穿戴防护设备,包括防护眼镜、手套和防护衣等;

(3)避免吸入溅出物产生的气体;

(4)将溅出物影响区域控制在最小范围内;

(4)用合适的器具去中和、吸收无机酸,收集残留物并放置在容器内,当作化学废弃物处理。

(5)对于其他化学品溅出,可用合适的器具、干沙等吸收溅出物。收集残留物并放置在容器内,当作化学废弃物处理。

(6)用水清洗事故的现场。

2)重大化学品溅出

(1)尽快将受伤或受辐射人员搬离事故现场;

(2)疏散事故现场人群;

(3)若溅出化学品属易燃品,则要关掉点火源和热源;

(4)封锁现场,并拨打学校保卫部门电话。

2.3 化学药品灼伤或中毒应急处理措施

2.3.1 腐蚀物品灼伤的急救方法

(1)硫酸、发烟硫酸、硝酸、发烟硝酸、氢碘酸、氢溴酸、氯磺酸触及皮肤时,应立即用大量流动清水持续冲洗,随后用2%~5%的碳酸氢钠溶液冲洗,最后用清水冲洗。灼伤严重应及时送医院救治。

【注意事项】

氢氟酸能腐烂指甲、骨头,滴在皮肤上,会形成难以治愈的烧伤。皮肤被其灼伤后,应先用大量水冲洗20 min以上,再用冰冷的饱和硫酸镁溶液或70%的酒精浸洗30 min以上;或用大量水冲洗后,用肥皂水或2%~5%的碳酸氢钠溶液冲洗,用5%的碳酸氢钠溶液湿敷。局部可用松软膏、紫草软膏及硫酸镁糊剂外敷。

(2)氢氧化钠、氢氧化钾等碱灼伤皮肤时,先用大量清水冲洗,再用1%的硼酸溶液或2%的乙酸溶液浸洗,最后用清水洗。

(3)三氯化磷、三溴化磷、五氯化磷、五溴化磷触及皮肤时,应立即用清水冲洗5 min以上,再送往医院救治。磷烧伤可用湿毛巾包裹,也可用1%的硝酸银或1%的硫酸钠冲洗15 min后进行包扎。禁用油质敷料,以防磷吸收引起中毒。

(4)一旦有溴沾到皮肤上,立即用20%的硫代硫酸钠溶液冲洗,再用大量水冲洗干净,包上消毒纱布后就医。溴灼伤可用水冲洗,也可用1体积25%的$NH_3 \cdot H_2O$、1体积松节油和10体积95%的酒精混合液涂敷。

(5)盐酸、磷酸、偏磷酸、焦磷酸、乙酸、乙酸酐、氢氧化铵、次磷酸、氟硅酸、亚磷酸、煤焦酚触及皮肤时,立即用清水冲洗。

(6)无水三氯化铝、无水三溴化铝触及皮肤时,可先干拭,然后用大量清水冲洗。

(7)甲醛触及皮肤时,可先用水冲洗,再用酒精擦洗,最后涂擦甘油。

(8)碘触及皮肤时,可用淀粉物质(如米饭等)涂擦。

【注意事项】

在受上述灼伤后,若创面起水泡,均不宜把水泡挑破。

2.3.2 化学药品中毒时应急处理方法

实验中若感觉咽喉灼痛,出现嘴唇脱色或发绀,胃部痉挛或恶心呕吐、心悸、头痛等症状,则可能是中毒所致。视中毒原因施以不同急救后,立即送往医院治疗。

1. 一般的应急处理方法

误服后的应急处理方法:为了降低胃中药品的浓度,延缓毒物被人体吸收的速度并保护胃黏膜,可饮用牛奶,打匀的鸡蛋、面粉、淀粉或土豆泥的悬浮液及水等。如果一时没有上述物品,那么可在500 mL的蒸馏水中,加入约50 g活性炭,用前再添加400 mL蒸馏水(一般10～15 g活性炭,大约可吸收1 g毒物),充分摇动润湿,给患者分次少量吞服进行引吐或导泻。同时,迅速送往医院治疗。

吸入时的应急处理方法:立即将患者转移到空气新鲜的地方,解开衣服,放松身体;呼吸能力减弱时,要立刻进行人工呼吸,并尽快送往医院急救。

2. 无机化学药品中毒的应急处理方法

(1)强酸(致命剂量1 mL):误服后立即饮服200 mL氧化镁悬浮液或者氢氧化铝凝胶、牛奶及水等,迅速把毒物稀释。然后再大量服用打匀的鸡蛋作为缓和剂,立即送往医院治疗。

(2)强碱(致命剂量1 g):误服后立即用食道镜观察,直接用1%的醋酸水溶液将患部洗至中性,然后迅速饮服500 mL稀的食用醋(1体积食用醋加4体积水)或鲜橘子汁将其稀释。

(3)氨气:立即将患者转移到空气新鲜的地方,然后给其输氧。当氨气进入眼睛时,应让患者躺下,用水洗涤角膜至少5 min,再用稀醋酸或稀硼酸溶液洗涤。

(4)卤素气体:立即将患者转移到空气新鲜的地方,保持安静。当吸入氯气时,给患者嗅1:1的乙醚与乙醇的混合蒸气;当吸入溴气时,应给患者嗅稀$NH_3 \cdot H_2O$。

(5)二氧化硫、二氧化氮、硫化氢气体:立即将患者转移到空气新鲜的地方,保持安静。当二氧化硫、二氧化氯、硫化氢气体进入眼睛时,应用大量水冲洗,并用水洗漱咽喉。

(6)砷(致命剂量0.1 g):立即使患者呕吐,然后饮服500 mL牛奶,再用2～4 L温水洗胃,每次用200 mL。

(7)汞(致命剂量70 mg):先饮服牛奶以缓解胃的吸收,然后立即饮服二巯丙醇溶液及泻剂(将 30 g 硫酸钠溶解于 200 mL 水中)。

(8)铅(致命剂量 0.5 g):保持患者每分钟排尿量为 0.5~1 mL,至连续 1~2 h 以上。饮服 10% 的右旋糖苷水溶液(按每千克体重 10~20 mL 计)。或者,以每分钟 1 mL 的速度,静脉注射 20% 的甘露醇水溶液,至每千克体重达 10 mL 为止。

(9)镉(致命剂量 10 mg)、锑(致命剂量 100 mg):立即使患者呕吐。

(10)钡(致命剂量 1 g):将 30 g 硫酸钠溶解于 200 mL 水中,给患者服用或洗胃导出。

(11)硝酸银:将 3~4 茶匙食盐溶解于一杯水中饮服。然后,服用催吐剂,或者进行洗胃,或者饮服牛奶。接着用大量水吞服 30 g 硫酸镁泻药。

3. 有机化学药品中毒的应急处理方法

误食有机试剂如醛酮、胺类、酚类、烃类后再立即饮服大量水或牛奶以减少胃对有机试剂的吸收,接着用洗胃或催吐等方法,使吞食的有机试剂排出体外,然后服下泻药。

(1)甲醇(致命剂量 30~60 mL):用 1%~2% 的碳酸氢钠溶液充分洗胃。然后,把患者转移到暗房,以抑制二氧化碳的结合能力。为了防止酸中毒,每隔 2~3 h,经口吞服 5~15 g 碳酸氢钠。同时,为了阻止甲醇的代谢,在 4 日内,每隔 2 h,以平均每千克体重0.5 mL 的数量,饮服 50% 的乙醇溶液。

(2)乙醇(致命剂量 300 mL):用自来水洗胃,除去未吸收的乙醇。然后,一点点地吞服 4 g 碳酸氢钠。

(3)酚类化合物(致命剂量 2 g):(a)吞食的情况:马上给患者饮服自来水、牛奶或吞食活性炭,以减缓毒物被吸收的程度,接着反复洗胃或催吐,然后再饮服 60 mL 蓖麻油及泻剂(将 30 g 硫酸钠溶解于 200 mL 水中)。

(b)烧伤皮肤的情况:先用乙醇擦去酚类物质,然后用肥皂水及水洗涤。

(4)乙二醇:用洗胃、饮服催吐剂或泻药等方法,除去吞食的乙二醇。然后,静脉注射 10 mL 10% 的葡萄糖酸钙,使其生成草酸钙沉淀。同时,对患者进行人工呼吸。

(5)乙醛(致命剂量 5 g)、丙酮:用洗胃、饮服催吐剂等方法,除去吞食的乙醛。然后饮服泻药。当患者呼吸困难时应输氧。

(6)苯胺(致命剂量 1 g):当苯胺沾到皮肤时,应用肥皂和水将其洗擦除净。当吞食苯胺时,应用洗胃、饮服催吐剂或泻药等方法,除去苯胺。

(7)三硝基甲苯(致命剂量 1 g):当三硝基甲苯沾到皮肤时,应用肥皂和水将其彻底洗去。当吞食三硝基甲苯时,应用洗胃或饮服催吐剂等方法,除去大部分三硝基甲胺,然后饮服泻药。

(8)有机磷(致命剂量 0.02~1 g):误服后应饮服催吐剂催吐,或用洗胃等方法将其除去。沾在皮肤、头发或指甲等地方的有机磷,彻底洗去。

(9)甲醛(致命剂量 60 mL):误服后应立即饮服大量牛奶,再用洗胃或催吐等方法,使甲醛排出体外,然后饮服泻药。有可能的话,可饮服 1% 的碳酸铵水溶液。

(10)二硫化碳:误服后应立即给患者洗胃或饮服催吐剂催吐,再使患者躺下并注意保暖,保持通风良好。

(11)一氧化碳(致命剂量 1 g):清除火源,立即将患者转移到空气新鲜的地方,使其躺下,并注意保暖。

2.4 实验室防火防爆安全

2.4.1 实验室防火安全须知

(1)实验室必须存放一定数量的消防器材,消防器材必须放置在便于取用的明显位置,指定专人管理,且定期检查更换,全体人员要爱护消防器材。

(2)实验室内存放的一切易燃、易爆物品(如氢气、氨气等)必须与火源、电源保持一定距离,不得随意堆放。使用和储存易燃、易爆物品的实验室,必须严禁烟火。

(3)倾倒易燃液体时,应远离火源。加热易燃液体必须在水浴上或密封电热板上进行,严禁用火焰或火炉直接加热。

(4)酒精切勿装满,酒精添加量应不超过其容量的三分之二,灯内酒精量不足其容量的四分之一时,应灭火后添加酒精。燃着的酒精灯应用灯帽盖灭,不可用嘴吹,以防引起灯内酒精起燃。

(5)易燃液体的废液,应设置专门容器收集,不得倒入下水道,以免引起爆炸事故。

(6)可燃气体钢瓶与助燃气体钢瓶不得混合放置,各种钢瓶不得靠近热源、明火,禁止碰撞与敲击。

(7)实验室内未经批准、备案,不得使用大功率电设备,以免超出用电负荷。

(8)禁止在楼内走廊上堆放物品,要保证消防通道畅通。

2.4.2 实验室防爆常识

有些化学物品在外界作用下(如受热、受压、撞击等),能发生剧烈化学反应,瞬间产生大量的气体和热量,使周围压力上升,发生爆炸。常见易燃易爆化学品及作用物质见表1-2-1所列。

表1-2-1 常见易燃易爆化学品及作用物质

主要物质	互相作用的物质	产生结果
浓硝酸、硫酸	松节油、乙醇	燃烧
过氧化氢	乙酸、甲醇、丙酮	燃烧
高氯酸钾	乙醇等有机物	爆炸
钾、钠	水	爆炸
乙炔	银、铜、汞化合物	爆炸
硝酸盐	酯类、乙酸钠、氯化亚锡	爆炸
过氧化物	镁、锌、铝	爆炸

2.4.3 化学实验室火灾、爆炸预防

(1)严禁在开口容器或密闭体系中用明火加热有机溶剂。

【注意事项】

当用明火加热易燃有机溶剂时,应有蒸汽冷凝装置或合适的尾气排放装置。

（2）废溶剂严禁倒入污物缸,应收集于指定的回收瓶中,再集中处理。

（3）金属钠严禁与水接触,废钠通常用乙醇销毁。

（4）不得在烘箱内存放、干燥、烘焙有机物。

（5）使用氧气钢瓶时,不得让氧气大量溢入室内。

（6）经常检查煤气开关,并保持完好。

（7）当开启储存有易挥发药品的瓶盖时,应先充分冷却,然后再开启。开启时瓶口应指向无人处。

（8）当操作大量可燃气体时,应防止气体溢出,保持室内通风良好,严禁使用明火。

【注意事项】

某些有机物遇氧化物会剧烈燃烧或爆炸。应将有机药品和强氧化剂（如氯酸钾、硝酸钾、过氧化物等）分开存放。

2.4.4　灭火方法

（1）电器着火:先切断电源,再用干粉或气体灭火器灭火,以防触电或电器爆炸伤人。

（2）人身上着火:脱下着火的衣服,俯伏及滚动身体灭火。

使用室内消火栓灭火的具体操作:打开消火栓门,取出水带和水枪;甩开水带,水带一头插入消火栓接口,另一头接好水枪;一人持水枪靠近着火区,一人转开水阀。

2.4.5　火灾中逃生方法

（1）用湿毛巾等捂严口、鼻,弯腰走或匍匐前进,最好沿墙面逃生。

（2）当受到火势威胁时,要当机立断披上浸湿的衣物或被褥等向安全出口方向冲出去。

（3）逃生过程中若经过火焰区,则用湿衣被子等包裹头部和身体后再冲出火场。

（4）室外着火,千万不要开门,以防大火窜入室内,要用浸湿的被褥、衣物等堵塞门窗缝,并泼水降温。

（5）千万不要盲目跳楼,可以用疏散楼梯、阳台、落水管等逃生自救,也可以用绳子(可把床单、被单撕成条状,连成绳索)紧拴在窗框、暖气管、铁栏杆等固定物上,再用毛巾、布条等保护手心,顺绳滑下或下到未着火的楼层脱离险境。

（6）若逃生路线被大火封锁,则立刻退回室内,用打手电筒、挥舞衣物、呼叫等方式向窗外发送求救信号,等待救援。

2.4.6　火灾中安全疏散方法

（1）电梯不能作为疏散楼梯,火灾时严禁使用电梯。

（2）实验室安全出口数不得少于两个。

（3）消防通道不能堆放杂物和易燃、易爆品。

（4）疏散门不得设置门槛,门应向疏散方向开启。

（5）人员密集场所,地下建筑等疏散走道和楼梯上应设置事故照明和安全疏散标志。

第3章 化学实验的试剂、仪器及操作

3.1 实验室用水

3.1.1 实验室用水的级别及主要指标

在基础化学实验中,应根据所做实验对水质量的要求,合理地选用不同规格的纯水。国家标准《分析实验室用水规格和试验方法》(GB/T 6682—2008)中规定了实验室用水的技术指标、制备方法和检验方法等。表1-3-1为实验室用水的级别及主要指标。

表 1-3-1　实验室用水的级别及主要指标

指标名称	一级	二级	三级
pH值范围(25 ℃)	—	—	5.0～7.5
电导率(25 ℃)/(mS/m)	≤0.01	≤0.10	≤0.50
可氧化物质(以 O 计)含量/(mg/L)	—	≤0.08	≤0.40
吸光度(254 nm,1 cm 光程)	≤0.001	≤0.01	—
可溶性硅(以 SiO_2 计)含量/(mg/L)	≤0.01	≤0.02	—
蒸发残渣(105 ℃±2 ℃)/(mg/L)	—	≤1.0	≤2.0

注:(1)由于在一级水、二级水的纯度下,难于测定其真实的 pH 值,因此对其 pH 值范围不做规定。

(2)由于在一级水的纯度下,难以测定可氧化物质和蒸发残渣,因此对其限量不做规定。可用其他条件和制备方法来保证一级水的质量。

电导率是纯水质量的综合指标。一级水和二级水的电导率必须"在线"(将电极装入制水设备的出水管道中)测定。纯水与空气接触或储存过程中,容器材料可溶解成分的引入、吸收空气中 CO_2 气体及其他杂质,都会引起纯水电导率的改变。水越纯,这种影响越显著,因此高纯水要临用前制备,不宜存放。

3.1.2 实验室用水的制备

(1)蒸馏法。将自来水(或天然水)在蒸馏装置中加热气化,水蒸气冷凝即得蒸馏水。该法能除去水中的不挥发性杂质及微生物等,但不能除去易溶于水的气体。通常使用的蒸馏装置用玻璃、铜和石英等材料制成,由于蒸馏装置的腐蚀,蒸馏水仍含有微量杂质。尽管如此,蒸馏水仍是化学实验中最常用的廉价的溶剂和洗涤剂。蒸馏法制备的纯水称为蒸馏水,25 ℃时其电阻率为 $1×10^5$ $Ω·cm$。

蒸馏法制备纯水设备成本低,操作简单,但能源消耗大。

(2)电渗析法。电渗析法是使自来水通过由阴、阳离子交换膜组成的电渗析器,在外电场的作用下,利用阴阳离子交换膜对水中阴、阳离子的选择透过性,使杂质离子从水中分离出来,实现净化水的方法。电渗析制备的纯水通常称为电渗析水,其电阻率一般为 $1 \times 10^4 \ \Omega \cdot cm \sim 1 \times 10^5 \ \Omega \cdot cm$,比蒸馏水的纯度略低。该法不能除去非离子型杂质,仅适用于要求不是很高的分析工作。

(3)离子交换法。离子交换法是使自来水通过装有阳离子交换树脂和阴离子交换树脂的离子交换柱,利用交换树脂中活性基团与水中杂质离子的交换作用,除去水中的杂质离子,实现净化水的方法。用此法制得的纯水通常称为去离子水,其纯度较高,但此法不能除去水中非离子型杂质,且去离子水中常含有微量的有机物。25 ℃ 时其电阻率一般在 $5 \ M\Omega \cdot cm$ 以上。

纯水并不是绝对不含杂质,只是杂质含量极少而已。随着制备方法和所用仪器的材料不同,其杂质的种类和含量也有所不同。纯水的质量可以通过水质鉴定:检查水中杂质离子含量的多少来确定。通常采用物理方法,即用电导率仪测定水的电导率,用电导率衡量水的纯度。水的纯度越高,杂质离子的含量越少,水的电导率也就越高。故根据测得的水的电阻率的大小,就可确定水质的好坏。

3.1.3 实验室用水的检验

纯水质量的主要指标是电导率(或换算成电阻率),一般的化学分析实验都可参考这项指标选择适用的纯水。特殊情况下(如生物化学、医药化学等方面)的实验用水往往需要对其他有关指标进行检验。

测定电导率应选用适于测定高纯水的电导率仪(最小量程为 $0.02 \ \mu S/cm$)。测定一、二级水时,电导池常数为 $0.01 \sim 0.1$,且需进行在线测定。测定三级水时,电导池常数为 $0.1 \sim 1$,需用烧杯接取约 $300 \ mL$ 水样,立即测定。

3.2 化学试剂

3.2.1 化学试剂的分类

化学试剂种类众多,世界各国对化学试剂的分类和分级及标准不尽相同,我国化学试剂以国家标准为主,通常把化学试剂分为四个等级(见表 $1-3-2$ 所列)。

表 $1-3-2$ 我国化学试剂的等级

化学试剂等级	一级试剂 (优级纯,保证试剂)	二级试剂 (分析纯)	三级试剂 (化学纯)	四级试剂 (实验试剂)
符号	GR	AR	CP	LP
标签颜色	绿色	红色	蓝色	黄色
应用范围	精确分析与科学研究	一般化学分析与科学研究	一般定性实验与化学制备	化学制备

根据实验要求,可选用不同规格的试剂。选用时要注意节约,不要以为试剂越纯越好,因为级别不同的试剂,价格相差很大。若在要求不高的实验中使用较纯的试剂会造成很大的浪费。一般说来,在无机化学实验中,化学纯级别的试剂已满足纯度要求,只有在个别实验中才要求使用分析纯级别的试剂。

此外,常用的高纯试剂还包括以下几种。

(1)基准试剂:可以直接配制标准溶液的化学试剂,或用于标定其他非基准物质的标准溶液。常用的基准试剂有金属铜、氯化钠、氟化钠、三氧化二砷、草酸、草酸钠、硝酸银、碘酸钾、重铬酸钾、邻苯二甲酸氢钾、氨基磺酸等。

(2)光谱纯试剂:以光谱分析时出现的干扰谱线的数目及强度来衡量的,杂质含量需低于某一限度标准。

(3)色谱纯试剂:进行色谱分析时使用的标准试剂,在色谱条件下只出现指定化合物的峰,不出现杂质峰。

3.2.2　试剂的保管

在分析实验过程中,一般试剂应保管在通风、干燥的室内,防止被水分、灰尘或其他物质污染。根据试剂性质的不同,保管方法不同。固体试剂装在广口瓶中,液体试剂或配好的溶液盛放在细口瓶或带滴管的滴瓶中;见光易分解的试剂(如过氧化氢、硝酸银、高锰酸钾、草酸、焦性没食子酸、铋酸钠等)、与空气接触易被氧化的试剂(如硫代硫酸钠、亚硫酸钠、硫酸亚铁等)、易挥发的试剂(如溴、$NH_3 \cdot H_2O$ 及乙醇等)应盛放在棕色瓶内,置于暗处保存;氧化剂、还原剂应密封、避光保存;易侵蚀玻璃的试剂(如氢氟酸、含氟盐、苛性碱等)应保存在聚乙烯塑料瓶中;易燃试剂(如乙醇、乙醚、丙酮等)、易爆炸试剂(如高氯酸、过氧化氢等)应分开储存在通风、暗处。

每一试剂瓶上都应贴有标签,标签上面写明试剂的名称、浓度、配制日期,最好在标签外面涂上一层蜡。

3.2.3　试剂的取用

1. 固体试剂的取用

(1)用清洁、干燥的药匙(塑料、玻璃或牛角质的)取用,不能直接用手拿取。

(2)已取出的试剂,不能再倒回试剂瓶内,多取的试剂可放在指定容器内供他人使用。

(3)取试剂时,瓶塞应倒置在桌上或放在洁净的表面皿上,不能受到污染;试剂取出后应立即盖紧瓶塞,并将试剂瓶放回原处。

(4)往试管,特别是湿试管中加入固体试剂时,可将药匙伸入试管约 2/3 处,或将取出的固体试剂放在一张对折的纸条中再伸入试管,放入试管底部(见图 1-3-1)。块状固体则应沿管壁慢慢滑下。

(5)剧毒试剂应在教师指导下取用。

2. 液体试剂的取用

(1)从滴瓶中取用少量试剂时,提起滴管,使管口离开液面,用手指捏紧滴管上部的橡皮头排去空气,再把滴管伸入试剂瓶中吸取试剂。往试管中滴加试剂时,只能把滴管头放在试管口正上方(见图1-3-2),严禁将滴管伸入试管内。一个滴瓶上的滴管不能用来移取其他试剂瓶中的试剂。不能用实验者的滴管伸入试剂瓶中吸取试剂,以免污染试剂。不得把吸有试剂的滴管横置或滴管口向上斜放,以免液体流入橡皮头内,使试剂受污染或橡皮头被腐蚀。

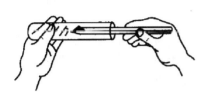 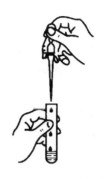

图1-3-1 往试管中加入固体试剂　　　　图1-3-2 往试管中滴加液体

(2)从细口瓶中取液体试剂时,将其瓶塞取下,倒置于实验台上或置放在洁净的表面皿中;用左手拿住容器,右手握住试剂瓶,让试剂瓶的标签朝向手心(见图1-3-3);倒出所需量的液体试剂;倒完后,应将试剂瓶口在容器上靠一下,再使瓶子垂直,以免液体试剂沿外壁流下。

将液体试剂从试剂瓶中倒入烧杯中时,可用右手握住试剂瓶,左手拿玻璃棒,使玻璃棒的下端斜靠在烧杯中,将瓶口靠在玻璃棒上,让液体试剂沿玻璃棒往下流(见图1-3-4)。

图1-3-3 液体试剂的倒取(1)　　　　图1-3-4 液体试剂的倒取(2)

3.3 分析天平

分析天平是化学实验中最常用的仪器之一,分析天平按结构分为机械式天平和电子天平,荷载一般为100~200 g。

1. 电子天平的使用方法

(1)调整:称量前检查电子天平是否处于水平位置,查看显示器中的气泡位置是否位于圆圈的中央。

(2)预热:接通电源,轻按ON键,预热30 min左右。

(3)校准:将标准砝码放入电子天平内,当屏幕稳定显示标准砝码的准确质量数值后,校准即结束。

（4）称重：用去皮键调零，将所要称量的物质放入去皮后的电子天平内，关闭玻璃门，显示所称物质的质量。

（5）关机：称量结束后，需按关机键至关机状态。

2．称量方法

直接称量法：天平调零后，直接将待称量样品放在电子天平内，关闭玻璃门，待读数稳定后记录样品的质量。这种方法适用于称量洁净干燥的器皿、金属和不易吸潮或升华的固体试剂等。

差减称量法：将待称量样品放在称量瓶中，先称量样品和称量瓶的总质量，然后左手用纸带套住称量瓶中部，放在接收试样的容器上方，右手用一干净小纸片包住瓶盖，将称量瓶倾斜在容器上方，用瓶盖轻轻敲打瓶口上方，使样品落入容器内，当倒出的样品质量接近于所需量时，盖好瓶盖，再次称量样品和称量瓶的总质量，两次相减即为所取样品的质量。这种方法适用于称量易吸潮、易氧化或易与 CO_2 反应的物质。

指定质量称量法：将称量纸置于电子天平盘上，读数稳定后，调零；手持药勺取样，在称量纸上方轻轻振动，使样品慢慢抖入称量纸上，当读数接近所需量时，停止抖入样品，记录数据。这种方法用于称量某一固定质量的样品。由于这种方法称量速度慢，因此适用于不易吸潮、在空气中能稳定存在的物质。

3.4　容量仪器

定量分析中常用的玻璃量器（简称量器）有滴定管、移液管（吸管）、容量瓶（量瓶）、量筒和量杯等。

量器按准确度和流出时间分成 A 级、A_2 级和 B 级三种。A 级的准确度比 B 级一般高一倍，A_2 级的准确度界于 A 级和 B 级之间，但流出的时间与 A 级相同。量器的级别标志，过去曾用"一等""二等"，"Ⅰ""Ⅱ"等表示，无上述字样符号的量器，则表示无级别的，如量筒、量杯等。

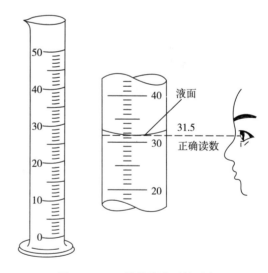

图 1-3-5　量筒及液面的观察

3.4.1　量筒

量筒是最常用的度量液体体积的仪器。它有各种容量不同的规格，可根据不同需要选用。读取量筒中液体的体积数值时，应使视线与量筒液面的弯月状凹液面的最低点保持水平（见图 1-3-5）。

量筒不能作为反应容器使用，不能加热，也不能盛放热的液体。

3.4.2 容量瓶

容量瓶是用来配制一定准确体积溶液的容器。容量瓶有多种规格，如 50 mL、100 mL、250 mL 等。当容量瓶内液体的凹液面与容量瓶上端的细颈处的刻度线相切时，瓶内液体体积可准确至±0.01 mL，如上述三种容量瓶按要求达到刻度线时，容量瓶内液体体积分别准确达到 50.00 mL、100.00 mL、250.00 mL。

使用容量瓶前，应先检查瓶塞部位是否漏水，具体方法是将容量瓶盛约 1/2 体积的水，盖上塞子，左手按住瓶塞，右手拿住瓶底，倒置容量瓶。观察瓶塞周围有无漏水现象，再转动瓶塞 180°，如仍不漏水，即可使用。

用固体配制溶液，需要先在烧杯中用少量溶剂把固体溶解（必要时可加热）。待溶液冷却至室温时，再把溶液转移到容量瓶中[见图 1-3-6(a)]。然后用蒸馏水冲洗烧杯壁 2~3 次，冲洗液都转移到容量瓶中，再加水至容量瓶标线处（接近标线时，用滴管或洗瓶逐滴加水至弯月状凹液面的最低处恰好与标线相切）。最后摇动容量瓶，使瓶中溶液混合均匀，摇动时，右手手指抵住瓶底边缘（不可用手心握住），左手按住瓶塞[见图 1-3-6(b)]，把容量瓶倒置过来缓慢地摇动[见图 1-3-6(c)]。如此重复多次即可。

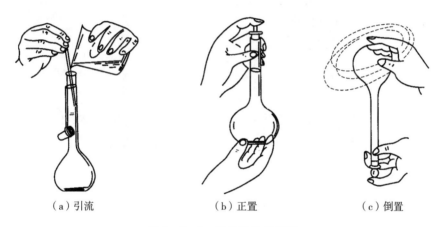

（a）引流　　　　　　（b）正置　　　　　　（c）倒置

图 1-3-6　容量瓶及其使用

3.4.3 移液管

移液管是准确量取一定体积（如 25.00 mL）液体的仪器。移液管有两种类型：一种是球形移液管，只有一条标线，只能用来移取一种体积的液体；另一种是刻度移液管（也叫作吸量管），上面有多条刻度标线，可用来量取多种体积的溶液。

1. 移液管的洗涤

使用移液管之前应先对其认真洗涤。洗涤时，先用蒸馏水洗涤 2~3 次。再用待移液洗涤 2~3 次。每次洗涤的操作都相似，具体操作方法如下：把移液管的尖端部分插入液体，用洗耳球在移液管上端将少量液体吸上来，然后用右手食指堵住移液管上端口，把移液管提离液面，然后慢慢将其一边旋转一边放平，让管内液体慢慢流淌使整支移液管都被润湿，这样就达到了洗涤的目的。洗完一次后，再将液体从移液管中放出弃掉。如此重复多次,直至按规定将移液管洗涤干净。使用蒸馏水洗涤是为了洗净移液管,使用待移取液洗涤是为了防止移液管内残留的蒸馏水将待移取液稀释。

2. 移液管的使用

移取液体时,先把移液管尖端部分深深插入液体中,再用洗耳球在移液管上端慢慢把液体吸至高于刻度线后迅速用右手食指堵住移液管的上端口[见图1-3-7(a)],将移液管提离液面后,使其垂直并微微移动食指,使液体的弯月状凹液面恰好下降到与刻度线相切,然后用食指压紧管口,使液面不再下降。小心地将移液管转入接受容器内,使管尖靠在接受容器的内壁,保持移液管垂直而接受容器倾斜,松开右手食指,让液体自由流出[见图1-3-7(b)]。待液体不再流出后,约等15 s取出移液管。因为移液管溶液只计算自由流出的液体,所以留在管内的最后一滴残留液不能吹出。移液管不使用时,应放在移液管架上,不能随便放在桌子上。实验完毕后应及时用水把移液管洗涤干净。

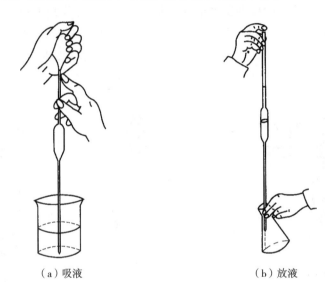

（a）吸液　　　　　　　　　（b）放液

图1-3-7　移液管及其使用

3.4.4　滴定管

滴定管主要在容量分析中用作滴定,也可用于准确取液。滴定管有两种:一种是下端有玻璃(或聚四氟乙烯)活塞的酸式滴定管(简称酸管),另一种是下端有乳胶管和玻璃球代替活塞的碱式滴定管(简称碱管),如图1-3-8所示。除碱性溶液用碱管盛装外,其他溶液一般都用酸管盛装。

滴定管的使用方法如下。

(1)检查:使用前应检查酸管的活塞是否配合紧密;碱管的乳胶管是否老化,玻璃球是否合适。如不合要求需进行更换。然后检查是否漏液:检查

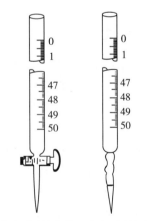

（a）酸式滴定管　（b）碱式滴定管

图1-3-8　滴定管

酸管时,关闭活塞,在管中注满自来水,直立静置 2 min,仔细观察有无水滴漏出,特别要注意是否有水从活塞缝隙处渗出,然后将活塞旋转 180°,再直立观察 2 min,看有没有水漏下。检查碱管时,直立观察 2 min 即可。

若碱管漏液,可能是玻璃球过小或乳胶管老化弹性不好,应根据具体情况进行更换。若酸管漏液或活塞转动不灵活,则应给活塞涂油。给活塞涂油方法如下:将酸管平放在桌上,取下活塞;用滤纸吸干活塞、活塞槽上的水;把少许凡士林涂在活塞的两头(切勿堵住小孔);将活塞插入活塞槽中,按同一方向旋转活塞多次,直至从外面观察全部透明且不漏水;用乳胶圈套在活塞的末端,以防止活塞脱落破损。

(2)洗涤:滴定管在使用前都要进行洗涤,洗涤干净后,需要用蒸馏水和盛装液各润洗三次,每次应使滴定管的全部内壁和尖嘴玻璃管都得到润洗。润洗液的用量为每次 6～10 mL,润洗的目的是确保盛装的溶液的浓度保持不变。

(3)装液:储液瓶直接向润洗过的滴定管中倒入溶液至"0"刻度以上,观察下端尖嘴部位是否有气泡。若酸式滴定管中有气泡,则可倾斜滴定管,迅速旋转活塞,让溶液冲出,将气泡带走;若碱式滴定管中有气泡,则可将乳胶管向上弯曲,用手指挤压玻璃球上沿的乳胶管,让溶液冲出,将气泡带走。

(4)读数:滴定前,将管内液面调节至 0.00～1.00 mL,等待 1～2 min 若液面位置不变,则可读取滴定前管内液面位置的读数;滴定结束后,再读取管内液面位置的读数;两次读数之差,即为滴定所用溶液的体积。

读数时应注意以下几个问题。①滴定管尖嘴处不应留有液滴,尖嘴内不应留有气泡。②滴定管应保持垂直,为此通常将滴定管从滴定管夹上取下用右手拇指和食指拿住滴定管上端无刻度的地方,在其自然下垂时读数。③常用的滴定管容积为 50 mL,它的最小刻度为 0.1 mL,两个最小刻度之间还可估读到 0.01 mL。故读数时应读到以毫升为单位的数字的小数后的第二位,如 25.75 mL,读为 25.8 mL 或 25.746 mL 都是错误的。④每次读数前应等 1～2 min 让附着在管内壁的溶液流下再读数。读数时,对于无色或浅色溶液,应读滴定管内弯月状凹液面最低点的数值;对于深色溶液(如 $KMnO_4$、碘水等),滴定管内弯月状凹液面不清晰可读取液面最高点的数值。不论读什么位置的数值,都应保持视线与应读位置平行,否则读数会产生误差(见图 1-3-9)。

新型的滴定管背面为白底,中间有一条从上到下的蓝线,俗称"蓝线滴定管"。使用此种滴定管,在读数时,应使视线正对有刻度的一面,让背面的蓝线正好处于中央。这样,蓝线在液面处有一断点,此断点的位置即为读数的位置。

(5)滴定操作:将滴定管垂直地固定在滴定管夹上,在铁台上放一块白瓷板(若滴定台上有白底则不必),以便更清楚地观察滴定过程中溶液颜色的变化。

操作酸管时,让有刻度一面对着自己,

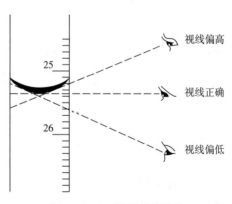

图 1-3-9 滴定管的读数

活塞柄在右方，由左手拇指、食指和中指配合动作，控制活塞旋转，无名指和小指向手心弯曲轻贴于尖脚端，旋转活塞时要轻轻向手心用力，以免活塞松动漏液。

操作碱管时，用左手拇指和食指在玻璃球右边稍上沿处挤压乳胶管，使玻璃珠与乳胶管间形成一条缝隙，溶液即可流出。不要挤压玻璃珠下方的乳胶管，否则，气泡会进入玻璃尖嘴。

滴定操作可以在锥形瓶或烧杯中进行，若在锥形瓶中进行，用右手拇指、食指和中指持锥形瓶进行，使瓶底距离滴定台 2～3 cm，滴定管尖嘴伸入瓶内约 1 cm，利用手腕的转动使锥形瓶旋转，左手按上述方法操作滴定管，一边滴加溶液一边转动锥形瓶。若在烧杯中进行，可将烧杯放在滴定台上，使滴定管尖嘴伸入杯内约 1 cm，用右手持玻璃棒，边滴加溶液边用玻璃棒搅拌。

滴定操作中要注意以下问题。

① 每次滴定，最好都从 0.00 mL 或接近 0.00 mL 的同一刻度开始，以便消除因滴定管刻度不均匀而产生的误差。

② 滴定时，左手不能离开活塞，不能让滴定液不受控制地快速流下。视线应注意锥形瓶中的溶液。

③ 滴定过程中，要注意观察滴落点周围溶液颜色的变化，以便控制溶液的滴速。滴定开始时，滴速可较快，使溶液一滴接一滴落下但不能成线流（俗称"成点不成线"）。接近终点时，要逐滴滴加并摇匀，最后半滴半滴地加，即控制溶液在尖嘴口悬而不落，用锥形瓶内壁沾一下悬挂的液滴，再用洗瓶吹出少量的蒸馏水冲洗一下锥形瓶内壁，摇匀。如此重复操作，直至达到滴定终点。

④ 滴定时，溶液可能由于搅动会附到锥形瓶内壁的上部，故在接近终点时，要用洗瓶吹出少量蒸馏水冲洗锥形瓶内壁。

⑤ 滴定结束，应将管内溶液弃去，洗净滴定管备用。

3.5　化学实验基本操作

3.5.1　固液分离和液液分离

1. 固液分离

固体和液体分离的常用方法有倾析法、过滤法和离心分离法。

(1)倾析法：当沉淀的比重或结晶颗粒较大，静置后容易沉降至容器的底部时，常用倾析法分离。操作要点：将沉淀上部的清液缓慢地倾入另一容器内，使沉淀和清液分离。洗涤沉淀时，可向沉淀中加入少量洗涤剂充分搅拌后静置，让沉淀沉降，再小心地倾析出洗涤液。如此重复 2～3 次，即可把沉淀洗净。

(2)过滤法：过滤法是最常用的固液分离方法。当溶液和沉淀的混合物（悬浊液）通过过滤器时，沉淀被留在过滤器内，而溶液则通过过滤器漏入接受容器中。过滤后所得溶液叫作滤液。

溶液的浓度、黏度、过滤时的压力、过滤器孔隙大小和沉淀物的形状都会影响过滤的速度:热的溶液比冷的溶液容易过滤;溶液的黏度越大,过滤越慢;减压过滤比常压过滤快;过滤器的孔隙太大会使沉淀透过,太小则易被沉淀堵塞,使过滤难以进行。当沉淀呈胶体状时,必须先加热一段时间来破坏胶体,否则它会堵塞孔隙。

滤纸是过滤法常用的材料。按性质,滤纸可分为定性滤纸和定量滤纸两种;按孔径的大小,滤纸可分为慢速滤纸、中速滤纸和快速滤纸三种。要根据实验需要选用不同种类和规格的滤纸。

常见的过滤方法有三种,即常压过滤(普通过滤)、减压过滤(抽滤)和热过滤。

① 常压过滤:在常压下用普通漏斗过滤的方法称为常压过滤法。当沉淀物为胶体或微细的晶体时,用此法过滤较好,但过滤速度较慢。

过滤时,先取一圆形滤纸对折两次,拨开一层即为60°的圆锥形(见图1-3-10)。此时,滤纸一面是三层,一面是一层,在三层的那一面撕去一小角,再把滤纸放入漏斗中,用食指把滤纸紧贴在漏斗内壁上,用少量蒸馏水润湿滤纸,再用食指或玻璃棒挤压滤纸四周,挤出滤纸与漏斗之间的气泡,使滤纸紧贴在漏斗壁上。若滤纸与漏斗不够密合,应适当改变滤纸折叠的角度。漏斗中滤纸的上边缘应低于漏斗边缘。过滤时,把漏斗放在漏斗架或铁夹台上,调整漏斗架高度,使漏斗尖端紧靠在接受容器的内壁(见图1-3-11),以使滤液能顺器壁流下,不致四溅。将溶液沿玻璃棒于三层滤纸处缓缓倾入漏斗中。漏斗中液面高度应低于滤纸上沿2～3 mm。若沉淀需要洗涤,则可在溶液转移完后,往盛沉淀的容器中加入少量洗涤剂,充分搅拌并放置,待沉淀下沉后再把洗涤剂倾入漏斗。如此重复2～3次,再把沉淀转移到滤纸上。洗涤时要做到少量多次,以提高洗涤效率。检查滤液中杂质含量,根据杂质含量可以判断沉淀是否已经洗净。

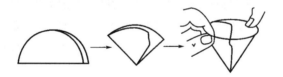

图1-3-10 滤纸的折叠

② 减压过滤:减压可加速过滤速度,并使沉淀抽得比较干,但不宜用于过滤颗粒太小的沉淀和胶状沉淀。减压过滤的仪器装置如图1-3-12所示,它由真空泵、抽滤瓶和布氏漏斗组成。布氏漏斗是中间有许多小孔的瓷质漏斗,滤液通过滤纸再从小孔流出。过滤时,先剪好一张比布氏漏斗内径略小的圆形滤纸(滤纸的大小以能盖严布氏漏斗上小孔为准),并将其平整地放在抽滤漏斗中;用少量蒸馏水润湿滤纸,把漏斗插入单孔橡皮塞内并塞在抽滤瓶上(提示:布氏漏斗的下端的斜削面要对着抽滤瓶侧面的支管);用橡皮管把抽滤瓶与抽气装置相连,打开抽气泵,即可抽滤。抽滤时,先将上部溶液沿玻璃棒倒入漏斗中,加入量不要超过漏斗高度的2/3,然后再将沉淀移至抽滤漏斗中滤纸的中间部分。过滤时,不能让滤液上升到抽

图1-3-11 普通过滤

滤瓶支管的水平位置,否则滤液将被抽出抽滤瓶。在抽滤过程中,不得突然关闭抽气泵。如欲取出滤液或停止抽滤,应先将抽滤瓶支管的橡皮管取下,再关闭抽气泵,否则水会倒灌进抽滤瓶。

过滤后,拆下抽滤瓶支管的橡皮管,关闭抽气泵;取下布氏漏斗,使布氏漏斗颈口朝上;轻轻敲打漏斗的边缘,使滤纸和沉淀脱离布氏漏斗而进入接受容器,滤液则从抽滤瓶的上口倾出。不要从侧面的尖嘴倒出滤液,以免弄脏滤液。

有些浓的强酸、强碱或强氧化性溶液,因滤纸会与它们作用,故不能使用滤纸,可以用洁净的的确良布或尼龙布代替滤纸,也可在布氏漏斗上铺石棉纤维来代替滤纸。但石棉纤维仅适用于过滤量小而沉淀是废弃的情况。对于强酸或强氧化性溶液,还可使用玻璃砂芯漏斗(见图1-3-13),这种漏斗的烧结玻璃孔径有多种尺寸,可根据要求选用。

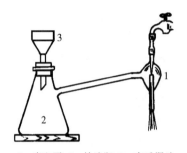

1—真空泵;2—抽滤瓶;3—布氏漏斗。

图1-3-12 减压过滤的仪器装置

图1-3-13 玻璃砂芯漏斗

玻璃砂芯漏斗不能用来过滤强碱性物质,因为碱会腐蚀玻璃而使漏斗道损坏。玻璃砂芯漏斗使用后要先用水洗去可溶物,然后用 6 mol·L^{-1} HNO$_3$ 浸泡一段时间,再用水洗净。不要用 H$_2$SO$_4$ 或 HCl 或者洗液去洗玻璃砂漏斗,以免生成不溶物把烧结玻璃的微孔堵塞。

③ 热过滤:某些溶液中的溶质在浓度低时易结晶析出,若不希望这些溶质在过滤的过程中析出而留在滤纸上,则需要进行热过滤。热过滤时,把玻璃漏斗放在铜质的热漏斗内,热漏斗中装有热水,并用酒精灯加热(见图1-3-14)以维持被过滤液的温度。此外,也可以在过滤时把玻璃漏斗放在水浴锅上用水蒸气进行加热,然后再使用。这样热的溶液在过滤时就不至于冷却。热过滤选用的漏斗的颈部越短越好,以免过滤时溶液在漏斗颈内停留过久,因散热降温而析出晶体造成堵塞。

(3)离心分离法:离心分离法的工作原理是选用离心机在高速旋转时产生离心力,将试管中的沉淀迅速聚集于试管底部。常用的离心机有手摇离心机和电动离心机两种(见图1-3-15)。

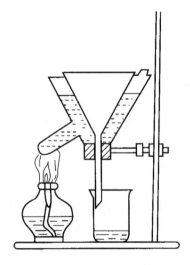

图1-3-14 热过滤

操作时,将盛有悬浊液的离心试管放入离心机的管套内,在与之对称的另一套管内装入一支盛有相同容积的水的离心试管,使离心机保持平衡。然后接通电源,由慢到快调整转速(用手摇离心机,应缓慢而均匀地启动,再逐渐加速),转动1~3 min,关闭电源,使离心机自然停下,切勿用手强制其停下。

离心操作完毕后,从管套中取出离心试管,再取一支小滴管,先捏紧橡皮头,然后伸入离心试管中,插入的深度以尖端不接触沉淀为限(见图1-3-16),然后慢慢放松捏紧的橡皮头吸取上面的清液并移去,重复几次,尽可能把清液都移去,只留下沉淀。如需洗涤沉淀,可往沉淀中加入少量洗涤剂或沉淀剂充分摇匀或搅匀后再进行离心分离,弃去清液。如此重复操作2~3次即可。

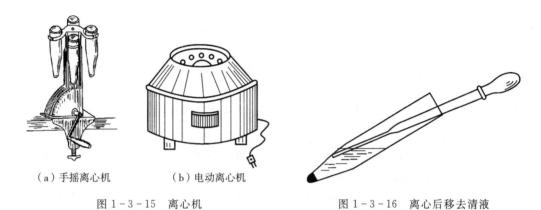

（a）手摇离心机　　　（b）电动离心机

图1-3-15　离心机　　　　　　　　　图1-3-16　离心后移去清液

2. 液液分离

两种密度不同而又互不相溶的液体可以使用分液漏斗来分离。把混合液放入分液漏斗中,静置片刻两种液体即明显地分层,密度大的在下层,密度小的在上层。先拔去上端的塞子然后转动下端活塞,下层液体即先流出(提示:流速要慢)。待下层液体全部流出后关闭活塞,密度小的液体就留在分液漏斗中,可将它从上面的口中倒入另一容器内。

分离时应看需要保留哪种液体,若要保留密度大的液体,则在放液体时不要把下层液体完全放出,而要剩下少量,这样,放出的下层液体中就不会有上层液体混杂。反之,若要保留上层液体,则放下层液体时可多放一些把上层液体也放走少量。若上、下两层液体都需保留,则先放下层液体,快放完下层液体时,关闭活塞重新使用一接受容器,将上、下层分界面附近的液体放入其中。这样,上、下层液体就可完全分开又得到保留。

3.5.2　溶液的蒸发、浓缩与结晶

1. 溶液的蒸发和浓缩

热稳定的溶液可以直接加热蒸发,但易分解的溶液需要在水浴上加热蒸发。溶液的蒸发和浓缩一般在蒸发皿中进行,操作时应注意以下几点:溶液的体积不宜超过蒸发皿容积的2/3;溶液不宜剧烈地沸腾,否则容易溅出;如果没有特别要求,那么不可将溶液蒸干;在

沸水浴上蒸发溶液时,必须随时向水浴锅中加水以免把水浴锅中的水烧干;不要使热蒸发皿骤冷,以免炸裂。

2. 结晶

当溶液蒸发或浓缩到一定浓度或过饱和时,将溶液冷却或加入几粒晶体(作为晶种)或搅动溶液,都能使晶体析出。从溶液中析出的晶体的颗粒大小与结晶条件有关。如果溶液浓度高、溶质溶解度小、冷却速度快,那么析出的晶体就细小;相反析出的晶体颗粒较大。形成的晶体颗粒较大时,母液或杂质容易被包裹在晶体的内部,使晶体纯度不高。若将溶液迅速冷却并加以搅拌,则得到的晶体颗粒较细,但纯度较高。

利用不同物质在同一溶剂中溶解度的差异,可以对含有杂质的化合物进行纯化。所谓杂质是指含量较少的一些物质,它包括不溶性的杂质和可溶性杂质两类。操作时,先在加热的情况下使被纯化的物质溶于一定量的水中,形成饱和溶液,加热过滤除去不溶性杂质;然后使滤液冷却,因温度降低,被纯化的物质处于过饱和状态,从溶液中结晶析出,而可溶性杂质还远未达到饱和状态,仍留在溶液中。过滤使晶体与母液分离,从而得到较纯的晶体物质。这种操作过程叫作重结晶。如果一次重结晶达不到纯度要求,可以进行第二次重结晶,有时需要进行多次重结晶操作才能得到较纯净的物质。

3. 晶体的干燥

干燥是为了除去晶体表面的水分。加热易分解的晶体可用吸干法除去晶体表面的水分。吸干法即把晶体放在滤纸上面,用玻璃棒将晶体铺开,晶体上面再盖上一张滤纸,轻轻压挤,晶体表面的水分即被滤纸吸附,再换新的滤纸,重复上述操作直至晶体干燥。

【注意事项】

吸干法可能使晶体沾有纤维。

加热易分解的晶体也可用易挥发的液体(如有机溶剂)洗涤后晾干或用真空干燥器等方法干燥。

加热稳定的晶体,可放在表面皿上置于电烘箱或红外线干燥箱中烘干,也可放在蒸发皿内加热蒸干。

4. 干燥器的作用

易吸水潮解或需长时间保持干燥的固体应放在干燥器内。干燥器是保持物品干燥的仪器,它是由厚质玻璃制成的。它的上面是一个磨口边的盖子(盖子的磨口边上一般涂有凡士林),干燥器内底部放有干燥剂,中部有一个可取出的圆形瓷板,圆形瓷板上带有若干孔洞,被干燥物质及其容器就放在圆形瓷板上。干燥器的使用如图 1-3-17 所示。打开干燥器时,不应把盖子往上提,而应把盖子往水平方向移动[见图 1-3-17(a)],盖子打开后,要把盖子翻过来放在桌上(不要使涂有凡士林的磨口接触桌面)。放入或取出物体后,必须将盖子盖好,此时也应把盖子往水平方向推移,使盖子的磨口边与干燥器口吻合。搬动干燥器时,必须用两手的拇指将盖子按住以防盖子滑落打碎[见图 1-3-17(b)]。

温度很高的物体,必须冷却至室温后,方可放入干燥器内,否则干燥器内空气受热膨胀,可能将盖子冲开。即使能盖好,也往往因冷却后,干燥器内空气压力降低至低于干燥器外空气的压力,使盖子难以打开。

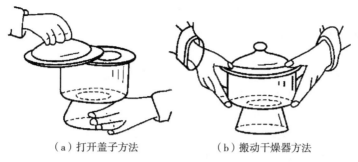

（a）打开盖子方法 （b）搬动干燥器方法

图 1-3-17 干燥器的使用

3.5.3 气体的发生、净化和收集

1. 气体的发生

当实验室中需要少量气体时，用启普发生器（见图 1-3-18）或气体发生装置（见图 1-3-19）来制备比较方便。

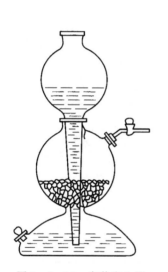

图 1-3-18 启普发生器

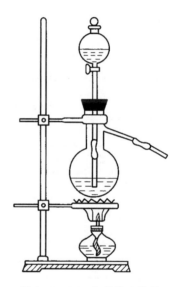

图 1-3-19 气体发生装置

启普发生器由一个葫芦状的玻璃容器和球形漏斗组成，是实验室制备 H_2、H_2S、CO_2 等气体的重要装置。参加反应的固体试剂（如 Zn、FeS、$CaCO_3$ 等）盛放在中间圆球内（在固体下面放些玻璃棉以防固体掉至下部球内），酸从球形漏斗加入。使用时，打开导气管上的活塞，酸液便进入中间球体与固体接触，发生反应放出气体。不需要气体时，关闭活塞，球体内继续产生的气体则把部分酸液压入球形漏斗，使其不再与固体接触而使反应终止。所以，启普发生器在加入足够的试剂后能反复使用多次，而且易于控制，产生气体的速度可通过调节活塞来控制。

向启普发生器中装入试剂的方法：先将中间球体上部带导气管的塞子拔下，固体试剂由开口处加入中间球体，塞上塞子，打开导气管活塞，将酸液由球形漏斗加入下半球体，酸液量加至恰好与固体接触即可，最多加至不超过上半球容积的 1/3。酸液若加得过多，则产生的气体量太大会把酸液从球形漏斗中压出来。

启普发生器使用一段时间后需要添加固体和更换酸液。更换酸液时,打开下半球体的塞子,放出废酸液,塞好塞子,再从球形漏斗加入新的酸液。添加固体时,可在固体和酸液不接触的情况下,用橡皮塞把球形漏斗的口塞紧,按前述的方法由中间球体的开口处加入。

启普发生器不能加热,装入的固体物质必须呈块状,不适用于颗粒细小的固体反应物。要制备粉末状固体和酸液反应产生的气体(如 Cl_2、HCl、SO_2 等),不能使用启普发生器,而应使用气体发生装置。气体发生装置可加热。使用时,把固体试剂置于蒸馏瓶中,酸液装入滴液漏斗中,打开滴液漏斗活塞,使酸液滴在固体上,便会发生反应产生气体,若反应缓慢,则可适当加热。

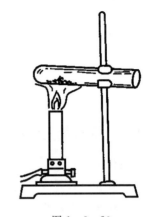

图 1-3-20
分解固体制取气体

用分解固体物质或几种固体物质反应制取气体(如分解 $KClO_3$ 制取 O_2)时,可用如图 1-3-20 所示的装置。操作方法与在试管中加热固体相似。

在实验室中还可以从气体钢瓶中直接获得各种气体。钢瓶中的气体是在工厂中充入的,各种气体钢瓶涂有不同颜色的油漆以示区别,各类钢瓶颜色和标字颜色见表 1-3-3 所列。

表 1-3-3　各类钢瓶颜色和标字颜色

气体类别	钢瓶颜色	标字颜色	气体类别	钢瓶颜色	标字颜色
O_2	天蓝色	黑色	N_2	黑色	黄色
空气	黑色	白色	H_2	深绿色	红色
NH_3	黄色	黑色	Cl_2	黄绿色	黄色
CO_2	黑色	黄色	C_2H_2	白色	红色
Ar	灰色	黄色			

由于钢瓶内压力很大(有时高达 150 个大气压,即 $1.5 \times 10^7 Pa$),内装的气体易燃或有毒,因此要特别注意安全。使用钢瓶时要注意以下几点。

(1)钢瓶应放在阴凉、干燥、远离热源、周围无易燃易爆品的地方,氧气钢瓶和可燃气体钢瓶要分开存放。

(2)氧气钢瓶及专用工具严禁与油类接触(特别是气门嘴和减压器),以防燃烧引起事故。

(3)使用钢瓶中的气体时,要用减压器(气压表)。装可燃性气体的钢瓶,取气时气门螺栓应逆时针方向旋转。装氧气和其他不燃性气体的钢瓶,取气时气门螺栓应顺时针方向旋转。各种气体的气压表不能混用。

(4)开启钢瓶时,操作者应站在侧面,即站在与钢瓶接口处垂直的位置上,以免气流射伤人体。

(5)钢瓶中的气体不能全部用完,残留压力应不小于 5×10^5 Pa($5\ kg \cdot cm^{-2}$),乙炔等可燃性气体应不小于 3×10^5 Pa($3\ kg \cdot cm^{-2}$),以防空气或其他气体侵入钢瓶。

2. 气体的净化和干燥

实验室中制出的气体常常带有水汽、酸雾等杂质。如果实验对气体纯度要求较高,那么需要对气体进行净化和干燥。通常使用洗气瓶或干燥塔(瓶)等仪器(见图 1-3-21),并配合特定试剂来达到气体净化和干燥的目的。净化和干燥的方法:先用水洗去酸雾,然后通过浓 H_2SO_4(或无水 $CaCl_2$ 或硅胶等)除去水汽。其他杂质应根据具体情况分别处理。例如,由锌和稀酸反应生成的氢气常含有少量的硫化氢和砷化氢气体,可分别通过醋酸铅溶液和 $KMnO_4$ 溶液除去。

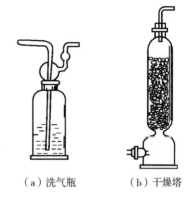

(a) 洗气瓶   (b) 干燥塔

图 1-3-21   洗气瓶和干燥塔

不同气体常用的干燥剂见表 1-3-4 所列。

表 1-3-4   不同气体常用的干燥剂

气 体	常用干燥剂	气 体	常用干燥剂
H_2、O_2、N_2、CO、CO_2、SO_2	H_2SO_4(浓)、P_2O_5、$CaCl_2$(无水)、硅酸	Cl_2、HCl、H_2S	$CaCl_2$(无水)
HI	CaI_2	NO	$Ca(NO_3)_2$
NH_3	CaO 或 CaO+KOH	HBr	$CaBr_2$

3. 气体的收集

气体的收集方式主要取决于气体的密度及在水中的溶解度。气体的收集方式主要有如下几种(见图 1-3-22):

(1)在水中溶解度很小的气体(如 O_2、H_2)可用排水集气法收集;

(2)易溶于水而比空气轻的气体(如 NH_3),可用向下排气集气法收集;

(3)易溶于水而比空气重的气体(如 CO_2、Cl_2 等),可用向上排气集气法收集。

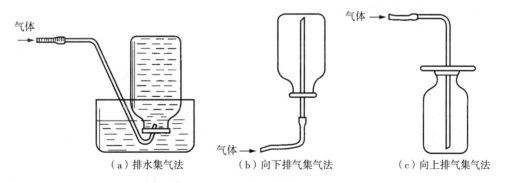

(a) 排水集气法   (b) 向下排气集气法   (c) 向上排气集气法

图 1-3-22   气体的收集方式

收集气体也可借助真空系统,先将容器抽空,再装入所需的气体。

3.5.4 加热

1. 灯的使用

实验室中,常使用酒精灯(见图 1-3-23)、酒精喷灯(见图 1-3-24)、煤气灯、电炉等进行加热。

1—灯帽;2—灯芯;
3—灯壶。

1—灯管;2—空气调节器;
3—预热盆;4—铜帽;5—酒精。

1—灯管;2—空气调节器;
3—预热;4—酒精储槽;5—盖子。

图 1-3-23　酒精灯　　　　　　　　　　　　　图 1-3-24　酒精喷灯

(1)酒精灯的使用方法。酒精灯一般用玻璃制成,其灯罩带有磨口,不用时,必须将灯罩罩上,以免酒精挥发。酒精易燃,使用时必须注意安全:①灯内酒精一般不宜超过其总容量的 2/3;②点燃酒精灯之前,应先将灯头罩提起,吹去灯内的蒸气;③应该用火柴点燃酒精灯,禁止用点燃的酒精灯直接去点燃酒精灯,以防失火;④要熄灭火焰时,可将灯罩盖上(切勿用嘴去吹),然后再提起灯罩,待灯口稍冷,再盖上灯罩,这样就可以防止灯口破裂。

(2)酒精喷灯的使用方法。酒精喷灯一般由金属制成,使用前,先在预热盆中注入酒精至满,然后点燃盆内的酒精,以加热铜质灯管,等盆内酒精将近燃完时,开启开关。这时由于酒精在灼热灯管内气化,并与表面气孔的空气混合,因此用火柴在管口点燃,可获得较高温度。调节开关的螺丝,可以控制火焰的大小,用毕,向右旋紧开关,即可使灯焰熄灭。

应该注意的是,在开启开关、点燃火焰之前,必须充分灼烧灯管;否则,酒精在管内不会全部气化,会有液体酒精由管内喷出,形成"火雨",甚至引起火灾。在这种情况下,必须赶快熄灭喷灯,待稍冷后再往预热盆中添满酒精,重新预热灯管。酒精喷灯不用时,必须关好储罐的开关,以免酒精漏失,造成危险。

2. 加热方法

实验中常用的加热仪器有烧杯、烧瓶、锥形瓶、蒸发皿、坩埚、试管等。这些仪器能够承受一定的温度变化,但不能骤热或骤冷。因此在加热前,必须将容器外面的水擦干,加热后不能立即与潮湿的物体接触。

(1)在试管中加热液体。试管中的液体一般可直接放在火焰上加热[见图 1-3-25 (a)],但易分解的物质应在水浴中加热。在火焰上加热试管时,应注意以下几点:①应该用试管夹夹持试管的中上部(微热时可用拇指、食指和中指夹持试管);②试管应该稍微向上倾斜;③应该使液体各部分受热均匀,先加热液体的中上部,再慢慢往下移动,然后不时地移动,不要集中加热某一部分,否则将使蒸气骤然产生,液体冲出管外;④不要将试管口对着别人和自己,以免溶液溅出时把人烫伤或腐蚀灼伤(尤其是加热浓酸浓碱时,更应注意);

⑤离心试管由于试管底玻璃较薄,不宜直接加热,应在水浴中加热。

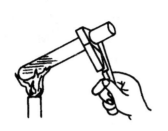

（a）加热试管中的液体　　　　（b）加热试管中的固体

图 1-3-25　加热试管中的液体和固体

(2)在试管中加热固体。当加热试管中少量固体时,应注意以下几点:①试管应固定在铁架台上或用试管夹夹住,试管口稍微向下倾斜[见图 1-3-25(b)];②加热开始时应对试管各部分均匀加热,来回移动,然后再集中在固体部位加热;③加热完后,试管很烫,不能用手去拿,也不能很快用水来洗涤,应等试管冷却后才能洗涤;④加热固体最好选用硬质玻璃试管。

在烧杯、烧瓶等玻璃仪器中加热液体时,玻璃仪器必须放在石棉网上,否则容易因受热不均匀而破裂。

(3)在水浴中加热。要加热在 100 ℃时易分解的溶液或溶液需保持一定的温度来进行实验时,就需要用水浴加热(见图 1-3-26)。水浴锅一般是由铜和铝制成的,上面放置大小不同的圆环,以承受不同大小的器皿(必要时可用盛水的大烧杯来代替水浴锅)。使用水浴锅时应注意下列两点:①水浴锅内盛水量不要超过总容量的 2/3,并应随时补充少量的热水,以经常保持其中有占容量 2/3 的水量;②当不慎将水浴锅中的水烧干时,应立即停止加热,待水浴锅冷却后,再加水继续使用。

若需较严格地控制水浴温度,应选用电热型水浴装置。

(4)沙浴和油浴加热。当被加热的物质要求受热均匀,而温度又高于 100 ℃时,可使用沙浴或油浴。沙浴是一个盛有均匀细沙的铁盘(见图 1-3-27)。加热时,被加热器皿的下部埋在沙中,若要测量沙浴的温度,则可把温度计插入沙中。用油代替水浴锅中的水,即是油浴。

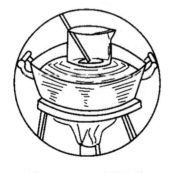
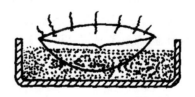

图 1-3-26　水浴加热　　　　　　图 1-3-27　沙浴

（5）灼烧。当需要在高温下加热固体时，可以把固体放在坩埚内，用氧化焰加热（见图1-3-28）：开始先用小火使坩埚均匀受热，然后用大火燃烧加热。要夹取高温下的坩埚时，必须用干净的坩埚钳，而且应把坩埚钳的尖端先放在火焰上预热一下，再去夹取。坩埚钳用后，应尖端向上平放在桌上，如果温度很高则应平放在石棉网上。注意：不要让还原焰接触坩埚底部，以免在坩埚底部结上炭黑，使坩埚破裂。当灼烧温度要求不是很高时，也可在瓷蒸发皿中进行。

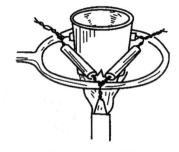

图1-3-28 灼烧

实验室还常用电炉、管式炉（见图1-3-29）和马弗炉（见图1-3-30）等电器进行加热。

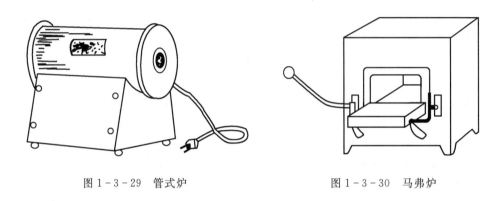

图1-3-29 管式炉   图1-3-30 马弗炉

3.5.5 试管实验

试管和离心试管作为化学反应的容器，具有药品用量少，操作灵活，易于观察实验现象的优点，特别适用于元素和化合物性质的定性实验。

1. 滴瓶中试剂的取用

详见3.2.3节中关于"液体试剂的取用"的叙述。

2. 试剂的用量

试管中进行的反应，试剂用量不要求十分准确，只需粗略估计，但用量也不宜太多。通常，液体试剂一般取 0.5～2 mL，固体试剂以能铺满试管底部为宜。在离心试管中进行反应时，试剂的用量应更少一些。要学会正确估计液体体积和固体的质量。一般，一支试管容积为 20 mL，从滴管滴出 15～20 滴试剂约为 1 mL，故可据此估计出液体体积。对于固体试剂，可以结合固体的体积和密度来估计质量。

要特别强调的是，不要随意增加试剂用量，试剂用量太多不仅各种试剂难以混合均匀，增加操作的困难，而且不易观察清楚实验现象，还造成试剂的浪费。

3. 试管中固体和液体的加热

详见3.5.4节中关于"加热方法"的叙述。

4. 试管的振荡

振荡试管是试管操作的重要技能，其目的在于使试管中各种试剂混合均匀，使反应效果更好。振荡试管时应注意:用拇指、食指和中指拿住试管上部;用手腕来回甩动振荡试管,但用力不要太猛;绝对不能用手指堵住试管口上下摇动或翻转试管,也不要让整支试管做水平运动而试管内相对不动。

3.5.6　常压蒸馏

常压蒸馏就是在常压下将液体物质加热到沸腾变为蒸气,又将蒸气冷凝为液体的过程。蒸馏既可分离易挥发和不易挥发的混合物,也可分离沸点不同的液体混合物。若蒸馏沸点不同的液体混合物,则沸点较低者先被蒸出,沸点较高者后被蒸出,从而达到分离和提纯的目的。不过液体混合物各组分的沸点必须相差 30 ℃以上才能得到较好的分离和提纯效果。此外,通过蒸馏还可以测出化合物的沸点,所以常压蒸馏对鉴定液体化合物也具有一定的意义。

1. 基本原理

由于分子运动,液体分子有从液体表面逸出的倾向。这种逸出倾向随着温度的升高而增大。如果把液体置于密闭的真空体系中,那么液体分子就会连续不断地从液面逸出,从而在液面上部形成蒸气,最后使分子由液体逸出的速度与分子由蒸气返回到液体中的速度相等,即液面上的蒸气达到饱和。此时的蒸气称为饱和蒸气。它对液面所施加的压力称为饱和蒸气压。液体的蒸气压仅与温度有关,与体系中存在的液体和蒸气的绝对量无关,即液体在一定温度下具有确定的蒸气压。

液体受热时,其蒸气压随着温度的升高而增大。当液体的蒸气压增大到与外界大气压力相等时,就有大量气泡从液体内部逸出,即液体沸腾,此时的温度称为沸点。由于沸点与外界压强有关,在记录沸点时需同时注明外界压强。例如,在 85.3 kPa 压力下水在 95 ℃沸腾,这时水的沸点就记为 95 ℃/85.3 kPa。通常所说的沸点如未特别说明,就是指0.1 MPa压力下液体沸腾的温度。

在常压下进行蒸馏时,由于大气压往往不是恰好为 0.1 MPa,因此应对观察到的沸点加上校正值。但由于偏差一般很小,即使大气压相差 2.7 kPa,其校正值也不过±1 ℃,因此可以忽略不计。

当盛有液体的烧瓶受热时,烧瓶底部的液体会先产生蒸气气泡。溶解在液体内部的空气或吸附在瓶壁上的空气均有助于这种气泡的形成。这样的气泡称为气化中心,可作为大的蒸气气泡的核心。在沸点时,液体释放大量蒸气至气泡中,待气泡中的总压力增加到超过大气压并足以克服由液柱所产生的压力时,蒸气的气泡就上升并逸出液面。因此,如果液体中有许多气泡或其他气化中心,那么液体就能平稳地沸腾。如果液体中几乎不存在空气,瓶壁又非常洁净光滑,那么就很难形成气泡。此时继续加热,液体温度可能上升到高于沸点很多却还不沸腾,这种现象称为过热。一旦有一个气泡形成,由于液体在此温度时的蒸气压已远远超过大气压,因此上升的气泡会增大得非常快,甚至将液体冲溢出瓶外,这种现象称为暴沸。因此,在加热前应加入助沸物以引入气化中心,保证沸腾平稳。助沸物一般是表面疏松多孔、吸附有空气的材料,如沸石、素瓷片等。另外,也可使用几根一端封闭的毛细管来引入气化中心(提示:毛细管要有足够的长度,使其上端能靠在蒸馏瓶的颈部,开口的一端朝下)。

纯液体化合物在一定的压力下具有固定的沸点,但是具有固定沸点的液体不一定都是纯化合物。因为某些化合物常和其他组分形成二元或三元共沸混合物,它们也有固定的沸点。不纯物质的沸点取决于杂质的物理性质及它和纯物质间的相互作用。若杂质是不挥发的,则溶液的沸点比纯物质的沸点略有提高。但在蒸馏时,实际上测量的并不是溶液的沸点,而是逸出蒸气与其冷凝液平衡时的温度,即馏出液的沸点。若杂质是挥发性的,则蒸馏时液体的沸点可能会逐渐上升,或者因两种或多种物质组成了共沸混合物而使蒸馏过程中温度停留在某一范围内。因此,沸点的恒定,并不意味着它一定就是纯化合物。

2. 实验操作

(1)常压蒸馏装置及安装方法:图 1 - 3 - 31 为常用的常压蒸馏装置,其由蒸馏烧瓶、蒸馏头、温度计、温度计套管、直形冷凝管、接引管和接收瓶组成。各标准磨口仪器之间,有时由于编号不同,还需通过转接头来连接。

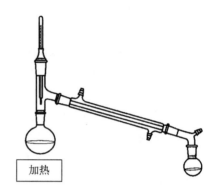

图 1 - 3 - 31 常用的常压蒸馏装置

蒸馏烧瓶是蒸馏操作中最常用的容器,应根据实验需要选择合适的规格,其大小的选择应由待蒸馏液体的体积来决定,通常液体的体积应占蒸馏烧瓶容量的 1/3~2/3。

温度计通过温度计套管固定在蒸馏头上,其测温球的上边缘应与蒸馏头支管口的下边缘在同一水平线上。

液体在烧瓶内受热气化,其蒸气经蒸馏头的支管进入冷凝管。以水为冷却剂时,冷凝水应从冷凝管套管的下端流进,上端流出并引至水槽中。并且冷凝管上端的出水口应向上,以保证冷凝管套管中始终能充满冷凝水。

蒸气经冷却后凝结成液体,经接引管流入接收瓶(通常是锥形瓶或圆底烧瓶)中被收集。需要注意的是,常压蒸馏时,接引管和接收瓶之间应与外界大气相通,避免造成封闭体系,使体系压力过大而发生爆炸。

仪器的安装顺序一般是先从加热源开始,从下往上,从左至右逐个安装。安装仪器时应做到:稳固牢靠、妥善安装、端正好看、正确使用。下面以电热套为加热源,详细说明蒸馏装置具体的安装步骤。

① 先在准备架设仪器的铁架台上放好电热套。一般应在电热套底部垫上升降台,并事先升高至合适的高度,以便于在实验过程中,通过直接调节热源高度的方式来更快速地控制加热温度。

② 将蒸馏烧瓶置于电热套中,并用烧瓶夹夹住瓶颈,垂直地固定在合适的高度。

③ 在蒸馏烧瓶口安装蒸馏头,并在蒸馏头的侧口处连接直形冷凝管。安装直形冷凝管时,应先调整其高度,使之与已安装好的蒸馏烧瓶相适应,并与蒸馏头的侧管同轴;然后将冷凝管沿此轴移动直至与蒸馏头相连接;最后用铁夹夹住冷凝管的中部并在另一铁架台上固定好。铁夹不应夹得太紧或太松,以夹住后稍用力尚能转动冷凝管为宜。

④ 在冷凝管的尾部安装接引管,并连接接收瓶。接收瓶底部也应放置升降台,以便于拿取和保证安全。

安装好的全套仪器,无论从正面还是侧面观察,其所有仪器的轴线都应在同一平面内,铁架台应整齐地置于仪器的背面。

(2)常压蒸馏的操作方法如下。

① 加料。将待蒸馏的液体通过玻璃漏斗小心地滤入蒸馏烧瓶中。注意不要使液体中的固体物质(如干燥剂等)进入烧瓶,也不要使液体流到烧瓶外。加入几粒沸石或其他助沸物,按上述安装方法固定好装置,并仔细检查仪器各部位是否连接紧密、稳妥。

② 蒸馏。仪器全部装好后,先向冷凝管中通入冷却水,再开始加热。加热时,可以看见蒸馏烧瓶中的液体逐渐沸腾,蒸气逐渐上升,温度计的读数也随之慢慢上升。当蒸气的顶端达到温度计水银球部位时,温度计的读数就会急剧上升。这时应适当降低加热强度(可通过调节电热套的加热功率和升降台的高度来控制),减缓升温速度,维持蒸气顶端停留在温度计水银球部位,以保证水银球上的液滴和蒸气温度达到平衡。然后再稍稍增大加热强度,继续进行蒸馏。控制好加热强度,调节蒸馏速度,通常以馏出速度每秒 1～2 滴为宜。

在整个蒸馏过程中,温度计水银球上应始终保持有被冷凝的液滴。此时的温度即为液体与蒸气平衡时的温度,温度计的读数就是馏出液的沸点。蒸馏时控制好加热强度非常重要,如果加热强度太大,那么会在蒸馏瓶的颈部造成过热现象,导致所测沸点偏高;如果加热强度太小,那么蒸馏进行的过慢,温度计的水银球处不能被蒸气充分浸润,体系内达不到气液平衡,导致所测沸点偏低。实验过程中,应注意观察,及时调整。

③ 收集。进行蒸馏前,应至少准备两个洁净干燥的接收瓶。因为在达到预期物质的沸点前,沸点较低的液体会先被蒸出。这部分馏出液称为前馏分或馏头。前馏分蒸完,温度趋于稳定后蒸出的就是较纯的物质,这时应更换接收瓶收集,并记下这部分液体开始馏出时和最后一滴时温度计的读数变化,该温度范围即为此馏分的沸程。一般液体中或多或少地含有一些高沸点的杂质,在所需要的馏分蒸出后,若再继续升高加热温度,则温度计的读数就会显著升高;若维持原来的加热温度,则不会再有馏出液蒸出,温度计的读数会突然下降,这时就应该停止蒸馏。

蒸馏完毕,应先停止加热,待稍微冷却后且不再有液体馏出时,关闭冷凝水,然后逐个拆卸仪器并及时清洗干燥。拆卸仪器的顺序与安装顺序相反:先取下接收瓶,再依次取下接引管、直形冷凝管、温度计、温度计套管、蒸馏头和蒸馏烧瓶等。

3. 注意事项

(1)如果反应开始前忘记加沸石,那么千万不要在液体接近沸腾时补加。否则,会因突然放出大量蒸气而使大量液体从蒸馏烧瓶口喷出,造成危险。此时,必须先停止加热,并待受热液体冷却片刻后,方可补加沸石。如果沸腾中途停止过,那么在重新加热前也应补加新的沸石。因为原先加入的沸石,在加热时已有部分空气被逐出,且在冷却时又吸附了液体,可能已经失效。

(2)采用热浴加热时,液体受热比较均匀,蒸气气泡既能从烧瓶底部上升,也可沿着周围的瓶壁上升,从而大大降低了过热的可能性。但浴温一般不要超过受热液体沸点的20 ℃。否则,蒸馏速度太快,蒸气来不及被冷却,可能造成安全事故。

(3)当蒸馏液体的沸点在 140 ℃以下时,常选择直形冷凝管冷凝。蒸馏液体的沸点在

150 ℃以上时,若还用直形冷凝管冷凝,则容易导致直形冷凝管接头处炸裂。此时,应改用空气冷凝管,因为高沸点的物质用室温下的空气即可达到冷凝效果。

(4)蒸馏低沸点易燃易吸潮的液体时,可在接引管的支管处连接一干燥管,再从后者的出口处连接一根橡胶管通入水槽,并将接收瓶置于冰水浴中冷却。

(5)液体的沸程常可代表其纯度。纯液体的沸程一般不超过 2 ℃。有机化学实验合成的产品,由于大多数是从混合物中采用常压蒸馏法提纯的,分离能力有限,因此实验收集的液体产品沸程较宽。

(6)任何情况下,都不要将蒸馏烧瓶中的液体蒸干,以免蒸馏烧瓶炸裂或发生其他意外事故。

(7)很多化合物在 150 ℃以上时已显著分解,而沸点低于 40 ℃的化合物用普通的常压蒸馏装置进行蒸馏时损失严重,故常压蒸馏主要适用于沸点为 40~150 ℃的物质。如果某物质在常压下的沸点高于 150 ℃,那么通常采用减压蒸馏。

3.5.7 萃取

萃取是有机化学实验中用来提取或提纯有机化合物的常用操作之一。利用萃取可以从固体或液体中提取所需的物质,也可以洗去混合物中的少量杂质。通常把前者称为萃取或提取,把后者称为洗涤。萃取与洗涤在原理上是一样的,只是目的不同。

1. 基本原理

萃取是利用同一种物质在两种互不相溶(或微溶)的溶剂中具有不同的溶解度(或分配比),而达到分离、提纯或纯化目的的一种操作方法。

若同一种物质(M)在两种不互溶且不起化学反应的溶剂(A 和 B)中的浓度分别为 c_A 和 c_B,则两者之比即为分配系数。实验证明在一定温度和压力下,c_A/c_B 为一常数 K。这种关系称为能斯特(Nernst)分配定律。若物质(M)在溶剂(A 或 B)中有离解或化合等状态变化时,则该分配定律不成立。

因为有机物在有机溶剂中的溶解度一般比在水中的溶解度大,所以可将它们从水溶液中萃取出来。但是除非其分配系数极大,否则萃取一次很难将该物质全部转移至新的有机相中。萃取时,可以在水溶液中先加入一定量的电解质(如 NaCl),利用盐析效应可以降低有机物和萃取溶剂在水中的溶解度,从而提高萃取效果。

应用分配定律,可以推导出萃取操作后,原溶液中物质(M)的剩余量。

假设 V 为原溶液的体积,单位为 mL;W_0 为萃取前物质(M)的总量,单位为 g;W_1 为萃取一次后物质在原溶液中的剩余量,单位为 g;W_2 为萃取二次后物质在原溶液中的剩余量,单位为 g;W_n 为萃取 n 次后物质在原溶液中的剩余量,单位为 g;S 为萃取剂的体积,单位为 mL。

经一次萃取后,物质(M)在原溶液和萃取剂中的浓度分别为 W_1/V 和 $(W_0-W_1)/S$。按分配定律,两者之比应等于 K,即 $\dfrac{W_1/V}{(W_0-W_1)/S}=K$ 或 $W_1=\dfrac{KV}{KV+S}W_0$。

同理,萃取二次后,应有 $\dfrac{W_2/V}{(W_1-W_2)/S}=K$ 或 $W_2=\dfrac{KV}{KV+S}W_1$。

显然，萃取 n 次后，应有 $W_n = \left(\dfrac{KV}{KV+S}\right)^n W_0$。

2. 萃取剂的选择

选择萃取剂的基本原则：萃取剂对被萃取物有很大的溶解度，而对非萃取组分或杂质有极小的溶解度；萃取剂与溶液中的溶剂不互溶或微溶，萃取剂与溶剂的密度差异明显；萃取剂与混合物不起化学反应；萃取后溶剂便于用常压蒸馏回收；萃取剂价格低廉，毒性低。

在选择萃取剂时，要注意萃取剂在水中的溶解度大小，以减少在萃取（或洗涤）时的损失。表 1-3-5 列出了一些常用的萃取剂在水中的溶解度。

表 1-3-5　常用的萃取剂在水中的溶解度

萃取剂	密度/(g·mL⁻¹)	在水中的溶解度	萃取剂	密度/(g·mL⁻¹)	在水中的溶解度
二甲苯	0.86	0.011%	水	1.00	互溶
己烷	0.69	0.014%	饱和氯化钠溶液	1.20	互溶
乙醚	0.71	6.89%	二氯乙烷	1.25	0.086%
甲苯	0.87	0.048%	氯仿	1.50	0.81%
苯	0.88	0.17%	四氯化碳	1.59	0.077%

除依据分配定律进行萃取外，还可以利用萃取剂与被萃取物起化学反应的原理进行萃取，这也称为化学萃取。这类操作通常应用在有机合成反应中，以除去产品中的杂质或分离混合物。常用的萃取剂有 5% 的 NaOH 溶液、5% 或 10% 的 NaHCO$_3$ 溶液、5% 或 10% 的Na$_2$CO$_3$溶液、稀 HCl 溶液、稀 H$_2$SO$_4$ 溶液和浓 H$_2$SO$_4$ 等。碱性萃取剂可用于提取酸性物质或除去酸性杂质，酸性萃取剂可用于提取碱性物质或除去碱性杂质。浓 H$_2$SO$_4$ 还可用于从饱和烃中除去不饱和烃，从卤代烷中除去醇及醚等。

3. 实验操作

按萃取两相的不同，可分为液液萃取、液固萃取和气液萃取；按萃取所采用的方法不同，可分为分次萃取和连续萃取。

（1）液液分次萃取。实验中最常见的是水溶液中物质的萃取，这通常使用分液漏斗来进行。分液漏斗通常是一种带有玻璃或聚四氟乙烯活塞的玻璃仪器，常用的有梨形分液漏斗和球形分液漏斗。在使用分液漏斗之前，应在玻璃活塞上涂上一层薄薄的凡士林。油脂用量不能太多，只要能让活塞自由转动即可，过多的凡士林会堵塞活塞上的小孔或污染有机溶液。若是聚四氟乙烯活塞，则不需涂凡士林。另外，分液漏斗的顶塞也不用涂凡士林。

萃取时所用的分液漏斗的容积应是需萃取的液体体积的 2~3 倍，萃取前应先检查分液漏斗的气密性，确认不漏水时方可继续使用。将分液漏斗小心地固定在铁架台上的铁圈内，关紧活塞。再将待萃取的水溶液和萃取剂（其体积一般为被萃取液体积的 1/3）依次加入分液漏斗中，塞紧顶塞。

取下分液漏斗，用右手握住漏斗颈部并用手掌顶住漏斗的顶塞，用食指压紧活塞，拇指和中指分叉在活塞的背面。把漏斗放平，前后振摇。振摇的目的是增加互不相溶的两相间的接触面积，缩短达到分配平衡的时间，以便提高萃取效率。开始时，振摇要慢。振摇几次后，将漏斗的下口指向斜上方无人处，用左手的拇指和食指旋开活塞，放出气体（以下简称放气),使漏斗内外的压力平衡。一般每振摇 2～3 次就需要放气一次。当使用低沸点溶剂或用 $NaHCO_3$ 溶液萃取酸性溶液时,漏斗内部会产生很大的气压,及时放出这些气体尤其重要。否则,因漏斗内部压力过大,会将顶塞冲出而使漏斗内的液体喷溅,严重时还会引起漏斗炸裂,造成事故。每次放气之后,要注意关好活塞,再重复振摇。

如此反复几次振摇至放气时只有很少气体放出,再剧烈振摇 2～3 min。然后将分液漏斗放回铁圈中,静置至漏斗中的液体分成清晰的两层,再将顶塞打开,就可以进行分液操作(见图 1-3-32)。

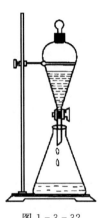

图 1-3-32
萃取装置

分液时,下层液体应从活塞处放出。将分液漏斗的下端靠在接收瓶的内壁上,慢慢旋开活塞,让液体流下。当两层液面间的界限接近旋塞时,迅速关闭活塞。剩余的上层液体则应从上口倒到另一容器内。若上层液体也经旋塞放出,则漏斗活塞下颈部附着的残液就会污染上层液体。重复操作,一般萃取 3 次。把所有的萃取液合并,加入适当的干燥剂干燥后,通过常压蒸馏的方法除去溶剂,再根据产品的相关性质选择合适的方法进行进一步提纯。

一般情况下,液层分离时密度大的溶剂在下层,可用有关溶剂密度的知识来鉴定液层。但也有例外,因为溶质的性质及浓度可能使两种溶剂的相对密度颠倒,所以要特别注意区分。如果遇到两液层分辨不清时,可用如下方法进行简单的检定:在任一层中取少量液体加入水,若不分层说明取液的一层为水层,反之则为有机层。最好将上下两层液体都保留到实验完毕。否则,若实验中间的操作发生失误,则无法检查补救。

当萃取某些碱性或表面活性较强的物质时(如蛋白质、长链脂肪酸等),或者强烈振摇溶液后,常会产生乳化现象,导致不能很好地分层。有时由于存在少量轻质沉淀、两液相的相对密度相差较小等也可能使两液相不能清晰地分开,难以完全分离。若遇到乳化现象,则根据不同情况采用相应的处理措施。

① 若因萃取剂与水部分互溶而产生乳化,则可延长静置时间。

② 若遇到轻度乳化,则可将溶液在分液漏斗中轻轻旋摇或缓慢地搅拌。

③ 若因萃取剂与水层的密度较接近而发生难分层的现象,则可利用盐桥效应破坏乳化层,即在水溶液中加入少量电解质(如氯化钠)或饱和食盐水溶液,以提高水相的密度。这样即可迅速分层,明显提高萃取效果。

④ 若被萃取液中存在少量轻质沉淀,则在萃取时轻质沉淀会聚集在两相交界面处使分层不明显。此时,只需将混合物过滤下即可(必要时可加入少量吸附剂,滤除絮状固体)。

⑤ 若因被萃取液含碱性物质而乳化,则可加入少量稀硫酸,并轻轻振摇。

⑥ 若因被萃取液中含有表面活性剂而乳化,则可在实验条件允许时,小心地改变溶液的 pH,使之分层。

⑦ 可以通过加热的方法来破坏乳状液(要注意防止易燃溶剂着火),还可以向溶液中滴加其他破坏乳化的物质(如乙醇、磺化蓖麻油等),通过改变两液相交界处的表面张力来

破坏乳化层。

⑧ 若通过先前的实验已知某溶液有易形成乳化液的倾向，则应该在混合时缓缓地旋摇进行萃取，而不要用力振摇。

（2）液液连续萃取。当有机化合物在被萃取液中的溶解度大于在萃取剂中的溶解度时，必须用大量萃取剂并经过多次萃取才能达到萃取的目的。然而，处理大量萃取剂既费时又费事也不经济，而使用较少萃取剂分多次萃取也相当麻烦。这时可采用适当的装置，使萃取剂在使用后迅速蒸发再生，并循环使用，这就称为连续萃取。此法的萃取效率高、萃取剂用量少，损失较小。

在进行液液连续萃取时，需根据所用萃取剂大于或小于被萃取剂的密度的情况，来选用不同式样的仪器。图 1-3-33(a) 为重溶剂萃取器，适用于密度较大（重）的溶剂从密度较小（轻）的溶液中萃取有机化合物（如用氯仿萃取水溶液中的有机化合物）。萃取时加热支管下部的圆底烧瓶，蒸气沿上支管升腾进入冷凝管，冷凝的液滴在下落途中穿过轻质溶液并对之萃取，然后落入底部萃取剂层中。萃取剂的液面升至一定高度后，即从下支管流回圆底烧瓶中，继续蒸发萃取。

当萃取剂密度小于溶液密度时，萃取剂就不能自上而下穿过溶液层，这时宜采用图 1-3-33(b) 所示的轻溶剂萃取器。它是让从冷凝管中滴下的轻质萃取剂进入内管，内管液面高于外管液面，靠这段液柱的压力将轻质萃取剂压入底部，并从内管下部的多孔小球泡中逸出进入外管，轻质萃取剂即可自下而上地穿过较重的溶液层并对其萃取。当萃取剂液面升至支管口时，即从支管流入圆底烧瓶，并在圆底烧瓶中受热蒸发重新进入冷凝管。

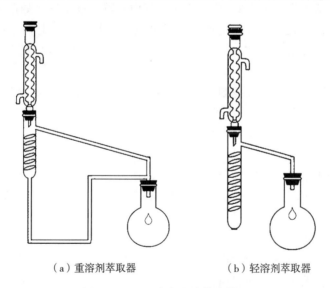

（a）重溶剂萃取器　　　　（b）轻溶剂萃取器

图 1-3-33　液液连续萃取装置

（3）液固分次萃取。液固分次萃取也称为浸取法，是指用溶剂分次将固体物质中的某个或某几个成分萃取出。该方法常用于天然产物的提取，如中药的熬制。该方法通常是将固体物质研细后，放置在容器中，加入适当的萃取剂，让其在常温或加热条件下浸泡，并加以振荡或搅拌，使易溶于萃取剂的物质被提取出来。一定时间后，将浸出液滤出，再用新鲜的萃取剂继续浸泡滤渣，如此反复浸取，直到基本萃取完全后，合并所得溶液，蒸馏回收溶剂,再用其他方法分离纯化。这种方法由于所需萃取剂的量较大,费时较长,萃取效率不高,因此实验室中较少使用。

（4）液固连续萃取。当被萃取物的溶解度很小时,使用浸取法需消耗大量的溶剂和时间,故一般使用索氏提取器(Soxhlet 提取器,也叫作脂肪提取器)来进行萃取。一套索氏提取器通常由烧瓶、提取筒和回流冷凝管组成(见图 1-3-34)。利用溶剂回流及虹吸的原理,固体物质每次都能被纯的溶剂所浸润、萃取。这种方法因效率较高,在实验室较为常用。

萃取前,先将固体物质研细装进滤纸筒(滤纸筒的制作方法:将方形滤纸卷成柱状,直径略小于提取筒的直径,一端用棉线扎紧,长度视提取筒的高度而定)里,轻轻压紧。筒口用脱脂棉或直径略小于滤纸筒的滤纸片盖住,以防固体粉末漏出堵塞虹吸管。滤纸筒上口向内叠成凹形,小心地将滤纸筒放入提取筒中。

图 1-3-34
索氏提取器

【注意事项】

滤纸筒中所装的固体物质的高度要低于提取筒的虹吸管顶端,以保证萃取剂能充分浸润被萃取物质。

按图 1-3-34 安装好索氏提取器后,加热烧瓶使溶剂沸腾,蒸气沿提取筒的侧管上升进入回流冷凝管,被冷凝下来的溶剂不断地滴入提取筒中。当提取筒内溶剂的液面超过虹吸管的最高处时,即产生虹吸现象,自动流入烧瓶中并再度被蒸发。如此循环往复,使被萃取的成分不断地被萃取出来,并在烧瓶中浓缩和富集。提取一定时间后(一般是数小时),停止加热,将烧瓶中的溶剂蒸馏回收,即可在烧瓶中得到提取物,然后用其他方法纯化产品。

使用索氏提取器提取时,应控制好加热温度,使提取溶剂每小时虹吸 3~4 次,虹吸的速度太快或太慢都不利于提取。这种萃取方法溶剂用量较少,提取效率高,但花费时间较长,不适用于受热易分解和变质的物质。

4. 注意事项

（1）在实验结束前,不要把萃取后的水层轻易倒掉,以免做错无法挽救。

（2）若分液漏斗内的混合物颜色较深导致两相间的界面看不清楚,则可迎着光源观察。

（3）有时即使分液漏斗中的液体是透明的,两层间的界面也不一定能看得清楚。尤其是当两相液体具有相似的折光率时,这种现象更容易发生。这时可以向分液漏斗中加入少许活性炭,来帮助分辨两相间的界面。

（4）分液漏斗的活塞和顶塞必须原配,不得与其他分液漏斗的活塞和顶塞调换。

（5）若用碱性溶液作萃取剂,则要及时清洗干净。

（6）使用索氏提取器时,要注意调节温度。随着提取过程的不断进行,烧瓶内的溶剂会不断减少,当提取出来的溶质较多时,温度过高会导致溶质在瓶壁内结垢或炭化,难以除去。

基础化学实验

3.6 常见分析仪器及操作

3.6.1 试纸

实验中常用某些试纸检查物质性质或某些物质是否存在。试纸的种类很多,化学实验中常用到下列试纸。

1. pH 试纸

pH 试纸用于检查溶液的酸碱性,不同 pH 的溶液叫使试纸呈现不同的颜色。常用的 pH 试纸有广泛 pH 试纸和精密 pH 试纸。广泛 pH 试纸可粗略地测量溶液的 pH,测量范围为 1~14。精密 pH 试纸的测量精确度较高,测量范围较窄,试纸在 pH 变化较小时就发生颜色变化,故精密 pH 试纸分为好几种,每种的 pH 测量范围都不同。

pH 试纸的使用方法:将一小块 pH 试纸放在点滴板或白瓷板上,用玻璃棒沾一点待测溶液并与 pH 试纸接触(不能把试纸扔进待测液中),pH 试纸被待测溶液润湿变色,然后尽快与标准色阶板比较,确定 pH 或 pH 范围。

2. 碘化钾-淀粉试纸

碘化钾-淀粉试纸(KI-淀粉试纸)用于定性检验一些氧化性气体,如 Cl_2、SO_3 等。KI-淀粉试纸的使用方法:用蒸馏水将 KI-淀粉试纸润湿后卷在玻璃棒顶端放在试管口,若待测的氧化性气体逸出,则试纸变为蓝紫色(试纸中的 I^- 氧化成 I_2,I_2 与淀粉作用)。

【注意事项】

使用时不能让试纸长时间地与氧化性气体接触,气体氧化性强、浓度大时要更加注意,因为 I_2 有可能进一步被氧化为 IO_3^- 而使试纸褪色,影响测定结果。

3. 醋酸铅试纸

醋酸铅试纸[$Pb(Ac)_2$ 试纸]用于定性检查 H_2S,使用方法与 KI-淀粉试纸相同。若反应中有 H_2S 产生,则试纸因生成 PbS 而呈褐色或亮灰色。

4. 石蕊试纸

石蕊试纸用于检验气体或溶液的酸碱性,通常有红色石蕊试纸和蓝色石蕊试纸两种。红色石蕊试纸用于检验碱性气体,蓝色石蕊试纸用于检验酸性气体。其使用方法与 KI-淀粉试纸相同。若有酸性气体产生,则蓝色石蕊试纸变红色;若有碱性气体产生,则红色石蕊试纸变蓝色。

3.6.2 温度计

1. 温度计概述

能够用于测量温度的物质都具有与温度密切相关的物理性质,如体积、长度、压力、电阻、温差电势、频率及辐射电磁波等,利用这些物理性质可以设计并制成各类测温仪器——温度计。

温度计有许多不同的种类和型号,一般可按测温性质或测温方式来分类。

按测温性质分:利用体积改变的性质而设计的水银温度计;利用热电势差异的性质而

设计的热电偶温度计;利用电阻改变的性质而设计的电阻温度计;利用压力改变的性质而设计的定容气体温度计;利用光强度改变的性质而设计的光学温度计。

按测温方式分:接触式温度计和非接触式温度计。接触式温度计是基于热平衡原理设计的。测温时温度计必须接触被测体系,使其与被测体系达到热平衡,两者的温度相等,再由测温物质的特定物理参数换算为温度值。非接触式温度计是利用电磁辐射的波长分布或强度变化与温度的函数关系制成的,测温时温度计不与被测体系接触,免除了对被测体系的干扰。

2. 水银温度计的构造和使用

水银温度计在实验室中是最常用、最普遍的一种温度计。它是利用不同温度下,水银体积的变化与玻璃体积变化的差来反映温度的高低。它的优点是构造简单、使用方便、测温范围较广。水银温度计可用于 $238.15 \sim 633.15$ K(1 K$=274.1$ ℃)的温度测量,因为水银的熔点是 234.45 K,沸点是 629.85 K。若使用硬质玻璃并在水银上面充以氮气或氩气,则可使测温范围增加到 $973.15 \sim 1073.15$ K。

1)水银温度计的分类

按照用途、量程和精度,水银温度计可分为以下几种。

(1)普通水银温度计。量程范围为 $-5 \sim 105$ ℃、$-5 \sim 150$ ℃、$-5 \sim 250$ ℃、$-5 \sim 360$ ℃等,每格 1 ℃或 0.5 ℃。

(2)精密水银温度计(供热力学用)。量程范围为 $9 \sim 15$ ℃、$12 \sim 18$ ℃、$15 \sim 21$ ℃、$18 \sim 24$ ℃、$9 \sim 15$ ℃、$20 \sim 30$ ℃等,每格 0.01 ℃。精密水银温度计可作为热量计或精密控温设备的测温附件。

(3)分段温度计。从 $-10 \sim 220$ ℃,分为 23 支,每支温度范围为 10 ℃,每格 0.1 ℃。另外,还有 $-40 \sim 400$ ℃,每支温度范围为 50 ℃,每格 0.1 ℃。

2)引起水银温度计误差的因素

许多因素都会引起温度计的误差,所以在使用前应对温度计进行校正,并且在使用时应注意防止和消除某些因素的影响。引起水银温度计误差的主要因素有以下几种。

(1)由毛细管的直径上下不均匀、定点刻度不准、定点间的等分刻度不等、水银附着于毛细管壁等原因而引入的误差。

(2)温度计的玻璃球受到暂时加热后,玻璃收缩很慢,收缩到原来的体积往往需要几天或更长的时间,因此不能立即回到原来的体积,此现象称为滞后现象。此外,由于玻璃是一种过冷液体,玻璃球的体积随时间也会有所改变。这两种因素均会引起温度计的改变。

(3)水银温度计大部分是"全浸式"的,使用时应全部浸没在被测体系中,使两者达到热平衡。但在使用时通常是水银柱只有部分浸没在介质中,此时外露部分与浸入部分所受的温度不同,由此必然会引入误差。

(4)压力对温度计的读数也有影响,如直径为 $5 \sim 7$ mm 的水银球,压力系数的数量级约为 0.1 ℃/atm(1 atm$=1.0 \times 10^3$ Pa)。

(5)温度计与被测介质之间有延迟,即温度计与待测介质达到热平衡需要一定的时间。

3)水银温度计的校正

(1)示值校正。方法一:用纯物质的熔点或沸点等相变点作为标准进行校正。方法二:

与标准水银温度计进行比较,将两温度计捆在一起,水银球一端对齐,用标准温度计与待校正温度计同时测定某一体系的温度,把对应值一一记录下来,作出校正曲线。

(2)露出校正。在使用水银温度计时,由于种种原因,常不能将整个水银柱浸入待测介质中,以至部分水银柱露出待测介质(见图1-3-35)。由于露出部分的温度(主要取决于环境温度)与浸入部分不同,因此水银和玻璃的膨胀程度就不均匀,从而给测量带来误差。露出长度越长,误差越大。为了使测量准确,需要进行温度计的露出校正,其校正公式为

$$露出校正值=kn(t_r-t_s) \qquad (1-3-1)$$

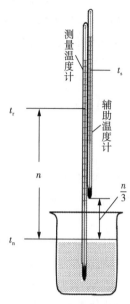

图1-3-35 温度计露出
校正示意图

式中,k为水银在玻璃中的视膨胀系数,水银温度计为0.00016,多数有机液体为0.001;t_n为测量温度计露出部分的起始温度;n为测量温度计露出部分的温度;t_r为测量温度计的测量值;t_s为露出部分水银柱的平均温度,由辅助温度计测定。

【例1-3-1】 用水银温度计测量一种液体的温度,若经示值校正和零点校正后的测量值$t_r=85.00\ ℃$,在蒸馏瓶塞处温度计的示值t_n为60.00 ℃,用辅助温度计测得露出水银柱部分的平均温度t_s为38.00 ℃,则准确温度t应为

$$t=t_r+0.00016n(t_r-t_s)$$

$$=85.00+0.00016×(85.00-60.00)×(85.00-38.00)$$

$$=85.19(℃)$$

由此可见,当使用全浸温度计时,忽略露出校正可能会引起较大误差。露出校正的准确度主要取决于露出水银柱平均温度的测量。若悬挂一支辅助温度计使其水银球靠在露出水银柱的中间位置,则所测得平均温度的误差可达10 ℃。若再用铝箔将辅助温度计的水银球和测量温度计包裹在一起,可把误差降到小于5 ℃。本书规定将辅助温度计的水银球放在测量温度计外露部分的1/3高度处($n/3$处)。

在准确度要求不高时,也可采用半浸式温度计,以避免露出校正的麻烦。

(3)其他因素的校正。水银柱的升降总是滞后于体系的温度变化,所以对于温度变化的体系,在测定瞬时温度时,存在迟缓误差,应予以校正。使用精密温度计时,读数前需轻轻敲击水银面附近的玻璃壁,以防水银黏滞。如果轻轻敲击水银仍不能聚拢,那么可采取室温下缓慢降至低温,促使黏滞的水银柱下降到水银球处再聚拢。此外,应尽量避免阳光、热源等的影响。

3.6.3 酸度计

酸度计是一种常用的仪器设备。酸度计简称 pH 计,由电极和电位差计两部分组成,

主要用来测量液体介质的酸碱度值。使用中若能够合理维护电极、按要求配制标准缓冲液和正确操作电极,可大大减小 pH 示值误差,从而提高化学实验、医学检验数据的可靠性。酸度计常用的种类主要有台式酸度计(工业在线 pH 计),便携式 pH 计和笔式酸度计三种。

1. 原理

酸度计与待测溶液组成一个化学电池,由酸度计在零电流的条件下测量该化学电池的电动势。根据 pH 使用定义得

$$pH_x = pH_s + \frac{E_x - E_s}{0.0592}(25 \text{ ℃}) \qquad (1-3-2)$$

式中,pH_x 和 E_x 分别为未知试样的 pH 和测得的电动势,pH_s 和 E_s 分别为标准缓冲溶液的 pH 和测得的电动势。用标准 pH 缓冲溶液校正 pH 计后,pH 计即可直接给出待测溶液的 pH。

pH 计还可以直接测定其他指示电极(如氟离子选择电极)相对于参比电极的电位,通过电位与被测离子活度的能斯特关系,用一定的校正方法求得被测离子的浓度。

2. 仪器简介

(1)参比电极:在电位分析法中,通常以饱和甘汞电极为参比电极。饱和甘汞电极的电位与被测离子的浓度无关,但会因温度变化有微小的变化,温度 t 时的电位为

$$E_{(Hg_2Cl_2|Hg)} = 0.2415 - 7.6 \times 10^{-4}(t-25)(\text{V}) \qquad (1-3-3)$$

(2)指示电极:常见的指示电极有如下几种。

① pH 玻璃电极。pH 玻璃电极是测量 pH 的指示电极,电极下端的玻璃球泡(膜厚约 0.1 mm)称为 pH 敏感电极膜,能响应氢离子活度。

目前使用渐多的是 pH 复合玻璃电极(见图 1-3-36),它实际上是由一支 pH 玻璃电极和一支 Ag-AgCl 参比电极复合而成的,使用时不需要另外的参比电极,较为方便。同时,pH 复合玻璃电极下端外壳较长,能起到保护电极玻璃球膜的作用,延长了电极的使用寿命。

② 氟离子选择电极。氟离子选择电极是一种晶体膜电极,构造如图 1-3-37 所示,电极下方的氟化镧单晶膜是它的敏感膜。氟电极电位与溶液中氟离子的活度的对数呈线性相关。离子选择电极响应的是离子活度,在进行离子浓度测定时,要添加总离子强度调节缓冲剂,使标准溶液和待测溶液具有相同的离子强度,同时控制待测溶液的酸度等。

(3)电位差计:由于 pH 玻璃电极和其他离子选择电极的内阻很高,不能用一般的电位差计测量这类电极形成的电池电动势,而要用高输入阻抗的电子伏特计测量。

直读式酸度计是一台高输入阻抗的直流毫伏计,被测电池的电动势在直读式酸度计中经阻抗变换后,进行电流放大,再由数码管直接显示出 pH 或 mV 值。

3. 使用方法

(1)电极的准备:饱和甘汞电极中的 KCl 溶液应保持饱和状态(也有使用 0.1 mol·L⁻¹ KCl 溶液或 1 mol·L⁻¹ KCl 溶液的甘汞电极,但他们的电位值与 $E_{(Hg_2Cl_2|Hg)}$ 不同)。使用前应检查电极内饱和 KCl 溶液的液面是否正常,若 KCl 溶液不能浸没电极内的小玻璃管口上沿,则应补加饱和 KCl 溶液(提示:不能图方便加蒸馏水!),以使 KCl 溶

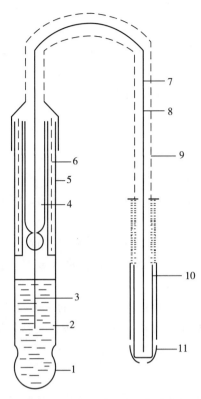
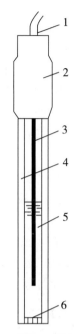

1—玻璃球膜;2—含氯离子的缓冲溶液;

3—Ag-AgCl电极;4—电极导线;

5—玻璃管;6—静电隔离层;7—电极导线;

8—塑料绝缘线;9—金属隔离罩;10—塑料绝缘线;

11—电极接头。

图 1-3-36　pH 复合玻璃电极

1—导线;2—罩帽;

3—内参比电极;4—电极管;

5—内充溶液;6—敏感膜。

图 1-3-37

氟离子选择性电极

液有一定的渗透量,确保液接电位的稳定。发现盐桥内有气泡应及时排除。饱和甘汞电极下端素烧瓷塞的微孔应保证畅通(检查方法:取下盐桥下端的橡皮套,拔去管侧的橡皮帽,将电极下端的素烧瓷塞擦干,用滤纸贴在素烧瓷塞上,有液渗出为正常)。测量时也应在取下盐桥下端的橡皮套的同时拔去管侧的橡皮帽,以保持足够的液位压差,避免待测溶液渗入盐桥而玷污电极。

　　pH 玻璃电极使用前应将敏感膜用盐酸、硝酸的稀溶液清洗干净(切忌:不能用无水乙醇、铬酸洗液等洗涤)。若有油污,则可依次浸入乙醇、乙醚或四氯化碳、乙醇中,最后用去离子水冲洗干净。若遇钙镁等盐类结垢,则可用 EDTA 溶液浸洗。当玻璃电极作为滴定卤化物的参比电极时电极上所沾的 AgX 沉淀可用 $NH_3-NH_4NO_3$ 溶液清洗。pH 玻璃电极使用前必须在水中浸泡使敏感膜水化。新的或长期不用的玻璃电极使用前应在去离子水或 $0.1 \ mol \cdot L^{-1}$ HCl 溶液中浸泡一昼夜以上,经常使用的 pH 玻璃电极可以将电极下端的敏感膜浸泡于蒸馏水中,以便随时使用。pH 复合玻璃电极在不用时需浸泡在 $3 \ mol \cdot L^{-1}$ KCl 溶液中。长期不用的 pH 玻璃电极应放在电极盒中储存。pH 玻璃电极应注意它的使用范围,普通 pH 玻璃电极的测量范围为 pH 1～pH 14。敏感膜很薄易碎,使用和储存时应注意保护。

氟离子选择电极使用前应在 10^{-3} mol·L^{-1} 的 NaF 溶液中浸泡 1～2 h(或在去离子水中浸泡过夜)活化,再用去离子水清洗到空白电位(每一支氟电极都有各自的空白电位)。电极使用后,应浸泡。较长时间不用时,应用去离子水清洗到空白电位后,用滤纸擦干再放入电极盒中储存。

(2)pH 的测量,具体操作如下。

① 标定,具体操作如下:

a. 打开电源开关,按"pH/mV"按钮,使仪器进入 pH 测量状态;

b. 按"温度"按钮,使显示为溶液温度值,然后按"确认"键,仪器确定溶液温度后回到 pH 测量状态;

c. 把用蒸馏水清洗过的电极插入 pH＝6.86 的标准缓冲溶液中,待读数稳定后按"定位"键使读数为该溶液当时温度下的 pH,然后按"确认"键,仪器进入 pH 测量状态,pH 指示灯停止闪烁;

d. 把用蒸馏水清洗过的电极插入 pH＝4.00(或 pH＝9.18)的标准缓冲溶液中,待读数稳定后按"斜率"键使示数为该溶液当时温度下的 pH,然后按"确认"键,仪器进入 pH 测量状态,pH 指示灯停止闪烁,完成标定。

【注意事项】

标定的缓冲溶液一般第一次用 pH＝6.86 的溶液,第二次用接近待测溶液 pH 的缓冲液,若待测溶液为酸性,则缓冲溶液应选 pH＝4.00 的标准缓冲溶液;若待测溶液为碱性,则缓冲溶液应选 pH＝9.18 的标准缓冲溶液。一般情况下,24 h 内仪器不需再标定。

② 测量,具体操作如下。

a. 待测溶液与定位溶液温度相同时,用蒸馏水清洗电极头部,再用待测溶液清洗一次;把电极浸入待测溶液中,用玻璃棒搅拌使溶液均匀,在显示屏上读出溶液的 pH。

待测溶液与定位溶液温度不同时,用蒸馏水清洗电极头部,再用待测溶液清洗一次;用温度计测出待测溶液的温度值;按"温度"键,使仪器显示为待测溶液温度值,然后按"确认"键;把电极浸入待测溶液中,用玻璃棒搅拌使溶液均匀,在显示屏上读出溶液的 pH。

b. 测量结束后关闭电源,将电极取出,用蒸馏水洗净、擦干,再按电极保养要求分别置于合适的地方保存。

(3)电位的测量,具体操作如下。

① 打开电源开关,按"pH/mV"按钮,使仪器进入 mV 值测量状态;按要求接上各相关电极。

② 把电极浸入待测溶液中,用玻璃棒搅拌使溶液均匀,在显示屏上读出溶液的电位值(相对于参比电极)。如果测量一系列的标准溶液,那么测量顺序应由稀至浓。

③ 测量结束后关闭电源,将电极取出,用蒸馏水洗净、擦干,再按电极保养要求分别置于合适的地方保存。

3.6.4 分光光度计

1. 测量原理

物质分子对可见光或紫外光的选择性吸收在一定的实验条件下符合朗伯-比尔定律，即溶液中的吸光分子吸收一定波长的吸光度 A 与溶液中该吸光分子的浓度 c 的关系为

$$A=\lg\left(\frac{I_0}{I_t}\right)=kbc \qquad (1-3-4)$$

式中，A 为吸光度；k 为吸收系数（与入射光的波长、吸光物质的性质、温度等有关）；b 为样品溶液的厚度，即比色皿的边长；c 为溶液中待测物质的浓度。

根据 A 与 c 的线性关系，通过测定标准溶液和试样溶液的吸光度，用图解法或计算法，可求得试样中待测物质的浓度。

2. 仪器结构

分光光度计一般由以下几个部分组成。

(1)光源。光源的功能是提供稳定性的、强大的连续光，在整个光谱区域内光的强度不应随波长有明显的变化。分光光度计内装有光强度补偿装置，使不同波长下的光强度达到一致。钨灯或卤钨灯在可见光区发光强大，被用作可见光区测定的光源；氢灯在紫外光区发光强大，被用作紫外光区测定的光源。

(2)分光系统。分光系统也称为单色器，其作用是将光源提供的混合光色散成单色光。现代分光光度计基本上都是采用光栅作为分光元件，配以入射狭缝、准光镜、投影物镜、出射狭缝等光学器件构成分光系统。

(3)样品池。样品池即比色皿，由光学玻璃或石英制成，用于盛放待测试样溶液。普通单波长分光光度计测量时需要两个比色皿，一个装待测试样溶液，另一个装参比溶液。

(4)检测显示系统。检测显示系统包括检测器和信号显示系统两部分。检测显示系统可将透过样品池的光转换成电信号，经放大和对数转换后，以模拟或数字信号的形式显示吸光度（或浓度）值。

分光光度计的结构框图如图 1-3-38 所示。

图 1-3-38　分光光度计的结构框图

3. 使用方法

(1)打开电源开关，仪器经自检和预热后点亮光源，调节波长至测量波长。

(2)调节（A/T）键至"T"档，打开样品室盖（此时从单色器到样品池的光路被切断），调节"100％T"键使显示器显示为"0.000"。

(3)将盛有参比溶液的比色皿置于光路上，盖上样品室盖，调节"100％T"键使显示器显示为"100.0"，然后调节（A/T）键至"A"档，调节"调零"键使显示器显示吸光度读数为"0.000"。

(4)拉动比色皿架拉杆，使盛有试样溶液的比色皿进入光路，此时显示器所显示的数值

便是待测试样溶液的吸光度。

(5)使用完毕后,关闭电源,将比色皿清洗干净,放回原处。

4.比色皿的使用

分光光度计所用比色皿的材质有玻璃和石英两种。玻璃比色皿适用于物质可见光区吸光度的测定,石英比色皿适用于物质紫外及可见光区吸光度的测定,但因石英比色皿价格较贵,一般只用于物质紫外光区吸光度的测定。

分光光度计所配置的玻璃比色皿一般有光程为 0.5 cm、1 cm、2 cm 和 3cm 等若干种。测定时,可根据吸光物质的吸光能力和待测试样的浓度合理选择不同厚度的比色皿。但用于参比溶液和试样溶液的两支比色皿必须等厚且具有相同的透光率。比色皿在使用中应保持透光面的清洁,切勿用手指触摸透光面,也不要用粗糙的纸擦拭透光面。比色皿不能加热或烘烤,以免影响光程。

3.6.5　原子吸收分光光度计

1.原理

原子吸收分光光度法是以测量气态的基态原子对共振线的吸收为基础的分析方法。测定时,采用火焰或石墨炉原子化器使试样溶液中的待测元素原子化成气态的基态原子蒸气,原子蒸气吸收空心阴极灯所发出的该元素的共振线,透过原子蒸气的共振线经分光系统除去非吸收线后,在检测系统转换成吸光度信号,并由显示器给出吸光度值。根据吸光度与待测元素的浓度的正比关系即可进行定量分析。

2.仪器结构

原子吸收分光光度计根据光学结构可分为单光束和双光束两种,无论何种结构都包括光源、原子化系统、光学系统、检测和显示系统四部分。图 1-3-39 为单光束火焰原子吸收分光光度计的结构示意。

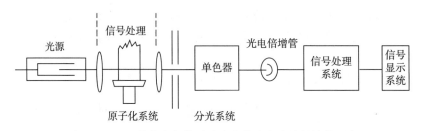

图 1-3-39　单光束火焰原子吸收分光光度计的结构示意

(1)光源。光源的作用是提供待测元素的共振线供原子蒸气吸收。共振线应是中心波长和待测元素吸收线中心波长重合但宽度比吸收线窄得多的锐线。在原子吸收分光光度计中最常用的光源是空心阴极灯。空心阴极灯采用脉冲供电维持发光,点亮后要预热 20~30 min 后发光强度才能稳定。空心阴极灯需要调节的实验条件有灯电流的大小和灯的位置(使灯所发出的光与光度计的光轴对准)。

(2)原子化系统。原子化系统由原子化器和辅助设备所组成,它的作用是使试样溶液中的待测元素转变成气态的基态原子蒸气。根据原子化方式的不同,原子化器可分为火焰原子化器、电热石墨炉原子化器和氢化物原子化器。有的原子吸收分光光度计固定装有一种原子化器,而多数原子吸收分光光度计的原子化器是可卸式的,可以根据分析任务,将选用的原子化器装入光路。原子化系统的工作状态对原子吸收法的灵敏度、精密度和干扰程度有非常大的影响,因此优化原子化系统的实验条件十分重要。火焰原子化器由雾化器、雾室和燃烧头组成,再加上乙炔钢瓶、空压机、气体流量计等外部设备,需要优化的实验条件有燃气和助燃气的流量、燃烧器的高度和水平位置等。电热石墨炉原子化器由石墨管和石墨炉体组成,再加上加热电源、屏蔽气源、冷却水等外部设备,需要优化的实验条件有石墨炉的升温程序、屏蔽器流量等。

(3)光学系统。原子吸收分光光度计的光学系统由外光路聚光系统和分光系统两部分组成,其中外光路聚光系统的作用是将光源发出的光汇聚在原子蒸气浓度最高的位置,并将透过原子蒸气的光聚焦在分光器的狭缝上。分光系统的作用是将共振线与其他波长的光(如来自光源的非共振线和原子化器中的火焰发射)分开,仅允许共振线的透过光投射到光电倍增管上。光学系统需要调整的实验参数有测定波长、狭缝宽度。

(4)检测和显示系统。检测和显示系统由光电倍增管、信号处理系统和信号显示系统三部分组成。检测和显示系统的作用是将原子吸收信号转换为吸光度值并在显示器上显示出读数。实验中需要调节的实验参数有光电倍增管的负高压、显示方式(吸光度、吸光度积分、浓度直读)等。

3. 使用方法

原子吸收分光光度计的型号较多,功能和自动化程度也有所不同,但其使用方法则大同小异。原子吸收分光光度计的具体使用方法应参考仪器的使用手册,本节就火焰原子吸收分光光度计的一般操作程序做一简单介绍。

(1)打开仪器总电源开关,装上所用的空心阴极灯,打开灯电流开关,调节灯电流至仪器厂商推荐的数值,调节单色器波长至推荐的测定波长,并将光谱带调节到推荐值。

(2)将显示器工作状态置于"能量"(或透光率),调节光电倍增管负高压至能量表指示半满度,再仔细调节波长,至能量值最大;然后调节空心阴极灯的位置,至能量值再次达到最大。仔细调节光电倍增管负高压至能量值处于 70%～90%,预热空心阴极灯 20～30 min,检查雾化器排液管是否已插入水封,打开燃烧废气的通风设备。

(3)打开空气压缩机,调节空气针型阀至推荐的空气流量值。

(4)打开乙炔钢瓶阀门,使乙炔出口压力略小于 0.098 MPa(1 kg/cm²)。调节乙炔针型阀至乙炔流量比推荐值略小,点火。点着后,将吸液毛细管插入蒸馏水(或空白液)喷雾,以免燃烧头过热,调节乙炔流量至推荐值。

(5)将显示器工作状态置于"吸光度",用蒸馏水(或空白液)喷雾,按"清零"键,使吸光度值为零。

(6)使雾化器吸入浓度恰当的标准溶液,调节燃烧器的高度、前后和转角等,使标准溶液的吸光度达到最大(提示:每次燃烧器位置变动后都要重新用蒸馏水或空白液清零)。

(7)待仪器状态稳定后,从低浓度到高浓度依次吸喷标准系列溶液,记录对应的吸光度读数。然后吸喷试样溶液,记录对应的吸光度值(提示:每次吸液毛细管从一个溶液转移至另一溶液前,都应先插入蒸馏水或空白液使吸光度指示回到零)。

(8)测定完毕,将工作状态置于"能量",将光电倍增管负高压和空心阴极灯电流调到零,继续用蒸馏水吸喷几分钟清洗雾化系统。然后先关闭乙炔针型阀,再关闭空气针型阀,最后关闭乙炔钢瓶总阀和空气压缩机,切断电源,关闭通风。

3.6.6 色谱仪

1. 原理

色谱法是多组分的混合物的分离、分析方法。气相色谱法和液相色谱法是现代色谱分析法中最为常用的两种,与之对应的有气相色谱仪和液相色谱仪。尽管流动相和固定相的不同使两种色谱仪在结构和操作上有很大的差别,但基本的分离和分析原理是相似的。

当流动相携带着混合物流过固定相时,各组分在流动相和固定相之间的分配系数的差异使性质不同的各个组分随流动相的移动速度产生了差异,经历两相间的多次分配后混合物中的各组分被一一分离,按一定的次序从色谱柱后流出。分离后的组分由流动相携带进入检测器后,组分的物质信号被转换成电信号,并由记录仪记录为信号随时间变化的曲线——色谱图。在确定的实验条件下,组分色谱峰的保留值有一定的特征性,可以作为色谱定性分析的依据,而各组分在检测器上的响应信号(峰面积或峰高)与其质量(或浓度)成正比,可以作为色谱定量分析的依据。

2. 仪器结构

虽然气相色谱仪和高效液相色谱仪在结构和器件上有很大的差别,但是从组分上看,他们都由流体驱动和控制系统、进样系统、分离系统(色谱柱)、检测和显示系统等几部分组成。气相色谱仪和高效液相色谱仪的工作流程分别如图 1-3-40 和图 1-3-41 所示,他们的组成部件对比见表 1-3-6 所列。

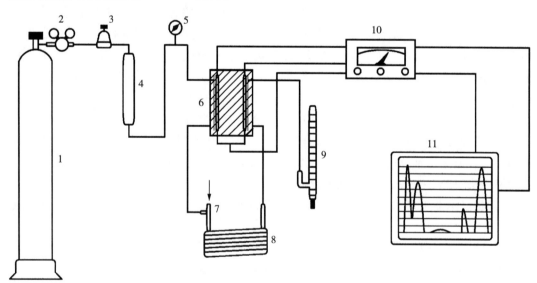

1—高压气瓶;2—减压阀;3—精密调节阀;4—净化干燥管;5—压力表;

6—热导池;7—选择器;8—色谱柱;9—流量计;10—测量电极;11—记录仪。

图 1-3-40 气相色谱仪的工作流程

基础化学实验

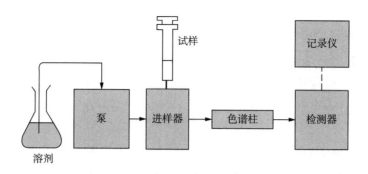

图 1-3-41 高效液相色谱仪的工作流程

表 1-3-6 气相色谱仪和高效液相色谱仪的组成部件对比

部件	气相色谱仪	高效液相色谱仪
动力源	高压钢瓶或气体发生器	高压泵
流动相	气体,如 N_2、He、H_2; 对组分几乎无选择性	各类溶剂,如甲醇、乙腈、缓冲溶液等; 对组分有选择性
流量控制	稳压阀、稳流阀或电子压力(流量)控制器	
进样装置	用微量注射器取样后直接刺入进样口进样	用微量注射器将试样注入进样阀后进样
固定相	粒径 0.1~0.5 mm 固定相,种类繁多, 应视分离组分的性质来合理选择	粒径 5~10 μm 的固定相, 种类较气相色谱少
色谱柱	可为内径(2~4 mm)×(1~4 m)的盘形 不锈钢柱或玻璃柱;也可为涂壁或交联的 空心柱(亦称为毛细管柱),内径 0.25~ 0.53 mm,长 15~30 m	内径(3~6mm)×(10~30 cm) 直形不锈钢填充柱
检测器	热导池检测器、氢火焰离子化检测器等	紫外检测器、示差折光检测器、 荧光检测器、电化学检测器等
记录系统	多采用色谱数据处理机或色谱工作站记录、保存谱图,并自动处理实验数据	
温度控制	可用中央控制器进行动态监控,温度控制精度可达±0.1 ℃	

3. 气相色谱仪的使用方法

(1)打开气源、稳压(流)阀,通上载气。

(2)接通电源,按要求设置好相应的实验参数(如柱温、载气流量等),打开记录仪或色谱工作站,预热机器,至仪器基线平直。

(3)若用火焰离子化检测器,则需先通燃气(氢气)和助燃气(空气或氧气),然后按点火开关点燃氢焰并调节好燃气、助燃气流量比。若用热导检测器,则应保证热导池桥电流不超过最高允许值,以免烧断热导池的钨丝。

(4)用注射器手动进样,需等前一个试样中各组分都出峰后再进第二个试样。

(5)根据标样和未知样中相应组分的保留时间进行定性分析,根据各峰的峰面积或峰高按选定的定量方法进行定量分析。若用色谱工作站采集数据,则可按设定的格式直接打印出分析结果。

(6)完成实验后,按开机的逆顺序关机。

【注意事项】

气相色谱仪必须做到"先通气,后通电"和"先断电,后断气"。

具体的操作过程及要求需视具体的仪器而定,必须严格参照所选用仪器的说明书执行。

4. 液相色谱仪的使用方法

(1)将配好并经脱气后的流动相装入储液瓶中,置于合适的位置。若仪器配有在线脱气装置,则直接将流动相装入储液瓶中即可。

(2)接通电源,按要求设置好相应的实验参数(如流动相流量、检测波长等),打开记录仪或色谱工作站,预热机器,至仪器基线平直。

(3)用注射器和进样阀配合进样分析,待前一个试样中各组分都出峰后再进第二个试样。

(4)根据标样和未知样中相应组分的保留时间进行定性分析,根据各峰的峰面积或峰高按选定的定量方法进行定量分析。若用色谱工作站采集数据,则可按设定的格式直接打印出分析结果。

(5)完成实验后,按开机的逆顺序关机。

【注意事项】

液相色谱仪更换流动相时,需待整个输液管路系统都被流动相充满后才可转动切换阀让流动相进入色谱柱,否则会使气泡进入色谱柱而严重降低柱效。更换流动相后色谱柱应有一定的平衡时间。

具体的操作过程及要求需视具体的仪器而定,必须严格参照所选用仪器的说明书执行。

5. 微量注射器及其使用方法

色谱分析(尤其是气相色谱分析)中常用注射器手动进样。气体试样一般使用 0.25 mL、1 mL、2.5 mL 等规格的医用长针头注射器。液体试样则使用 1 μL、10 μL 等规格的微量注射器。

微量注射器是器件,容量精度高,误差小于 ±5%,气密性达 0.2 MPa,它由玻璃和不锈钢材料制成。微量注射器主要有两种:一种是有死角的固定针尖式注射器,10~100 μL 容量的注射器采用这一结构,它的针尖有寄存容量,吸取溶液时,容量会比标称值大 1.5 μL 左右;另一种是无死角的注射器,0.5~5 μL 的微量注射器采用这一结构,它的针尖可从玻璃管上旋下,其针尖内有一根直径为 0.1~0.15 mm 的不锈钢丝,由顶盖直接通到针尖,取样时样品仅被吸入针尖部分,进样后全部从针尖推出,不会出现寄存容量。

取液体样品前应先用少量试样洗涤几次,弃去废液,再将针头插入试样反复抽排几次,然后慢慢抽入试样,并稍多于需要量。若内有气泡,则将针头朝上,使气泡上升排出,再将过量的试样排出,用无棉的纤维纸(如擦镜纸)吸去针头外所沾试样(提示:切勿使针头内的试样流失)。

取气体样品也应先洗涤注射器。取样时应将注射器插入充有待测气体试样的容器中（容器内应有正压），由气体压力将注射器芯子慢慢顶出，直至所需体积，以保证取样准确。

取好样后应立即进样。进样时，注射器应与色谱仪进样口垂直（提示：应用一只手扶着针头，以防针头弯曲折断），使针尖刺穿硅橡胶垫圈再插到底，紧接着迅速注入试样，完成后马上拔出注射器，整套动作应进行的稳当、连贯、迅速。针尖的插入位置、插入速度、停留时间和拔出速度都会影响进样的重复性，操作中应予以重视。

用注射器进气体样品时应防止注射器芯子位移。可用拿注射器的右手食指卡住芯子与外管的结合处，以固定他们的相对位置，确保准确进样。

高效液相色谱用的微量注射器与气相色谱的有所不同，它的针头不是尖的而是平的。注射器的规格一般是 $20\sim100~\mu L$。由于高效液相色谱的柱压很高，不能用注射器将试样直接注入色谱柱头，而要通过进样阀进样。先按以上介绍方法取样，然后将进样阀手柄扳到取样位置，再将针管插入进样口，待前一试样分离完全后将注射器内试样推入进样阀，并将手柄扳到进样位置，拔出注射器。由于手动进样阀有定量管，故一般可用注射器取定量管体积 $2\sim3$ 倍的试样，注入时由定量管控制进样量，这样可保证进样的精度。

【注意事项】

（1）微量注射器是易碎器械，使用时要多加小心，进样完毕随手放回盒内，不要随便来回空抽，以免磨损，影响气密性，降低准确度。

（2）微量注射器在使用前后都必须用丙酮等洗净。当高沸点物质沾污注射器时，一般可用下述溶液依次清洗：5％的氢氧化钠水溶液、蒸馏水、丙酮、氯仿，最后抽干。

（3）对于 $10\sim100~\mu L$（有寄存容量）注射器，若遇针尖堵塞，则宜用直径为 $0.1~mm$ 的细钢丝耐心穿通。

（4）若不慎将 $0.5\sim5~\mu L$（无寄存容量）注射器的芯子拉出，则应马上交由指导教师处理。

3.6.7 电化学工作站

1. 原理

电化学工作站是电化学测量系统的简称，是电化学研究和教学常用的测量设备。将这种测量系统组成一台整机（内含快速数字信号发生器、高速数据采集系统、电位电流信号滤波器、多级信号增益、iR 降补偿电路、恒电位仪、恒电流仪），可直接用于超微电极上的稳态电流测量；如果与微电流放大器及屏蔽箱连接，那么可测量 1 pA 或更低的电流；如果与大电流放大器连接，那么电流的测量范围可拓宽为 $\pm100~A$；可进行循环伏安法、交流阻抗法、交流伏安法、电流滴定、电位滴定等测量。电化学工作站可以同时进行两电极、三电极及四电极的工作方式。四电极可用于液液界面电化学测量，对于大电流或低阻抗电解池（如电池）也十分重要，可消除由电缆和接触电阻引起的测量误差。仪器还有外部信号输入通道，可在记录电化学信号的同时记录外部输入的电压信号，如光谱信号、快速动力学反应信号等。这对光谱电化学、电化学动力学等实验极为方便。

电化学工作站主要有两大类：单通道工作站和多通道工作站。两者区别在于多通道工作站可以同时进行多个样品测试，较单通道工作站有更高的测试效率，适合大规模研发测试需要,可以显著的加快研发速度。不同厂商提供的不同型号的产品具有不同的电化学测量技术和功能,但基本的硬件参数指标和软件性能是相同的。

2. 基本操作

将电极夹头夹到实际电解池上,设定实验技术和参数后,便可进行实验。实验中如果需要电位保持或暂停扫描(仅对伏安法而言),那么可用"Control"菜单中的"Pause/Resume"命令,此命令在工具栏上有对应的键。如果需要继续扫描,可再按一次该键。对于循环伏安法,如果临时需要改变电位扫描极性,那么可用"Reverse"(反向)命令,此命令在工具栏上有对应的键。若要停止实验,可用"Stop"(停止)命令或按工具栏上相应的键。如果实验过程中发现电流溢出(Overflow,经常表现为电流突然成为一水平直线或得到警告),可停止实验,在参数设定中重设灵敏度(Sensitivity),灵敏度数值越小越灵敏。如果溢出,那么应将灵敏度调低(数值调大)。灵敏度的设置以尽可能灵敏而又不溢出为准,灵敏度太低,虽不致溢出,但由于电流转换成的电压信号太弱,模数转换器只用了其满量程的很小一部分,数据的分辨率会很差,且相对噪声较大。

实验结束后,可执行"Graphics"菜单中的"Present Data Plot"命令进行数据显示,这时实验参数和结果(如峰高、峰电位和峰面积等)都会在图的右边显示出来,可做各种显示和数据处理。很多实验数据可以用不同的方式显示,在"Graphics"菜单的"Graph Option"命令中可找到数据显示方式的控制,如 CV 可允许选择任意段的数据显示,CC 可允许 Q-t 或 Q-t 1/2 的显示,ACV 可显示绝对值电流或相敏电流(任意相位角设定),SWV 可显示正反向或差值电流,IMP 可显示波德图或奈奎斯特图等。要存储实验数据,可执行"File"菜单中的"Save As"命令。文件总是以二进制(Binary)的格式储存,用户需要输入文件名,但不必加文件类型". bin"。如果忘记存储数据,那么下次实验或读入其他文件时会将当前数据覆盖。若要防止此类事情发生,则可在"Setup"菜单的"System"命令中选择"Present Data Override Warning"。这样,以后每次实验前或读入文件前都会给出警告(若当前数据尚未保存)。

若需打印实验数据,则可用"File"菜单中的"Print"命令。但在打印前,需先在主视窗的环境下设置好打印机类型,打印方向(Orientation)设置在横向(Landscape),如果 Y 轴标记的打印方向反了,那么可用"Font"命令改变 Y 轴标记的旋转角度(90°或 270°)。建议使用激光打印机,其速度快,分辨率好。若要调节打印图的大小,则可用"Graph Options"命令调节"X Scale"和"Y Scale"。若要切换实验技术,则可执行"Setup"菜单中的"Technique"命令,选择新的实验技术,然后重新设定参数。若要做溶出伏安法,则可在"Control"菜单中执行"Stripping Mode"命令,并在显示的对话框中设置"Stripping Mode Enabled"。若要使沉积电位不同于溶出扫描时的初始电位(也是静置时的电位),则可选择"Deposition E",并给出相应的沉积电位值。只有单扫描伏安法才有相应的溶出伏安法,因此 CV 没有相应的溶出伏安法。

一般情况下,每次实验结束后电解池与恒电位仪会自动断开。做流动电解池检测时,往往需要电解池与恒电位仪始终保持接通,以使电极表面的化学转化过程和双电层的充电过程结束而得到很低的背景电流。可用"Cell"(电解池控制)命令设置"Cell On between I-t Runs",这样实验结束后电解池将保持接通状态。

具体的操作过程及要求需视具体的仪器而定,必须严格参照所选用仪器的说明书执行。

3. 注意事项

(1)仪器的电源应采用单相三线,其中地线应与大地连接良好。

(2)仪器不宜时开时关,但晚上离开实验室必须关机。

(3)使用温度为 15~28 ℃,虽然此温度范围外也能工作,但会造成漂移和影响仪器寿命。

(4)电极夹头长时间使用会脱落,可自行焊接,但注意夹头不要与同轴电缆外面的一层网状的屏蔽层短路。

4. 常用的软件命令

"Open"(打开文件)、"Save As"(储存数据)、"Print"(打印)、"Technique"(实验技术)、"Parameters"(实验参数)、"Run"(运行实验)、"Pause/Resume"(暂停/继续)、"Stop"(终止实验)、"Reverse Scan Direction"(反转扫描极性)、"iR Compensation"(iR 降补偿)、"Filter"(滤波器)、"Cell Control"(电解池控制)、"Present Data Display"(当前数据显示)、"Zoom"(局部放大显示)、"Manual Result"(手工报告结果)、"Peak Definition"(峰形定义)、"Graph Options"(图形设置)、"Color"(颜色)、"Font"(字体)、"Copy to Clipboard"(复制到剪贴板)、"Smooth"(平滑)、"Derivative"(导数)、"Semi - derivative and Semi - integral"(半微分半积分)、"Data List"(数据列表)等都在工具栏上有相应的键,执行一个命令只需按一次键,这可大大提高软件使用速度。应熟悉并掌握工具栏中键的使用。

3.6.8　目视旋光仪

许多物质具有旋光性,如石英晶体、酒石酸晶体、蔗糖、葡萄糖、果糖等。旋光性是指当一束平面偏振光通过某一物质时,其振动方向会转过一个角度的性质。这个振动面旋转的角度叫作旋光度。人们通过对某些物质旋光性的研究,可以了解该物质的立体结构。旋光度的大小和方向与物质内分子的立体结构有关。在溶液状态时,旋光度还与溶液的浓度、温度、样品管长度、光源波长及物质本性有关。

1. 原理

旋光仪的光学系统倾斜 20°安装在基座上,以便于操作。光源采用 20 W 钠光灯(波长589.44 nm)。旋光仪的光路示意如图 1-3-42 所示。

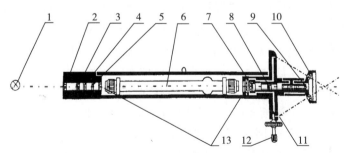

1—光源(钠光灯);2—聚光镜;3—滤色镜;4—起偏镜;5—半波片;6—旋光管;7—检偏镜;

8—物镜;9—目镜;10—放大镜;11—游标刻度盘;12—旋钮;13—保护片。

图 1-3-42　旋光仪的光路示意

光路中有两块尼科尔棱镜:起偏镜和检偏镜。起偏镜用来产生偏振光,其只允许在垂直于传播方向的某一方向上振动的光通过。当一束自然光以一定角度进入尼科尔棱镜(由两块直角棱镜组成)后,分解成两束振动面相互垂直的偏振光,如图1-3-43所示。由于折射率不同,两束光经过第一块棱镜

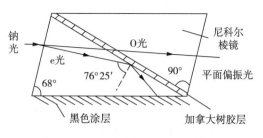

图1-3-43 尼克尔棱镜起偏振原理

达到该棱镜与加拿大树胶层的界面时,折射率大的一束光被全反射,并被棱镜框上的黑色涂层吸收。另一束光可以透过第二块棱镜,从而得到一束单一的平面偏振光。

检偏镜是可旋转的。当一束平面偏振光射到检偏镜上时,若检偏镜的主截面与光的偏振面平行,则光速可全通过;若两者垂直,则光波全反射;若两者的角度从$0°$转到$90°$,则透过检偏镜的光强度发生衰减。因此,检偏镜可以检测偏振光的偏振面方向。

在不放样品的条件下,将检偏镜转到其主截面与起偏镜主截面垂直的位置,偏振光被全反射,在目镜中观察到的视野是最暗的。此时若在两棱镜之间放入装有旋光性物质的样品管,则偏振光经过样品管时,偏振面被旋转了一个角度,光的偏振面不再与检偏镜的主截面垂直,这样目镜中的视野不再是最暗的。欲使其恢复最暗,必须将检偏镜旋转到与光偏振面转过同样的角度,这个角度可以在与检偏镜同轴旋转的刻度盘上读出,这就是样品的旋光度。

可是,判断视野是否最暗是困难的。为提高测量的准确度,旋光仪中设计了一种三分视野:在起偏镜后的光路正中安装一具有旋光性的狭长石英片(其宽度约占圆形视野直径的$1/3$),使透过它的偏振光的偏振面旋转一小角度$\varphi(2°\sim3°)$,于是,视野被石英片隔成三部分,中间部分的偏振光与两侧偏振光的偏振面相差一个角度φ。如图1-3-44所示,光传播方向垂直纸面,以AA和BB分别表示两侧和中间部分偏振光的偏振面,NN表示检偏镜的主截面,虚线CC、DD是AA和BB两交面的两个角平分面。当调节NN到CC(位置②)的位置时,NN与AA、BB的夹角相等且接近$90°$,所以视野中三部分亮度相同且较暗,成为较暗的均匀视野,称为等暗面[见图1-3-44(b)]。当NN顺时针偏离CC一个极小角度至位置①,$\varphi/2(1°\sim1.5°)$,NN便与BB垂直,同时与AA的锐夹角略有减小,使得中间部分光线全被反射,而两侧光线有所增强,出现如图1-3-45(a)所示的三分视野。同理,当NN逆时针稍微偏离CC一个极小角度至位置③时,两侧光线将全被反射而中间光线有所增强,视野如图1-3-45(c)所示。因为CC这个位置相当敏感,所以可以在视野中找到等暗面为标准,来检测偏振面的旋转角度:在旋光管中放蒸馏水时调出等暗面,刻度盘上的值定为零;在旋光管中放入待测样品后再调等暗面,刻度盘上的值即为样品旋光度。

当检偏镜主截面NN逐渐远离CC位置时,NN与AA和BB的锐夹角都变小,使得视野中三部分都变得明亮起来;同时,由于这两个锐夹角只相差$2°\sim3°$,故这三部分的明暗差异随着光强度的增加而越来越模糊以致难以辨别。当NN达到DD(位置④)时,NN与AA和BB的夹角又相等且接近于零,故三部分的亮度又相同且相当明亮,这时的视野称为等亮面[见图1-3-44(d)]。等亮面的位置极不敏感,注意在测定时不要误当成等暗面。

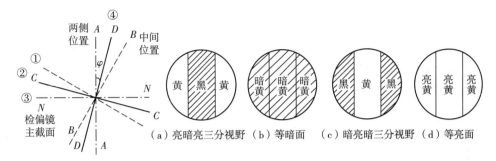

图 1-3-44 旋光仪的典型视野

2. 旋光度的测量

使用旋光仪时,先接通电源,开启开关,约 5 min 后钠光灯发光正常才开始工作。实验前先用蒸馏水校正仪器零点;然后按实验要求装好样品,样品管表面擦净后放入旋光仪。先调目镜焦距使视野清晰,再调节刻度盘手轮使检偏镜旋转,找到等暗面,读取刻度值即样品的旋光度。

为提高读数精准,仪器装有左右两个游标读数窗口,分别读数后取平均值以消除刻度盘偏心差。读数窗口上装有 4 倍放大镜。读数时先找出游标零刻度对着的刻度盘读数(刻度盘上每格为 $1.0°$),再找出游标刻度线与刻度盘刻线对齐的位置,读游标读数(游标上每格 $0.05°$),两数合在一起就是旋光度值。

旋光仪连续使用不得超过 4 h。

3.6.9 阿贝折射仪

1. 折射率测定的基本原理

当一束光从一种介质 A 进入另一种介质 B(两种介质的密度不同)时,光在两种介质的界面上会发生折射现象(见图 1-3-45)。

根据斯涅耳(Snell)定律,波长一定的单色光在温度、压力不变的条件下,其入射角 i 和折射角 γ 与这两种介质的折射率 $n(A)$、$n(B)$ 有下列关系:

$$\frac{\sin i(A)}{\sin \gamma(B)} = \frac{n(B)}{n(A)} \quad (1-3-5)$$

若介质 A 是真空,$n(真空) = 1.0000$,则有

$$n(B) = \frac{\sin i(真空)}{\sin \gamma(B)} \quad (1-3-6)$$

式中,$n(B)$ 称为介质 B 的绝对折射率。

若介质 A 为空气,$n(空气) = 1.00027$(空气的绝对折射率),则有

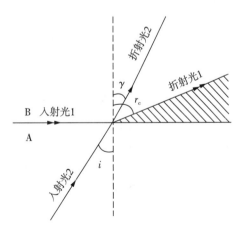

图 1-3-45 光在不同介质中的折射

$$\frac{\sin i(空气)}{\sin \gamma(B)} = \frac{n(B)}{n(空气)} = \frac{n(B)}{1.00027} = n'(B) \qquad (1-3-7)$$

式中,$n'(B)$称为介质 B 对空气的相对折射率,又称为常用折射率。因为 $n(B)$ 与 $n'(B)$ 相差很小,所以常用折射率替代绝对折射率。

折射率以 n 表示,由于 n 与波长有关,因此在其右下角注以字母表示测定时所用的单色光的波长,D、F、G、C…分别表示钠的 D(黄)线,氢的 F(蓝)线、G(紫)线、C(红)线等。由于折射率又与介质的温度有关,因此在 n 的右上角注明测量时介质的温度。例如,n_D^{20} 表示 20 ℃时该介质对钠光 D 线的折射率。大气压对折射率的影响极微,可不考虑。

阿贝折射仪是根据临界折射现象设计的。在图 1-3-45 中,若 B 为棱镜,A 为样品,则棱镜折射率大于样品折射率:$n(B)>n(A)$。若入射光 1 正好沿着棱镜与试样的界面射入,其折射光为 $1'$,入射角 $i_1=90°$,折射角为 r_c,r_c 即为临界角,因为没有比 r_c 更大的折射角了。大于 r_c 处构成暗区,小于 r_c 处构成亮区。因此 r_c 具有特征意义,且有

$$n(A) = n(B)\frac{\sin r_c}{\sin 90°} = n(B)\sin r_c \qquad (1-3-8)$$

显然,如果已知棱镜 B 的折射率 $n(B)$,那么测定临界角 r_c 就能算出待测试样的折射率。

2. 仪器结构

阿贝折射仪的光程示意如图 1-3-46 所示,其外形如图 1-3-47 所示。仪器光学部分由望远系统和读数系统组成,其中心部件是由两块直角棱镜组成的棱镜组:上面一块是可以启闭的进光棱镜,且其斜面是磨砂的;下面一块固定且镜面光滑的是折射棱镜。当用卡锁锁紧进光棱镜与折射棱镜时,两者间有一微小均匀的空隙,液体试样夹在此空隙间展

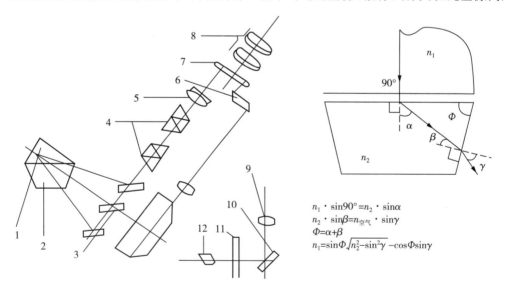

$n_1 \cdot \sin 90° = n_2 \cdot \sin \alpha$
$n_2 \cdot \sin \beta = n_{空气} \cdot \sin \gamma$
$\Phi = \alpha + \beta$
$n_1 = \sin \Phi \sqrt{n_2^2 - \sin^2 \gamma} - \cos \Phi \sin \gamma$

1—进光棱镜;2—折射棱镜;3—摆动反光镜;4—消色散棱镜组;5—望远物镜组;
6—平行棱镜;7—分划板;8—目镜;9—读数物镜;10—反光镜;11—刻度盘;12—聚光镜。

图 1-3-46　阿贝折射仪的光程示意

开成一薄层。光源为经过入光窗口的自然光,直接穿过辅助棱镜,由于在磨砂的斜面上发生漫散射,因此从液体试样层进入折射棱镜的光线各个方向都有,经过折射棱镜产生一束折射角均大于出射角的光线,反射镜将此束光线射入消色散棱镜组(消色散棱镜组由一对等色散阿米西棱镜组成,其作用是获得可变色散来抵消由折射棱镜对不同待测试样所产生的色散),再由目镜(望远镜)将此明暗分界线成像于目镜视野上,视野内有"X"形准线,在折射棱镜直角边上方可观察到临界折射现象。转动折射率刻度调节旋钮,调整棱镜组的角度,使临界线对准"X"形准线的交点。由于刻度盘与棱镜组同轴,因此试样的折射率可通过临界角在刻度盘上反映出来。刻度盘上的示值有两行,下面一行是折射率 n_D(1.3000~1.7000),上面一行是 0~95%,专门测定蔗糖水溶液中蔗糖的质量百分数。

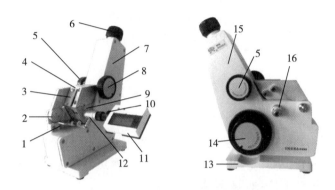

1—反射镜;2—转轴;3—遮光板;4—进光棱镜组;5—色散调节旋钮;6—目镜;
7—盖板;8—卡锁;9—折射棱镜组;10—照明刻度盘聚光镜;11—数字显示温度计;
12—温度计座;13—底座;14—折射率调节旋钮;15—壳体;16—恒温水进出口(4个)。

图 1-3-47 阿贝折射仪的外形

3. 使用方法

(1)安装。将阿贝折射仪置于靠窗的实验桌上,将数字显示温度计旋紧到阿贝折射仪上。用橡胶管将棱镜组的进出水口与超级恒温槽串接起来,开启循环,恒温温度以阿贝折射仪的数字显示温度计读数为准。

(2)加样。旋转打开样品台,开启进光棱镜,用滴管加少量丙酮清洗镜面,用擦镜纸轻轻擦拭镜面,除去难挥发的沾污物。用滴管时注意勿使管口碰触镜面。待镜面干燥后滴加2~3滴待测试样于样品台上,闭合进光棱镜,旋紧卡锁。

(3)粗调。轻轻旋转折射率调节旋钮,使刻度盘示值逐渐增大,直到视野中出现彩色光带或上白下黑的图像。

(4)消色散。轻轻旋转色散调节旋钮,使视野中上白下黑的图像中间的分界线是清晰的黑色,不偏红色也不偏蓝色,明暗分明。

(5)精调。轻轻旋转折射率调节旋钮,使分界线正好经过"X"形准线的交点,即圆心。若此时又呈现微色散,则应重新调节色散调节旋钮,使分界线为清晰的黑色,明暗分明。阿贝折射仪的视野图像如图 1-3-48 所示。

(6)读数。目镜视野内读出折射率刻度的读数,注意最小刻度,估读一位。连续调节3次,然后取其平均值。同一试样重复测量一次。读数完关闭超级恒温槽的循环按钮。

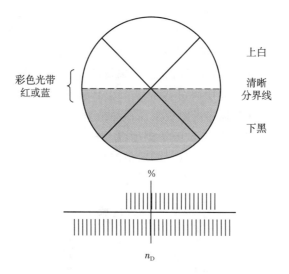

图 1-3-48 阿贝折射仪的视野图像

彩色光带
红或蓝

上白

清晰
分界线

下黑

4. 维护保养

(1)切勿将滴管或其他硬物碰触镜面。使用擦镜纸时,要轻轻擦拭。旋转刻度旋钮和消色散旋钮一定要轻、慢,不要超出测量范围。目镜处聚焦旋钮学生禁止旋转。

(2)不得测试腐蚀性液体,如酸、碱等。

(3)使用完毕后,要拆下数字显示温度计,流尽棱镜组内部的水,放入包装箱内,干燥存放。

(4)使用和搬运阿贝折射仪时要小心轻放,避免强烈振动和撞击。

(5)阿贝折射仪应置于干燥、通风处,防止受潮,也不宜直接在日光下暴晒。

3.6.10 检流计

检流计可作为直流电流电位差计测定电动势和直流电桥测量电阻的指零仪,检查电路是否通电流,也可测量小电流和小电压。

常用的检流计是圈转式,检流计中有一置于永久磁场中的矩形圈,通电流后,线圈产生的偏转可由固定于线圈的指针在刻度尺上的转动显示出来,或由与线圈连接的小镜所反射的光线在标尺上的移动面显示出来。前者称为指针式检流计,后者称为光点反射检流计。指针式检流计的灵敏度一般为 10^{-6} A/分度;单程光点反射检流计的灵敏度一般为 $10^{-7}\sim10^{-8}$ A/分度;复射式光点反射检流计的灵敏度一般为 $10^{-8}\sim10^{-10}$ A/分度。

检流计的灵敏度(分度值)、临界电阻、内阻和临界阻尼时间(或摆动周期)等常数,可以表明检流计的特性。这些特性是我们实际使用中选择的依据。一般说来,对于高电阻的电位差计要选用高内阻的检流计;对于低电阻的电位差计要选用低内阻的检流计。在具体选择时,必须使电位差计的灵敏度与电位差计的精密度或实验所要求的精密度相适应。如果 ΔV 为电位差计的最小的读数或实验所要求的精密度,R_P 为电位差计测量盘的电阻,R 为未知电池内阻,R_1 为检流计内阻,那么检流计的灵敏度应不小于 $\dfrac{\Delta V}{R_P+R_1+R}$。

例如,低电阻电位差计一般用于测定内阻较小的电动势或电位差。设电位差计测量盘电阻为 R_P,检流计内阻为 R_1,未知电池内阻 R 的总和为 100 Ω,电位差计最小分度为 1×10^{-4} V,电流为 1×10^{-4} A/100＝10^{-6} A,因此只要检流计灵敏度达到 10^{-6} A/mm,就能检出此电流,用这种灵敏度的指针检流计就可使测量精度达到 $\pm 0.000\ 1$ V。再如,用 UJ25 低电阻直流电位差计,在使用"×1"孔时,最小分度为 1×10^{-5} V(0.01 mV)。若设该电位差计测量的总阻为 R_P(90 Ω),检流计的内阻 R_1 为 30 Ω,待测电池内阻较小忽略不计,则通过此内阻产生 1×10^{-5} V 的电位降时,所流过的电流为 1×10^{-5} V/(90＋30) Ω≈8.3×10^{-8} A。这时就需要用灵敏度为 10^{-8} A/mm 的光点反射检流计。若使用 UJ25 电位计"× 0.1"孔时,由于最小分度为 0.001 mV,设该电位差计测量的总阻仍为 R_P(90 Ω),检流计的内阻 R_1 为 30 Ω,则通过此内阻产生 1×10^{-6} V 的电位降时,所流过的电流为 1×10^{-6} V/120 Ω≈8.3×10^{-9} A,若检流计灵敏度为最小刻度 1/5 值,即 $1/5 \times 10^{-8}$ A/mm＝2×10^{-9} A/mm,这时勉强可以选用灵敏度为 1×10^{-8} A/mm 的检流计。当用玻璃电极时,其内阻达 5×10^8 Ω,若要求测量精密度为 0.001 V,则要求检流计能检出 1×10^{-3} V/5×10^8 Ω＝2×10^{-12} A 的电流,这时只好使用电子管式 pH 计了。

检流计的铭牌上通常标有临界电阻 R 值,它是指包括检流计内阻在内的流量回路较合适的总阻 $R_回$。当回路总阻与临界电阻值相近时,检流计光点能较快达到新的平衡位置;若 $R_回 \ll R_临$,则光点移动缓慢;若 $R_回 \gg R_临$,则光点不断振动,读数困难。因此,在选用检流计时,除考虑灵敏度外,还必须根据测量回路的电阻选择检流计的临界电阻。例如,用于低阻直流电位差计、低阻电桥的检零,热电偶的微小热电势的测量,应用低临界电阻检流计;反之用于高阻电位差计、高阻电桥的检零,内阻很高的光电池,应用临界电阻高的检流计。

检流计测量机构工作原理:基于有电流经过线圈与永久磁场间的相互作用,活动线圈放置在软铁所制成的铁芯及永久磁铁中间,当有电流通过导电游丝、拉丝而经过线圈时,检流计活动部分产生转矩而转动,检流计活动部分偏转的角度由通过线圈的电流值、拉丝及导电游丝的反作用力矩所决定。

检流计磁系统由永久磁铁、磁轭、铁芯组成。

为了提高检流计灵敏度,检流计活动部分上装有小平面镜,利用小平面镜、球面反射镜及反射镜进行反射,制成高灵敏度检流计。检流计照明系统有变压器电源标志片、电源开关等,可直接应用电压为 6.3 V 的螺口灯泡。当 220 V 电源接口接上 220 V 电压时,电源开关置于 220 V 处,电源接通;当 6 V 电源插口接上 6 V 电压时,电源开关置于 6 V 处,电源接通。

检流计装有零点调节器和标盘活动调零器。零点调节器为粗调,标盘活动调零器为细调。标盘活动调节器能保证检流计在水平位置向任何方向倾斜 5°,能将指示器调整在标度尺零位上。检流计上有一个用来接屏蔽的接线柱,其能有效地消除寄生电动势和漏电对测量结果的影响。

检流计配有分流器。测量时,应从检流计最低灵敏度挡开始,若偏转不大,则可逐步地转动高灵敏度挡测量。0.01 挡为最低灵敏度挡。

为防止检流计活动部分、拉丝、导电游丝等受机械振动而损坏,检流计采用短路阻尼的方法,即分流器开关具有短路挡。

AC15/1~AC15/5 型检流计有两个用来接通电路表示极性"＋"和"－"的接线柱。当输入信号正极接"＋",负极接"－"时,检流计光点往右偏转。AC15/6 型检流计有 3 个接线柱,为高低阻两用检流计,"－1"为低阻检流计,"－2"为高阻检流计。当输入信号负极接"－",正极接"－1"或"－2",检流计光点往左偏转。

AC15 型直流复射式检流计有 6 种不同系统的产品,它的主要技术数据见表 1-3-7 所列。

表 1-3-7　AC15 型直流复射式检流计的主要技术数据

参数	测量单位	检流计型号						
		AC15/1	AC15/2	AC15/3	AC15/4	AC15/5	AC15/6	
		不大于					－1	－2
内阻	Ω	1 500 K	500	100	50	30	50	500
外临界电阻	Ω	100 000	10 000	1 000	500	40	500	10 000
分度值	A/分度	3×10^{-10}	1.5×10^{-9}	3×10^{-9}	5×10^{-9}	1×10^{-8}	5×10^{-9}	1.5×10^{-9}
临界阻尼时间	s	4						

检流计是精密的电学仪器,所以使用时应注意:严防剧烈振动,防止酸、碱等腐蚀,并保持干燥,以免线圈腐蚀。使用 AC15 型直流复射式检流计时,应注意以下几点。

(1)按照表 1-3-7 的指示及下列各点的具体测量条件来选择检流计;检流计的分度值不应高于实际需要太多;检流计测量线路电阻应接近检流计的外临界电阻,若外电路电阻与外临界电阻相差很大,则应用电阻箱接入检流计线路中调节。

(2)当检流计指示器摇晃不停时,可用短路电键使检流计受到阻尼。在改变电路时也必须使检流计处于短路状态,在使用结束或移动时,均须将检流计处于短路状态(分流器开关应放置于短路挡)。

(3)在接通电流时,应使电源开关所指示的位置与所使用的电源电压一致(提示:不要将 220 V 电源插入 6 V 插座内)。同时,为防止流过太大电流而烧坏线圈,不能用万用电表测量检流计的电阻或检查线圈是否导电。

(4)如果发现标度尺上找不到光点影像,那么可将检流计轻微摆动,若标度尺上有光点影像扫掠,则可调节零点调节器将光点调至标度尺上;若标度尺上无光点影像扫掠,则检查灯泡是否烧坏。

(5)检流计都是经过对光调整好的,更换灯泡之后需进行对光。对光的方法:先将散热槽的盖板取下,用旋凿松动固定在照明灯座圆筒上的螺钉,将灯座拔出,更换新的照明灯后,再进行调整,直到标度尺上获得最清晰光点,最后固定灯座,装好盖板。

(6)在测量中,如果需要屏蔽,那么可用绝缘物(如有机玻璃、硬橡胶板)将检流计垫起,并将检流计外壳上专用的屏蔽端钮接上。

(7)检流计应保存在周围气温为 $10\sim35$ ℃、相对湿度在 80% 以下的环境中,在保存的地方不应有强磁场、空气中不应有可致腐蚀的有害杂质。

3.6.11 稳压稳流电源

稳压稳流电源是从事电化学研究的基本仪器,它主要用于电极过程动力学方面的基础研究,在电镀、电解、电冶金、金属腐蚀和化学电源等方面均有广泛应用。电化学中常用的稳态研究法和暂态研究法均可借助于此仪器进行。稳压稳流电源实际上是将恒电位仪和恒电流仪整合在一起的仪器。

恒电位仪实质上就是利用运算放大器经过运算使参比电极与工作电极之间的电位差严格地等于输入的指令信号电压。由运算放大器构成的恒电位仪,在连接电解池、电流取样电阻及指令信号的方式上有很大的灵活性,可以根据测试的要求选择适当的电路。恒电位仪电路示意如图 $1-3-49$(a)所示。它是利用大功率蓄电池(E_a)并联低阻值滑线电阻(R_a)作为极化电源,测量时要用手动或机电调节装置来调节滑线电阻,使给定电位维持不变。此时工作电极 W 和辅助电极 C 间的电位恒定,测量工作电极 W 和参比电极 R 组成的原电池电动势的数值 E,即可知工作电极 W 的电位值,工作电极 W 和辅助电极 C 间的电流数值可从电流表中读出。

恒电流仪电路示意如图 $1-3-49$(b)所示。它是利用一组高电压直流电源(E_b)串联一个高阻值可变电阻(R_b)作为极化电源,电解池内阻的变化相对于高阻值来说是微不足道的,即通过电解池的电流主要是由高电阻控制,因此当此串联电阻调定后,电流即可维持不变。工作电极 W 和辅助电极 C 之间的电流数值可从电流表中读出,此时工作电极 W 的电位值,可通过测量工作电极 W 和参比电极 R 组成的原电池电动势的数值 E 得到。

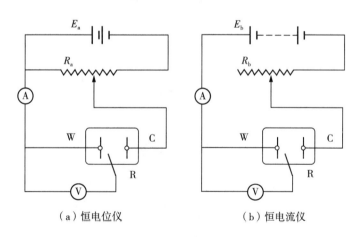

（a）恒电位仪　　　　　（b）恒电流仪

E_a—低压稳压电源;E_b—高压稳压电源;R_a—低阻变阻器;R_b—高阻变阻器
A—直流电流表;V—直流电压表;W—工作电极;R—参比电极;C—辅助电极。

图 $1-3-49$　恒电位仪、恒电流仪电路示意

YJ83-2 型数字显示双路线性直流稳压稳流电源的外观如图 $1-3-50$ 所示,其主要包

括主控制电路、调整电路、换挡电路、稳流(过流)指示转换电路、缓启动控制电路、保护电路、数字显示器等组成,其工作原理示意如图1-3-51所示。

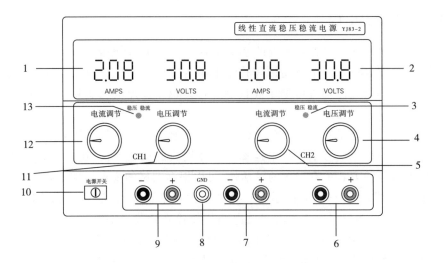

1—CH1输出数字表;2—CH2输出数字表;3—CH2稳压/稳流指示;4—CH2电压调节;
5—CH2电流调节;6—CH3输出端;7—CH2输出端;8—GND接地端;9—CH1输出端;
10—电源开关;11—CH1电压调节;12—CH1电流调节;13—CH1稳压/稳流指示。
图1-3-50　YJ83-2型数字显示双路线性直流稳压稳流电源的外观

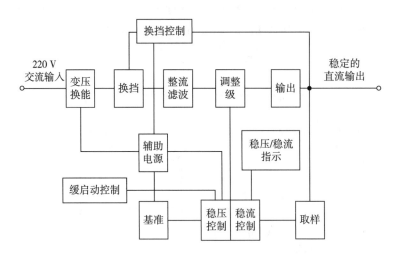

图1-3-51　YJ83-2型数字显式双路线性直流稳压稳流电源的工作原理示意

3.6.12　电位差计

UJ25型电位差计为实验室用的精密电位差计,它可直接用来测量直流电势,也可作为标准仪器检验0.02级直流电位差计、检验功率表、测量直流电源电动势、测量较大电阻上的电压降等。由于UJ25型电位差计的工作电流较小,线路电阻大,在测量过程中工作电流变化很小,因此需要高灵敏度的检流计。

1. 原理

电位差计采用补偿法原理测电动势的电路示意如图 1-3-52 所示。

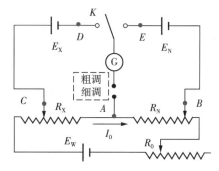

选定标准电池补偿电阻 $R_N = E_N / I_0$，其中 I_0 为标准电流；调节变阻器 R_0 使检流计 G 无电流通过，此时通过 R_N 的电流必为 I_0；将选择开关与待测电池接通，调节 R_X 使检流计指示零，显然有

图 1-3-52　电位差计采用补偿法原理
测电动势的电路示意

$$E_X = I_0 R_X = \frac{E_N R_{X(AC)}}{R_{N(AB)}} \quad (1-3-9)$$

测量结果准确性依赖 E_N、R_X 和 R_N 的准确性，因为上述三值准确度均高，所以将其应用于高灵敏度检流计，可以使检流计测量结果极为准确。

补偿法测量电动势的优点：无须直接测量电流，只要测出 R_X 和 R_N 的比值即可。完全补偿时，测量回路与被测回路间无电流通过，故被测电动势不因接入电位差计而有变化。

测量电动势时，将工作电池、标准电池、待测电池、检流计分别接在 UJ25 型电位差计的对应接线柱上，并注意接线柱上的正负号。

2. 使用方法

UJ25 型电位差计面板如图 1-3-53 所示。面板上有 13 个接线端钮，供接待测电池（E_X）、标准电池（E_N）、检流计、工作电池（E_W）、屏蔽用。左侧为选择旋钮 K，有"标准""断""未知 1""断""未知 2"5 个选择。"短路""粗调""细调"为电位计按钮。左下方是控制电阻 R_0，有"粗""中""细""微"4 个调节旋钮。左上方是标准电池补偿电阻 R_N，有两个（A、B）旋钮。右侧是待测电池电阻 R_X，有 6 个大旋钮，待测电池的电动势由其调节测量。

(1)在使用前，应将选择旋钮 K 置于"断"处，并将下方三个电位计按钮全部松开，然后依次接上 E_W、E_N、检流计及 E_X。

(2)标准电池电动势温度校正。韦斯顿标准电池温度校正公式为

$$E = E_{20\,℃} - \{39.94 \times (t-20) + 0.929 \times (t-20)^2 - 0.0090 \times (t-20)^3$$

$$+ 0.000\,06 \times (t-20)^4\} \times 10^{-6} (V) \quad (1-3-10)$$

式中，E 为环境温度 t 时标准电池的电动势；t 为标准电池所处环境的温度，℃；$E_{20\,℃}$ 为标准电池在 20 ℃时的电动势，其值约为 1.018 646 V。

调节温度补偿旋钮，使数值为校正后环境温度下的标准电池电动势。

(3)将选择旋钮 K 置于"标准"处，按下"粗"键，注意即按即松，不可一直按住。调整控制变阻 R_0 的"粗"和"中"旋钮，使检流计指示为零。再按"细"键，调节控制变阻 R_0 的"细""微"旋钮使检流计指示为零。（提示：按电位差计按钮时，不能长时间按住不放，需即按即松交替进行，防止标准电池长时间有电流通过引起极化。）

(4)将选择旋钮 K 置于"未知 1"处，按下"粗"键，调节待测电池电阻 R_X 的上面 3 个旋钮，使检流计指示为零。再按"细"键，继续调节待测电池电阻 R_X 的下面 3 个旋钮，使检流计指示为零。待测电池的电动势为 R_X 的 6 个旋钮显示读数总和。

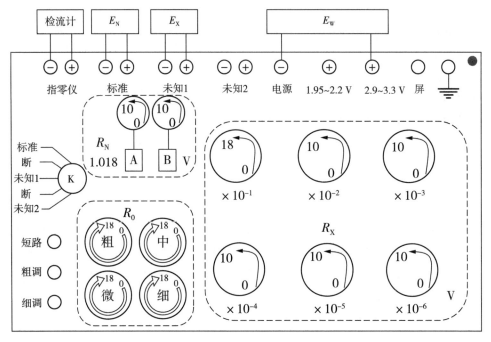

图 1-3-53 UJ25 型电位差计面板

3. 注意事项

(1)工作电池的容量要足够,以保证工作电流的恒定不变。

(2)接线时,应注意极性与所标符号一致,不可接错,否则在测量时,会使标准电池和检流计受到损坏。

(3)应先确定被测电池的极性并估计其电势的数值,才可用电位差计进行测量。

(4)应在断开电位差计按钮的前提下变动调节旋钮。

3.6.13. 电导率仪

DDS-307 型电导率仪测量范围广、操作简便,可以测量一般液体和高纯水的电导率。

1. 电导电极

配套电极通常用铂黑电极,因为铂黑电极的表面比较大,降低了电流密度,减少或消除了极化。但在测量低电导率溶液时,铂黑对电解质有强烈的吸附作用,容易出现不稳定的现象,这时宜用光亮铂电极。铂黑电极的常数选择见表 1-3-8 所列。本书"实验 33 乙酸乙酯皂化反应活化能的测定"中所用的是电极常数为 1 的 DJS-1C 铂黑电极。

表 1-3-8　铂黑电极的常数选择

电极常数/cm^{-1}	最佳电导率量程/($\mu S \cdot cm^{-1}$)
0.01	0~2.000
0.1	0.2~20.00
1	2~100000
10	10000~100000

2. 仪器的结构

DDS-307 型电导率仪的外观如图 1-3-54 所示。

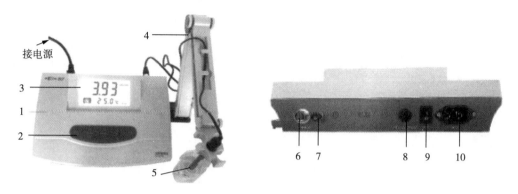

1—机箱;2—键盘;3—显示屏;4—多功能电极架;5—电极;
6—测量电极插座;7—参比电极接口;8—保险丝;9—电源开关;10—电源插座。

图 1-3-54　DDS-307 型电导率仪的外观

DDS-307 型电导率仪的各调节器功能如下。

(1)"测量"键。在设置"温度""电极常数""常数调节"时,按此键退出功能模块,返回测量状态。

(2)"电极常数"键。此键为电极常数数量级选择键,按此键"▲"和"▼"可调节电极常数数量级的上升和下降。电极常数数量级的数值选择为 0.01、0.1、1、10。

(3)"常数调节"键。此键为常数调节选择键,按此键"▲"和"▼"可调节电极常数的上升和下降。最终调节到铂黑电极导线上标示的数值。

(4)"温度"键。此键为温度选择键,按此键"▲"和"▼"可调节温度数值的上升和下降。

(5)"确认"键。此键为确认键,按此键为确认上一步操作。

3. 使用方法

(1)预热。打开电源开关,预热 30 min。

(2)设置温度。如果温度设置为 25 ℃,即表示没有进行温度补偿换算,那么测量值为待测溶液的原始电导率值。测量待测溶液的温度,调节"温度"键设置温度并确认,此时的测量值为待测溶液经过温度补偿后换算为 25 ℃下的电导率值。

(3)设置电极常数的数量级。按"电极常数"键的"▲"和"▼"调节电极常数的数量级到对应的数值并确认。本书"实验 33 乙酸乙酯皂化反应活化能的测定"中为调节到 1。

(4)设置电极常数。按"常数调节"键的"▲"和"▼"调节到铂黑电极上标示的数值并确认。

(5)测量。将洁净的电极插入已恒温的待测溶液中,按"测量"键,待读数稳定后,读数。

(6)结束测量。关闭电导率仪的电源,将铂黑电极用蒸馏水冲洗干净(提示:不要刷擦到铂黑部分),将铂黑电极置于干净的蒸馏水中浸泡。若长期不使用,则需将铂黑电极储存在干燥的地方。

4. 注意事项

(1)电极使用前必须在蒸馏水中浸泡数小时,经常使用的电极应保持浸泡在蒸馏水中。

(2)为保证仪器的测量精度,必要时需对电极常数进行重新标定。

(3)为确保测量精度,电极使用前需先用蒸馏水冲洗 2 次,再用待测溶液润洗,然后才可测量。

(4)当测量高纯水时,应避免污染,正确选择电导电极常数的数量级并最好采用密封、流动的测量方式。

第4章 化学实验的数据处理与分析

4.1 误差与有效数字

化学是一门以实验为基础的科学,许多化学理论和规律是大量实验资料分析、概括、综合而成的。在化学实验的过程中,常常要测量一些物理量或参数,通过实验所得的大批数据是实验的主要成果之一。但在实验中,由于测量仪表、测量方法、周围环境和人的观察等,实验数据总存在一些误差,因此在整理这些实验数据时,应对其可靠性进行客观的评定。

4.1.1 误差

在测定某一物理量时,往往要求实验结果具有一定的准确度,否则将导致错误的结论。但所得结果不可能绝对准确,总伴有一定的误差。真实值与测试值之间的差别就叫作误差。人们通常用准确度和精密度来评价测量误差的大小。

误差又分为绝对误差和相对误差。如果用 A 表示测量值,用 A_0 表示真实值,那么 $A-A_0$ 就称为绝对误差,用 ΔA 表示;$\dfrac{\Delta A}{A_0}\times 100\%$ 就称为相对误差,用 δ 表示。用相对误差表示分析结果的准确度是比较合理的,因为它反映了误差值在真实值中所占的比例。

准确度是测量值与真实值相接近的程度,通常以 ΔA 的大小来表示,ΔA 值越小,准确度越高。

精密度是指在相同条件下多次测量结果相互接近的程度,表现了测量结果的重现性。精密度用偏差表示,偏差越小,测量结果的精密度越高。偏差也有绝对偏差和相对偏差之分。若一组多次平行测得的数据为 $x_1,x_2,\cdots,x_n$,则某单次测量结果 x_i 与 n 次测量结果的平均值 $\bar{x}$ 之差就称为绝对偏差,用 d 表示,即

$$d=x_i-\bar{x} \tag{1-4-1}$$

此外,相对偏差 d_r、平均偏差 $\bar{d}$、相对平均偏差 $\overline{d_f}$ 和标准偏差 s 计算公式如下:

$$d_r=\frac{x_i-\bar{x}}{\bar{x}}\times 100\% \tag{1-4-2}$$

$$\bar{d}=\frac{\sum\limits_{i=1}^{n}|x_i-\bar{x}|}{n} \tag{1-4-3}$$

$$\overline{d_f} = \frac{\overline{d}}{x} \times 100\% \qquad (1-4-4)$$

$$s = \sqrt{\frac{\sum\limits_{i=1}^{n} (x_i - \overline{x})^2}{n-1}} \qquad (1-4-5)$$

测量结果的好坏,必须从准确度和精密度两个方面进行评判:测量结果的精密度高,不一定能保证测量结果的准确度高;而测量结果的准确度高,测量结果的精密度一定高。精密度是保证准确度的先决条件,如果精密度极差,所得结果不可靠,那么就失去了衡量准确度的前提。

根据误差的性质与产生的原因,可将误差分为系统误差和偶然误差两类。

系统误差(如方法误差、仪器误差、试剂误差、操作误差等)是由测量过程中某些经常发生的原因造成的,对测量结果的影响比较固定。在同一条件下,重复测定时,它会重复出现。例如,天平砝码或量器刻度不够准确,滴定管读数偏高或偏低,某种颜色的变化辨别不够敏锐等造成的误差都是系统误差。检验系统误差的有效方法是对照试验,即用已知结果的试样与待测试样一起进行分析试验。

偶然误差是由某些偶然的因素(如测定时环境的温度、湿度和气压的微小波动,仪器性能的微小变化等)引起的。由某些偶然的因素引起的误差有随机性,故误差是可变的,误差的数值时大时小,时正时负。在各种测量中,偶然误差是不可避免的,通常可以采用“多次测定,取平均值”的方法来减小偶然误差。

4.1.2　有效数字及其运算规则

为了得到准确的测量结果,不仅要准确地测量,而且要根据实验测得的数据进行正确的记录和运算。实验所获得的数据不仅表示某个量的大小,还应反映量的精确程度。

当对一个测量的量进行记录时,所记数字的位数应与仪器的精密度相符合,即所记数字的最后一位为仪器最小刻度以内的估计值(也称为可疑值),其他几位为准确值。这样一个数字称为有效数字,它的位数不可随意增减。例如,普通 50 mL 的滴定管,最小刻度为 0.1 mL,则记录 26.55 是合理的,而记录 26.5 和 26.556 都是错误的,因为它们分别缩小和夸大了仪器的精密度。为了方便地表达有效数字位数,一般用科学记数法记录数字,即用一个带小数的个位数乘以 10 的相应幂次表示。例如,0.000 567 可写为 5.67×10^{-4},有效数字为 3 位;10 680 可写为 $1.068\ 0 \times 10^4$,有效数字为 5 位;等等。

有效数字中的“0”,具有双重意义。若作为普通数字使用,它就是有效数字;若作为定位用,则不是有效数字。例如,滴定管读数 25.00 mL,两个“0”都是测量数字,都是有效数字,此有效数字为 4 位。若改用 L 表示则是 0.025 00 L,这时前面的两个“0”仅起定位作用,不是有效数字,此数仍是 4 位有效数字,改变单位应不改变有效数字的位数。在化学中常见的 pH、pK 对数值,有效数字的位数仅取决于小数部分的位数。例如,pH=10.58,即 $c(H^+) = 2.1 \times 10^{-11}$ mol·L^{-1} 是 2 位有效数字,而不是 4 位有效数字。

在处理数据的过程中,涉及的各测量值的有效数字位数可能不同,在计算时应弃去多余的数字,此过程称为数字修约。数字修约多采用“四舍六入五取双”规则弃去多余的数字。"四舍六入五取双"规则:当尾数小于等于4时舍去;当尾数大于等于6时进位;当尾数等于5时,若5前面的一位数是奇数则进位,若5前面的一位数是偶数(包括0)则舍去。例如,将9.435、4.685修约为3位有效数字时,根据上述规则,修约后的数值分别为9.44与4.68。

有效数字是由可靠数字与可疑数字两部分组成的,当两个有效数字进行运算时,应遵循以下几个原则。

(1)可靠数字与可靠数字相运算,其结果仍为可靠数字。

(2)可靠数字与可疑数字或可疑数字与可疑数字之间相运算,其结果均为可疑数字。

(3)运算的结果只保留1位可疑数字,利用数字修约规则将末尾多余的可疑数字舍去。

(4)误差一般只取1位有效数字,最多2位。

(5)若第一位的数值等于或大于8,则有效数字的总位数可多算一位,如9.23虽然只有3位,但在运算时,可以看作4位。

(6)在加减运算中,各数值小数点后所取的位数,以其小数点后位数最少者为准。例如,$56.38+17.889+21.6=56.4+17.9+21.6=95.9$。

(7)乘除运算时,以参与运算的各数中有效数字位数最少的为准,将其他数据按有效数字修约规则取齐后进行运算。例如,$4.386×5.97÷8.4=4.39×5.91÷8.4=3.12$。在这3个数中8.4的有效位数最少,由于首位是8,因此均保留3位有效数字,4.386按有效数字修约规则修约为4.39,再进行运算。

有效数字及其运算是每一个实验都要遇到的问题,实验者必须养成按有效数字及其运算规则进行读数、记录及处理和表示运算结果的习惯。当使用计算器进行计算时,要会正确取舍数据,切不可照抄计算器上显示的计算结果。

4.2   实验数据处理

实验数据处理是实验过程中的一个重要环节。实验数据处理是指从获得的实验数据得出结果的加工过程,包括记录、整理、计算、分析等。用简明而严格的方法把实验数据所代表的事物内在的规律提炼出来,就是实验数据处理。正确处理实验数据是实验能力的基本训练之一。根据不同的实验内容、不同的要求,可采用不同的实验数据处理方法。实验数据处理主要有以下3种方法。

4.2.1   列表法

列表是有序记录原始数据的必要手段,也是用实验数据显示函数关系的原始方法。在记录和处理实验数据时,制成一份适当的表格,把被测量及测得的数据一一对应地排列在表中,就是列表法。将数据列成表,不但可以粗略地看出有关量之间的变化规律,还便于检查测量结果和运算结果是否合理。列表时应注意以下几点。

(1)在表格的上方写出表格的标题。

(2)每行(或列)的开头一栏都要列出物理量的名称和单位,并把二者表示为相除的形式。因为物理量的符号本身是带有单位的,除以它的单位,即等于表中的纯数字。

（3）列入表中的主要是原始数据,有时处理过程中的一些重要的中间运算结果也可列入表中。

（4）若是有函数关系的测量数据,则应按自变量由小到大或由大到小的顺序排列。

（5）要记录各种实验条件,原始数据要书写清楚、整齐,不可随意更改。不可随意用纸张记录,要在实验记录本上记录,以便保管。

4.2.2　作图法

在研究两个物理量之间的关系时,把测得的一系列相互对应的数据及变化的情况用曲线表示出来,就是作图法。作图法的优点是直观清晰,便于比较,容易看出数据中的极值点、转折点、周期性、变化率及其他特性;在曲线上可直接读出没有进行测量的某些数据,在一定条件下还可以从曲线的延伸部分外推读得测量范围以外的数值。根据曲线的斜率、截距等还可以求出某些其他的待测量值。

整理实验数据的第一步工作是制表。第二步工作是按表中的数据绘制曲线。作图时应注意以下几点。

（1）曲线必须用坐标纸绘制,并选择种类合适的坐标纸。常用的坐标纸有直角坐标纸、对数坐标纸等,应根据要表示的函数性质正确选用。

（2）标明坐标轴代表的物理量名称（或符号）和单位。一般以横轴代表自变量,纵轴代表因变量。

（3）根据实验数据确定坐标轴的起始点（原点）和对坐标轴进行分度。所谓对坐标轴进行分度就是选择坐标每刻度代表的数值大小。一般原则:坐标轴最小刻度能表示出实验数据的有效数字,以保证数据中的有效数字都能在图上得到正确的反映。坐标轴的起始点不一定从零开始。

（4）标绘实验数据,应选用适当大小的坐标纸,使其能充分地表示实验数据的大小和范围。

（5）在图上用"×"或"＋"等符号标出各实验数据点。若要在同一张坐标纸上绘制不同的曲线,则要用不同的符号标示数据点。

（6）连线时应使用直尺或曲线板把点连成直线或光滑曲线;曲线并不一定通过所有的数据点,而应该使数据点大致均匀地分布在所绘曲线的两侧,对个别偏离大的数据点应进行分析,并删除。

（7）在横轴的下方或在图的其他地方注明曲线名称。

需要注意的是,手工绘图很容易受到人的主观影响,不同的人利用同一组数据绘图,其结果可能会有明显的差异;即使是同一个人,利用同一组数据,也不能保证每次作图的结果完全相同。这就限制了作图法的精度。但随着计算机制图技术的发展与普及,用计算机绘制实验曲线已经非常普遍。常用的应用软件（如 Excel、Origin 等）都可以处理实验数据和作图。

4.2.3　最小二乘法

通过实验获得测量数据后,可以求取有关物理量之间关系的经验公式。从几何上看,就是要选择一条曲线,使之与所获得的实验数据更好地吻合。因此,求取经验公式的过程也是曲线拟合的过程。

有两类常用曲线拟合的方法:一是作图估计法,二是最小二乘拟合法。

作图估计法是凭眼力估测直线的位置,使直线两侧的数据均匀分布,其优点是简单、直观、作图快;缺点是图线不唯一,准确性较差,有一定的主观随意性。作图估计法是曲线拟合的粗略方法。

最小二乘拟合法以严格的统计理论为基础,是一种科学而可靠的曲线拟合方法。最小二乘法的原理简单地说就是被测量的最佳值是这样一个值,它与各次测量值之差的平方和为最小。采用最小二乘法可以从一组等精度的测量值中确定最佳值,也可以找出一条最合适的曲线使它能最好地拟合于各测量值。最小二乘法的原理和计算比较复杂,这里仅简单地说明如何应用最小二乘法进行一元线性拟合。

若设物理量 y 和 x 间满足线性关系,则函数形式为

$$y = a + bx \qquad\qquad (1-4-6)$$

最小二乘法就是要用实验数据来确定方程中的待定常数 a 和 b,即直线的斜率和截距。

若每个测量值都是等精度的,且假定 x 和 y 值中只有 y 有明显的测量随机误差。由实验测量得到一组数据为 $(x_i, y_i; i=1,2,\cdots,n)$,其中 $x=x_i$ 时对应的 $y=y_i$。显然如果从 (x_i, y_i) 中任取两组实验数据就可得出一条直线,只不过这条直线的误差有可能很大。直线拟合的任务就是用数学分析的方法从这些观测到的数据中求出一个误差最小的最佳经验式。按照这个最佳经验式作出的图线虽不一定能通过每一个实验点,但是它以最接近这些实验点的方式平滑地穿过它们。例如,各观测值 y_i 的误差互相独立且服从同一正态分布,当 y_i 的偏差的平方和为最小时,才能得到最佳经验式。据此可以求出常数 a 和 b。

利用计算机和相应的计算程序很容易完成线性拟合的工作。检查实验数据的函数关系与得到的拟合线相符合的程度,数学上引入了线性相关系数 r 来进行判断。若线性相关系数 r 很接近于 1,则各实验点均在一条直线上,此时表示实验数据的线性关系良好;相反,若线性相关系数 r 趋近于 0 时,则实验数据很分散,无线性关系。

中 篇

基础型实验

实验 1　氯化钠的提纯

一、实验目的

(1)了解粗食盐中存在的杂质及杂质的去除方法。

(2)学习和掌握称量、加热、过滤、蒸发、结晶、抽滤、干燥等基本操作。

二、实验原理

粗食盐中通常含有不溶性(如泥沙)和可溶性(主要是 Ca^{2+}、Mg^{2+}、K^+ 和 SO_4^{2-} 等)的一些杂质。其中,不溶性杂质可通过溶解过滤的方法去除,可溶性杂质可通过沉淀过滤的方法去除。

在粗食盐溶液中加入稍过量的 $BaCl_2$ 溶液,可将 SO_4^{2-} 转化为沉淀去除。具体反应方程式如下:

$$Ba^{2+} + SO_4^{2-} =\!=\!= BaSO_4 \downarrow$$

接着再向溶液中加入过量的 $NaOH$ 和 Na_2CO_3 溶液,可将 Mg^{2+}、Ca^{2+}、Ba^{2+} 转化为沉淀去除。具体反应方程式如下:

$$Mg^{2+} + 2OH^- =\!=\!= Mg(OH)_2 \downarrow$$

$$Ca^{2+} + CO_3^{2-} =\!=\!= CaCO_3 \downarrow$$

$$Ba^{2+} + CO_3^{2-} =\!=\!= BaCO_3 \downarrow$$

过量的 $NaOH$ 和 Na_2CO_3 再通过加入稀 HCl 的方法去除。具体反应方程式如下:

$$NaOH + HCl =\!=\!= NaCl + H_2O$$

$$Na_2CO_3 + 2HCl =\!=\!= 2NaCl + CO_2 \uparrow + H_2O$$

溶液中其他一些少量的可溶性杂质(如 KCl 等)在浓缩结晶时留在母液中,不会和 NaCl 同时结晶出来。

三、仪器与试剂

实验仪器:托盘天平、水循环真空泵、普通漏斗、布氏漏斗、抽滤瓶、酒精灯、蒸发皿、石棉网、三脚架、量筒、烧杯、试管、玻璃棒等。

实验材料:pH试纸、滤纸等。

液体试剂:$BaCl_2$($1\ mol \cdot L^{-1}$)、$NaOH$($2\ mol \cdot L^{-1}$)、Na_2CO_3($1\ mol \cdot L^{-1}$)、

HCl（1 mol·L^{-1}）、(NH$_4$)$_2$C$_2$O$_4$（0.5 mol·L^{-1}）、镁试剂等。

固体试剂：粗食盐等。

四、实验步骤

1. 粗食盐的提纯

（1）称量，溶解：用托盘天平称取 8.0 g 粗食盐，放入烧杯中，加入 50 mL 蒸馏水，加热使其溶解，溶解过程中不断用玻璃棒搅拌。

（2）去除 SO$_4^{2-}$：至溶液沸腾时，在玻璃棒的搅拌下逐滴加入约 2 mL 1 mol·L^{-1} BaCl$_2$ 溶液，然后保持沸腾状态（搅拌不能停止）1 min，使沉淀颗粒长大，易于后续沉淀和过滤（提示：为了检验沉淀 SO$_4^{2-}$ 是否完全沉淀，可将烧杯从石棉网上取下，待沉淀沉降后，在上层清液中加入 1~2 滴 1 mol·L^{-1} BaCl$_2$ 溶液，若没有浑浊现象则表明 SO$_4^{2-}$ 已完全去除；否则再加入约 1 mL 1 mol·L^{-1} BaCl$_2$ 溶液，继续加热，重复检验，直到不产生浑浊现象）；沉淀完全后，继续加热保持沸腾 5 min，待溶液稍冷后，用普通漏斗过滤。

（3）去除 Mg^{2+}、Ca^{2+} 和过量的 Ba^{2+}：向滤液中加入 1 mL 2 mol·L^{-1} NaOH 溶液和 3 mL 1 mol·L^{-1} Na$_2$CO$_3$ 溶液，加热至沸腾；待沉淀沉降后，在上层清液中加入 1~2 滴 1 mol·L^{-1} Na$_2$CO$_3$ 溶液，至不产生沉淀为止；待溶液稍冷后，用普通漏斗过滤。

（4）中和：在搅拌下向滤液中逐滴加入 1 mol·L^{-1} HCl 溶液，其间用玻璃棒蘸取滤液用 pH 试纸检验，至溶液呈微酸性（pH≈4）为止。

（5）蒸发：将溶液转移至蒸发皿中，利用酒精灯、石棉网加热蒸发水分，至溶液呈稀粥状（切不可将溶液蒸干），移去酒精灯。

（6）结晶：蒸发皿冷却后，结晶产物用布氏漏斗真空抽滤，尽量将水分抽干，然后将结晶放入蒸发皿中用小火加热干燥。

（7）计算产率：称出产品质量，计算产率。

2. 产品的纯度分析

取少量（约 1 g）提纯前后的食盐分别用 6 mL 蒸馏水溶解，再各分成三份，组成三组，对照检验其纯度。

（1）SO$_4^{2-}$ 的检验：第一组溶液中各加入 2 滴 1 mol·L^{-1} BaCl$_2$ 溶液，比较沉淀产生情况。

（2）Ca^{2+} 的检验：第二组溶液中各加入 2 滴 0.5 mol·L^{-1} (NH$_4$)$_2$C$_2$O$_4$ 溶液，比较沉淀产生情况。

（3）Mg^{2+} 的检验：第三组溶液中先各加入 2 滴 2 mol·L^{-1} NaOH 溶液，使溶液呈碱性（用 pH 试纸检验），再各加入 5 滴镁试剂，观察溶液是否呈现天蓝色。〔提示：镁试剂是一种有机染料，在酸性溶液中呈黄色，在碱性溶液中呈红色或紫色，但被 Mg(OH)$_2$ 吸附后呈现天蓝色。根据这一性质，可以检验 Mg^{2+} 的存在。〕

根据以上检验，说明经提纯后，食盐中是否还含有这些杂质离子。

五、数据记录与结果处理

1. 实验现象记录

粗食盐和精制食盐杂质含量的比较请按表 2-1-1 对实验现象进行记录。

表 2 - 1 - 1　实验现象记录表

被检离子	加入试剂	离子反应式	实验现象	
			粗食盐溶液	精制食盐溶液
SO_4^{2-}				
Ca^{2+}				
Mg^{2+}				

2. 称量记录和结果处理

粗食盐的质量 _____，精制食盐的质量 _____，精盐的产率 _____。精盐的产率计算公式如下：

$$精盐的产率 = \frac{精盐的质量}{粗盐的质量} \times 100\%$$

六、思考题

(1)去除杂质离子的原则是将杂质离子去除的同时又不引入新的杂质。试画出去除 NaCl 固体中的少量 $CaCl_2$ 杂质的流程图。

(2)若 NaCl 固体中含有少量 KCl，则可以通过何种方法将其去除？

(3)蒸发结晶操作过程中为何不能将溶液蒸干？

(4)在检验提纯后的 NaCl 中是否含有 Ca^{2+} 时，相对于 Na_2CO_3 来说使用 $(NH_4)_2C_2O_4$ 有何优点？

实验 2 硫酸亚铁铵的制备

一、实验目的

(1)了解复盐的特性及其制备方法。

(2)掌握无机化合物制备的基本操作,如常压过滤、减压过滤、蒸发浓缩、结晶等。

(3)了解目测比色法检验产品中微量杂质的分析方法。

二、实验原理

硫酸亚铁铵$[(NH_4)_2SO_4 \cdot FeSO_4 \cdot 6H_2O]$又称为莫尔盐,是一种复盐。它是淡绿蓝色单斜晶体,溶于水,但不溶于乙醇,在空气中比一般亚铁盐稳定,不易被氧化,常作为Fe^{2+}试剂使用。

与其他复盐类似,在一定温度下,硫酸亚铁铵在水中的溶解度比组成它的两种简单盐(硫酸亚铁和硫酸铵)的溶解度都小(见表2-2-1),因此浓缩硫酸亚铁和硫酸铵溶于水所制得的混合溶液,很容易得到结晶的硫酸亚铁铵。

表 2-2-1　不同温度下三种盐的溶解度(g/100 g H_2O)

物质	温度/℃				
	10	20	30	40	50
$FeSO_4 \cdot 7H_2O$	20.5	26.5	32.9	40.2	48.6
$(NH_4)_2SO_4$	73.0	75.4	78.1	81.0	84.5
$(NH_4)_2SO_4 \cdot FeSO_4 \cdot 6H_2O$	17.2	21.6	28.1	33.0	40.0

首先将铁屑溶于稀硫酸中得到$FeSO_4$溶液,然后$FeSO_4$与等物质的量的$(NH_4)_2SO_4$在水溶液中相互作用,即析出溶解度较小的硫酸亚铁铵晶体。具体反应方程式如下:

$$Fe + H_2SO_4 \Longrightarrow FeSO_4 + H_2 \uparrow$$

$$FeSO_4 + (NH_4)_2SO_4 + 6H_2O \Longrightarrow (NH_4)_2SO_4 \cdot FeSO_4 \cdot 6H_2O$$

目测比色法是确定产品杂质含量的一种常用方法。硫酸亚铁铵产品的主要杂质是Fe^{3+},Fe^{3+}与KSCN作用,可以生成血红色配合物。具体反应方程式如下:

$$Fe^{3+} + nSCN^- \Longrightarrow [Fe(SCN)_n]^{3-n}(血红色)$$

溶液颜色的深浅与Fe^{3+}的含量有关。将产品和KSCN配成溶液,与标准溶液进行目测比色,可确定产品杂质Fe^{3+}的含量范围和产品的质量级别。

三、仪器与试剂

实验仪器：托盘天平、水循环真空泵、普通漏斗、布氏漏斗、抽滤瓶、酒精灯、蒸发皿、表面皿、石棉网、三脚架、量筒、烧杯、比色管、试管等。

实验材料：pH试纸、滤纸等。

液体试剂：Na_2CO_3（10%）、H_2SO_4（3 mol·L^{-1}）、HCl（2 mol·L^{-1}）、KSCN（1 mol·L^{-1}）、NaOH(6 mol·L^{-1})、$Ba(OH)_2$(0.1 mol·L^{-1})、$K_3[Fe(CN)_6]$(0.1 mol·L^{-1})等。

固体试剂：铁屑、$(NH_4)_2SO_4$等。

四、实验步骤

1. 铁屑的净化

用托盘天平称取 2 g 铁屑，放入烧杯中，加入 10 mL 10% 的 Na_2CO_3 溶液，小火加热约 5 min，以除去铁屑上的油污。用倾析法除去碱液后，用自来水洗涤 3 次，再用蒸馏水洗涤 3 次，以确保铁屑上残留的 Na_2CO_3 被洗净。

2. 硫酸亚铁溶液的制备

向盛有干净铁屑的烧杯中加入 15 mL 3 mol·L^{-1} H_2SO_4 溶液，放在石棉网上用小火加热，使铁屑和 H_2SO_4 充分反应，直至不再产生气泡，反应装置应靠近通风口（此过程大约需要 20 min。在加热过程中应时不时加入少量水，以补充被蒸发掉的水分，这样做可以防止 $FeSO_4$ 结晶）。反应过程中应略加搅拌，防止反应物底部过热而产生$FeSO_4·H_2O$白色沉淀。趁热减压过滤，滤液立即转移至蒸发皿中备用，此时溶液的 pH 应在 1 左右。将残留在滤纸上的残渣称重，计算出实际参加反应的铁屑质量和 $FeSO_4$ 理论产量。

3. 硫酸亚铁铵的制备

根据 $FeSO_4$ 的理论产量，按照反应式计算所需$(NH_4)_2SO_4$ 的质量。然后将称取的固体$(NH_4)_2SO_4$ 加入制备的 $FeSO_4$ 溶液中，搅拌使之全部溶解（必要时加少量水），并用 3 mol·L^{-1} H_2SO_4 溶液调节 pH 为 1～2。用小火加热，蒸发浓缩，仔细观察当表面出现晶体膜时，立即停止搅拌，并移去酒精灯，开始冷却结晶。待冷却到室温后进行减压过滤，用滤纸吸干晶体的水分。观察晶体的形状和颜色，称出质量并计算产率。

4. 产品的检验

(1)用实验方法证明产品中含有 NH_4^+、Fe^{2+} 和 SO_4^{2-}。

(2)Fe^{3+} 的限量分析：称取 1 g 制备的硫酸亚铁铵产品，加入 15 mL 不含氧的蒸馏水(蒸馏水煮沸几分钟后冷却至室温)溶解，再加入 2 mL 2 mol·L^{-1} HCl 和 1 mL 1 mol·L^{-1} KSCN 溶液，再加入不含氧的蒸馏水至 25 mL 刻度，摇匀，将溶液的颜色与标准溶液的颜色进行比较，确定 Fe^{3+} 的含量符合哪一级的试剂规格。

注：标准溶液的配制方法：先配制浓度为 0.01 mg/mL 的 Fe^{3+} 标准溶液。用移液管移 5 mL Fe^{3+} 标准溶液于比色管中，加入 2 mL 2 mol·L^{-1} HCl 和 1 mL 1 mol·L^{-1} KSCN 溶液，再加入不含氧的蒸馏水至 25 mL 刻度，摇匀，得到 I 级（优级纯）试剂标准溶液，其中含 Fe^{3+} 0.05 mg。同样，若取 10 mL、20 mL 的 Fe^{3+} 标准溶液，则可配成 II 级（分析纯）试剂标准溶液、III 级（化学纯）试剂标准溶液，其中含 Fe^{3+} 分别为 0.10 mg、0.20 mg。

五、数据记录与结果处理

铁屑的质量_____;硫酸亚铁铵的理论产量_____;硫酸亚铁铵的实际产量_____;产率_____;产品纯度级别_____。

六、思考题

(1)复盐$(NH_4)_2SO_4 \cdot FeSO_4 \cdot 6H_2O$是不是只是$FeSO_4 \cdot 7H_2O$和$(NH_4)_2SO_4$简单的混合？性质有何变化？如果是水溶液呢？

(2)$FeSO_4$和$(NH_4)_2SO_4$的混合溶液浓缩后会有$(NH_4)_2SO_4 \cdot FeSO_4 \cdot 6H_2O$晶体析出,为什么？

(3)在制备硫酸亚铁溶液时,为什么必须保持溶液呈酸性？为什么要趁热减压过滤？

(4)蒸发浓缩硫酸亚铁铵时,为什么蒸发浓缩初期要搅拌,而到蒸发后期不宜搅拌？

实验 3　氧化铁黄的制备

一、实验目的

(1)了解用亚铁盐制备氧化铁黄的原理和方法。

(2)掌握恒温水浴加热方法、溶液 pH 的调节、沉淀的洗涤、减压过滤等基本操作。

二、实验原理

氧化铁黄简称铁黄,是一种常见的无机颜料或着色剂。氧化铁黄是氧化铁的水合物,可写作 $Fe_2O_3 \cdot H_2O$ 或 $FeO(OH)$,不溶于水、醇,溶于酸。因生产方法和操作条件的不同,其颜色可呈现由柠檬黄色至褐色的变化。

氧化铁黄的制备方法有多种,其中湿法亚铁盐氧化法制备铁黄较为常见,该法主要包括两步:铁黄晶种的形成和氧化阶段。铁黄是晶体结构,要得到它的结晶,必须先形成晶核,晶核长大成为晶种。晶种生成的条件决定着铁黄的颜色和质量,所以制备晶种是关键的一步。氧化铁黄的制备过程大致分为以下两步。

(1)生成 $Fe(OH)_2$ 晶核向硫酸亚铁铵(或硫酸亚铁)溶液中加入碱液,立刻产生胶状氢氧化亚铁。具体反应方程式如下:

$$Fe^{2+} + 2OH^- =\!=\!= Fe(OH)_2 \downarrow$$

由于 $Fe(OH)_2$ 溶解度非常小,因此晶核生成的速度相当快。为使晶种粒子细小而均匀,反应要在充分搅拌下进行。

(2)生成氧化铁黄晶种需将 $Fe(OH)_2$ 进一步氧化。具体反应方程式如下:

$$4Fe(OH)_2 + O_2 =\!=\!= 4FeO(OH) + 2H_2O$$

由于 Fe(Ⅱ)氧化成 Fe(Ⅲ)是一个复杂的过程,反应温度和 pH 都必须严格控制在规定范围内。要得到氧化铁黄晶种,温度应控制为 $20\sim25$ ℃,pH 控制为 $4\sim4.5$。若溶液接近中性或略偏碱性,则可得到由棕黄色到棕黑色,甚至黑色的一系列过渡色。若溶液的 pH 大于 9,则形成红棕色的铁红晶种。若溶液的 pH 大于 10,则又产生一系列过渡色相的铁氧化物,失去作为晶种的作用。氧化阶段可以向溶液中鼓入空气,利用空气中的 O_2 氧化,也可以外加氧化剂(如 $KClO_3$)加速氧化。具体反应方程式如下:

$$4FeSO_4 + O_2 + 6H_2O =\!=\!= 4FeO(OH) \downarrow + 4H_2SO_4$$

$$6FeSO_4 + KClO_3 + 9H_2O =\!=\!= 6FeO(OH) \downarrow + 6H_2SO_4 + KCl$$

氧化时温度保持在 $80\sim85$ ℃,溶液的 pH 控制为 $4\sim4.5$。氧化反应过程中,沉淀的颜色由灰绿色→墨绿色→红棕色→黄色。

三、仪器与试剂

实验仪器:托盘天平、水循环真空泵、恒温水浴锅、布氏漏斗、抽滤瓶、酒精灯、蒸发皿、石棉网、三脚架、量筒、烧杯等。

实验材料:pH 试纸、滤纸等。

液体试剂:NaOH(2 mol·L^{-1})、BaCl$_2$(1 mol·L^{-1})等。

固体试剂:(NH$_4$)$_2$Fe(SO$_4$)$_2$·6H$_2$O、KClO$_3$ 等。

四、实验步骤

1. 晶种的形成

称取 10 g(NH$_4$)$_2$Fe(SO$_4$)$_2$·6H$_2$O 晶体,放入 100 mL 烧杯中,加 15 mL 蒸馏水,采用恒温水浴加热至 20～25 ℃,搅拌,使晶体溶解(可能有部分晶体不溶)。检验此时溶液的 pH,慢慢加入 2 mol·L^{-1} NaOH 溶液,边加边搅拌至溶液 pH 为 4～4.5。观察反应过程中沉淀颜色的变化。

2. 氧化阶段

称取 0.3 g KClO$_3$ 加入上述溶液中,搅拌后检验溶液的 pH。将恒温水浴温度升到 0～85 ℃进行氧化反应。随着氧化反应的进行,溶液的 pH 会持续降低,在此过程中需要不断滴加 2 mol·L^{-1} NaOH,直至 pH 为 4～4.5。整个氧化反应约需 10 mL 2 mol·L^{-1} NaOH 溶液,当接近此碱液体积时,每滴加 1 滴碱液后立即检验溶液的 pH。

3. 后续处理

为了使颜料中的可溶性离子完全除去,氧化过程结束后,使用 60 ℃左右的自来水用倾析法对生成的黄色颜料洗涤数次,直至溶液中基本上无 SO$_4^{2-}$。然后减压过滤,将黄色颜料转入蒸发皿中,用酒精灯小火加热烘干得到固体。称重,并计算产率。

五、数据记录与结果处理

硫酸亚铁铵的质量_____;氧化铁黄的理论产量_____;氧化铁黄的实际产量_____;产率_____。

六、思考题

(1)查阅资料写出氧化铁黄的物理性质和主要用途。

(2)用亚铁盐制备氧化铁黄的原理和方法?

(3)为什么说氧化铁黄制备过程中 pH 和温度控制非常重要?

(4)氧化铁黄制备过程中,随着氧化反应的进行,不断滴加碱液,为什么溶液的 pH 还是逐渐降低?

(5)如何从氧化铁黄制备铁红、铁绿、铁棕和铁黑?

(6)怎样检验氧化铁黄中的可溶性杂质离子是否清洗干净了?

实验 4 溶液的 pH

一、实验目的

(1)验证部分酸碱指示剂的变色范围。

(2)掌握 pH 试纸的使用方法。

(3)掌握缓冲溶液的配制方法及其缓冲特性。

(4)学习酸度计的使用方法。

二、实验原理

酸碱指示剂一般为有机弱酸或弱碱,其共轭酸碱具有不同的结构且颜色不同。当溶液中的 pH 改变时,因共轭酸碱相互发生转变而发生颜色的改变。例如,酚酞指示剂,当 pH<8.2时,显示无色;当 pH>8.2 时,显示红色。具体反应方程式如下:

酸式(pH=0~8.2,无色)　　碱式(pH=8.2~12,红色)

常见的酸碱指示剂 pH 变色范围见附录 12 所列。pH(Y)指试剂是一种混合试剂,pH 为 4、5、6、7、8、9、10 时,分别显示红色、橙色、黄色、绿色、蓝色、靛色、紫色。

缓冲溶液不会因加入少量的强酸、强碱或水而使溶液的 pH 发生较大的改变。一般由一定浓度的共轭酸碱对组成的混合溶液构成。例如,醋酸-醋酸钠体系,$NH_3 \cdot H_2O$-氯化铵体系等。

pH 计利用电化学原理测量溶液的 H^+ 活度,并以 pH 的形式在表头显示。目前 pH 计的测量精度可达 $0.01pH \sim 0.001pH$,是实验室和工业生产中常用的仪器之一。

三、仪器与试剂

实验仪器:pH 计、点滴板、量筒、烧杯、试管等。

实验材料:pH 试纸等。

液体试剂:HCl($0.1 \, mol \cdot L^{-1}$)、NaOH($0.1 \, mol \cdot L^{-1}$)、HAc($0.1 \, mol \cdot L^{-1}$)、NaAc($0.1 \, mol \cdot L^{-1}$)、未知酸($0.001 \, mol \cdot L^{-1}$)、未知碱($0.05 \, mol \cdot L^{-1}$)、缓冲溶液(pH=4,6,7,8,9,10)、甲基橙指示剂、甲基红指示剂、溴百里酚蓝指示剂、酚酞指示剂、茜素黄指示剂等。

四、实验步骤与数据记录

1. 缓冲溶液的配制

根据预习报告的计算结果,分别量取所需的 $0.1\ mol\cdot L^{-1}$ HAc 和 $0.1\ mol\cdot L^{-1}$ NaAc 溶液进行混合,配制 50 mL pH=5 的缓冲溶液 2 份。

2. 缓冲溶液的 pH 测定及缓冲特性

取一份上述实验内容 1 所配制的 pH=5 的缓冲溶液,用 pH 计测定其 pH(要求误差为 ±0.1pH,若误差过大则需重配),然后向缓冲溶液中滴加 10 滴 $0.1\ mol\cdot L^{-1}$ HCl 溶液(按0.5 mL计),再次测定其 pH。取另外一份,测定其 pH,然后向其中滴加 10 滴 $0.1\ mol\cdot L^{-1}$ NaOH 溶液,再次测定其 pH。将测定结果填入表 2-4-1 中。

表 2-4-1　pH 计测定缓冲溶液的 pH

实验序号	未加酸碱的 pH		加入酸碱的 pH	
	理论值	实测值	计算值	实测值
1(加酸)	5.00			
2(加碱)	5.00			

3. 指示剂在不同 pH 下的特征颜色

分别取 2 mL pH 为 4~10 的缓冲溶液(提示:从试剂架上取用,其中 pH=5 的缓冲溶液可选择实验内容 2 完成以后最接近 5 的溶液代替)于 7 支洁净干燥的试管中,然后各滴加 1 滴指示剂,摇动试管并观察溶液颜色,将结果记录在表 2-4-2 中。

表 2-4-2　待测溶液的 pH

指示剂	pH						
	4	5	6	7	8	9	10
甲基红							
溴百里酚蓝							
酚酞							
茜素黄							

4. 未知一元弱酸(碱)的解离常数的测定

(1)pH 试纸测定溶液的 pH:分别取少量待测 $0.001\ mol\cdot L^{-1}$ 未知酸和 $0.05\ mol\cdot L^{-1}$ 未知碱于点滴板上,用 pH 试纸测量其 pH,将结果记录在表 2-4-3 中。

表 2-4-3　试纸测定溶液的 pH

	未知酸	未知碱
pH 范围		

(2)指示剂测定溶液的 pH:分别取 2 mL 未知酸和未知碱溶液于洁净干燥的试管中,然后各加入 1 滴指示剂,摇动试管并观察溶液颜色,将结果记录在表 2-4-4 中。

表 2-4-4　指示剂测定溶液的 pH

指示剂	未知酸	未知碱
甲基橙		
甲基红		
溴百里酚蓝		
酚酞		
茜素黄		
pH 范围		

（3）pH 计测定溶液的 pH：取 30 mL 左右 0.001 mol·L^{-1}未知酸和 0.05 mol·L^{-1}未知碱溶液于洁净干燥的小烧杯中，用 pH 计测定溶液的 pH，将结果记录在表 2-4-5 中。

表 2-4-5　pH 计测定溶液的 pH

	未知酸	未知碱
pH 范围		

pH 计测量结果与 pH 试纸和指示剂测定结果能否相互印证？并简要说明三种测定 pH 方法的优缺点？

（4）根据一元弱酸（碱）解离常数的计算公式：$K_a = \dfrac{[H^+]^2}{c-[H^+]}$ 或 $K_b = \dfrac{[OH^+]^2}{c-[OH^-]}$，计算未知酸碱的解离常数，将结果记录在表 2-4-6 中。

表 2-4-6　解离常数的计算

	未知酸		未知碱
浓度/(mol·L^{-1})		浓度/(mol·L^{-1})	
[H$^+$]/(mol·L^{-1})		[OH$^-$]/(mol·L^{-1})	
K_a		K_b	

五、思考题

（1）欲利用浓度均为 0.1 mol·L^{-1}的 HAc 和 NaAc 溶液配制 pH=5.00 的缓冲溶液 50 mL，通过计算说明两种溶液应各取多少？

（2）已知甲基红指示剂的 pH 变色范围为 4.4～6.2，颜色是由红色变为黄色。某同学考虑到纯水的 pH=7，遇甲基红指示剂应该变成黄色。可是当他将 1 滴甲基红指示剂加入 2 mL 不含 CO$_2$ 的纯水中进行验证时，发现溶液呈粉红色，而非黄色。为什么？

（3）如果把 pH=3 和 pH=4 的两种强酸溶液进行等体积混合，那么溶液的 pH 为多少？如果把 pH=3 的强酸溶液与 pH=10 的强碱溶液等体积混合，那么溶液的 pH 为多少？

（4）简述 pH 计操作步骤及注意事项。

实验 5 沉淀反应

一、实验目的

(1)掌握溶度积规则与沉淀平衡概念。

(2)了解沉淀的生成、溶解和转化的条件与规律。

(3)学习离心机的使用和离心分离操作。

(4)掌握利用沉淀反应进行离子分离的方法。

二、实验原理

在难溶电解质的饱和溶液中,存在着难溶电解质与解离离子之间的多相离子平衡。例如,$PbCl_2$ 在水溶液中存在以下平衡:

$$PbCl_2(s) \Longrightarrow Pb^{2+} + 2Cl^-$$

该平衡的平衡常数通常称为溶度积常数,简称溶度积,并用下式表示:

$$K_{sp}(PbCl_2) = [Pb^{2+}][Cl^-]^2$$

溶度积规则可以用来判断沉淀的生成与溶解,判断方法如下:当 $Q > K_{sp}$ 时,溶液处于过饱和状态,有沉淀析出;当 $Q = K_{sp}$ 时,溶液处于饱和状态,无沉淀析出,沉淀亦不会溶解,是沉淀溶解平衡状态;当 $Q < K_{sp}$ 时,溶液处于不饱和状态,无沉淀析出,原有的沉淀将会溶解。其中,Q 称为离子积,即相关离子浓度的乘积,如 Pb^{2+} 和 Cl^- 体系中:

$$Q = c(Pb^{2+}) \times c^2(Cl^-)$$

根据溶度积规则,若提高相关离子浓度,使 $Q > K_{sp}$,则可以得到沉淀;若想使沉淀溶解,则设法降低相关离子浓度即可。

如果溶液中含有两种或两种以上的离子都能与加入的沉淀剂产生沉淀,其中沉淀所需沉淀剂浓度较小的离子会先沉淀下来,反之后沉淀下来。这种先后沉淀的现象称为分步沉淀。例如,向浓度相同的 Cl^-、Br^-、I^- 混合溶液中逐步加入 $AgNO_3$ 溶液,通过计算,这三种离子中首先沉淀的是 Cl^-,其次是 Br^-,最后是 I^-。

向难溶电解质沉淀中加入的另一种沉淀剂如果可以与难溶电解质中的离子形成更难溶的物质,那么原来的沉淀将会不断转化为新的沉淀,这种现象称为沉淀的转化。例如,向 Ag_2CrO_4 沉淀中加入 Cl^-,Ag_2CrO_4(砖红色)将转化为 $AgCl$(白色)沉淀。具体反应方程式如下:

$$Ag_2CrO_4(s) + 2Cl^- \Longrightarrow 2AgCl(s) + CrO_4^{2-}$$

三、仪器与试剂

实验仪器：离心机、试管等。

液体试剂：$Pb(NO_3)_2$（$0.1\ mol \cdot L^{-1}$）、$NaCl$（$0.1\ mol \cdot L^{-1}$、$0.01\ mol \cdot L^{-1}$）、Na_2S（$0.1\ mol \cdot L^{-1}$）、K_2CrO_4（$0.1\ mol \cdot L^{-1}$）、$AgNO_3$（$0.1\ mol \cdot L^{-1}$）、$Pb(Ac)_2$（$0.01\ mol \cdot L^{-1}$）、KI（$0.02\ mol \cdot L^{-1}$）、$NH_3 \cdot H_2O$（$1\ mol \cdot L^{-1}$）、$NaOH$（$1\ mol \cdot L^{-1}$，$2\ mol \cdot L^{-1}$）、HCl（$1\ mol \cdot L^{-1}$，$2\ mol \cdot L^{-1}$）、Na_2CO_3（$0.1\ mol \cdot L^{-1}$）、HNO_3（浓，$2\ mol \cdot L^{-1}$）、$CuSO_4$（$0.1\ mol \cdot L^{-1}$）、Na_2S（$0.1\ mol \cdot L^{-1}$）、H_2SO_4（$2\ mol \cdot L^{-1}$）、NH_4F（10%）、$Fe(NO_3)_3$（$0.1\ mol \cdot L^{-1}$）、$KSCN$（$0.1\ mol \cdot L^{-1}$、$Al(NO_3)_3$（$0.1\ mol \cdot L^{-1}$）等。

固体试剂：$NaNO_3$、NH_4Cl 等。

四、实验步骤与数据记录

1. 沉淀的生成

（1）沉淀生成的条件：取 2 支试管各加入 5 滴 $0.1\ mol \cdot L^{-1} Pb(NO_3)_2$ 溶液，然后向其中分别加入 5 滴 $0.1\ mol \cdot L^{-1}$ 和 $0.01\ mol \cdot L^{-1} NaCl$ 溶液，观察实验现象，验证思考题（1）的结论。具体反应方程式如下：

$$Pb^{2+} + 2Cl^- \Longrightarrow PbCl_2 \downarrow$$

（2）分步沉淀：试管中加入 2 滴 $0.1\ mol \cdot L^{-1} Na_2S$ 和 5 滴 $0.1\ mol \cdot L^{-1} K_2CrO_4$ 溶液，再加 2 mL 蒸馏水稀释，然后逐滴加入 $0.1\ mol \cdot L^{-1} Pb(NO_3)_2$ 溶液。当加入两三滴后稍停一会，待生成的沉淀基本沉降后继续滴加。观察前后产生的沉淀颜色有何变化，并用溶度积规则加以说明。具体反应方程式如下：

$$Pb^{2+} + CrO_4^{2-} \Longrightarrow PbCrO_4 \downarrow$$

$$Pb^{2+} + S^{2-} \Longrightarrow PbS \downarrow$$

（3）沉淀的转化：试管中加入 2 滴 $0.1\ mol \cdot L^{-1} AgNO_3$ 溶液，然后加入 2 滴 $0.1\ mol \cdot L^{-1} K_2CrO_4$ 溶液，观察产生沉淀的颜色。再向沉淀中加入 3 滴 $0.1\ mol \cdot L^{-1} NaCl$ 溶液，充分振荡，观察实验现象。具体反应方程式如下：

$$Ag^+ + CrO_4^{2-} \Longrightarrow Ag_2CrO_4 \downarrow$$

$$Ag_2CrO_4 + 2Cl^- \Longrightarrow 2AgCl + CrO_4^{2-}$$

2. 沉淀的溶解

（1）盐效应：试管中加入 5 滴 $0.01\ mol \cdot L^{-1} Pb(Ac)_2$ 溶液，再加入 5 滴 $0.02\ mol \cdot L^{-1} KI$ 溶液，观察产生的现象。接着向试管中加入少量 $NaNO_3$ 固体，充分振荡，观察实验现象并解释。具体反应方程式如下：

$$Pb^{2+} + 2I^- \Longrightarrow PbI_2 \downarrow \quad \text{酸碱反应}$$

① 取 3 支试管各加入 2 滴 $0.1\ mol \cdot L^{-1} Al(NO_3)_3$ 溶液，再各加入 2 滴 $1\ mol \cdot L^{-1} NH_3 \cdot H_2O$。然后向其中两支试管中分别滴加数滴 $2\ mol \cdot L^{-1} NaOH$ 溶液和 $2\ mol \cdot L^{-1}$

HCl 溶液。第三支试管中加入少量 NH_4Cl 固体和蒸馏水,观察 3 支试管中的沉淀是否溶解。具体反应方程式如下:

$$Al^{3+} + 3NH_3 + 3H_2O = Al(OH)_3 \downarrow + 3NH_4^+$$

$$Al(OH)_3 + OH^- = [Al(OH)_4]^-$$

② 试管加入 2 滴 $0.1\ mol \cdot L^{-1}\ AgNO_3$ 溶液,再加入 5 滴 $0.1\ mol \cdot L^{-1}\ Na_2CO_3$ 溶液,观察实验现象。然后再向试管中加入数滴 $2\ mol \cdot L^{-1}\ HNO_3$ 溶液,观察沉淀是否溶解。具体反应方程式如下:

$$2Ag^+ + CO_3^{2-} = Ag_2CO_3 \downarrow$$

$$Ag_2CO_3 + 2H^+ = 2Ag^+ + CO_2 \uparrow + H_2O$$

(2) 氧化还原反应:取 2 支试管,各加入 2 滴 $0.1\ mol \cdot L^{-1}\ CuSO_4$ 溶液和 1 滴 $0.1\ mol \cdot L^{-1}\ Na_2S$ 溶液,然后分别向两支试管中加入 5 滴 $2\ mol \cdot L^{-1}\ H_2SO_4$ 和 5 滴浓 HNO_3,充分振荡,观察沉淀是否溶解。具体反应方程式如下:

$$Cu^{2+} + S^{2+} = CuS \downarrow$$

$$CuS + 8H^+ + 8NO_3^- = Cu^{2+} + 8NO_2 \uparrow + SO_4^{2-} + 4H_2O$$

(3) 配位反应:试管中加入 2 滴 $0.1\ mol \cdot L^{-1}\ Al(NO_3)_3$ 溶液,再加入 2 滴 $1\ mol \cdot L^{-1}\ NH_3 \cdot H_2O$,然后向溶液中加入数滴 $10\%\ NH_4F$ 溶液,充分振荡,观察沉淀是否溶解。具体反应方程式如下:

$$Al^{3+} + 3NH_3 + 3H_2O = Al(OH)_3 \downarrow + 3NH_4^+$$

$$Al(OH)_3 + 6F^- = [AlF_6]^{3-} + 3OH^-$$

3. 混合离子的沉淀法分离与鉴定

试管中加入浓度均为 $0.1\ mol \cdot L^{-1}$ 的 $AgNO_3$、$Fe(NO_3)_3$ 和 $Al(NO_3)_3$ 溶液各 3 滴。首先向混合溶液中滴加数滴 $0.1\ mol \cdot L^{-1}\ NaCl$ 溶液,离心分离,向上层清液中加入 1 滴 $0.1\ mol \cdot L^{-1}\ NaCl$ 溶液,若无沉淀产生,则说明 Ag^+ 沉淀完全,且成功分离。具体反应方程式如下:

$$Ag^+ + Cl^- = AgCl \downarrow$$

将清液转移至另一支试管中,并加入数滴 $1\ mol \cdot L^{-1}\ NaOH$ 溶液,离心分离,向上层清液中再加入 1 滴 $mol \cdot L^{-1}\ NaOH$ 溶液,若无沉淀产生,则说明 Fe^{3+} 沉淀完全,且 Al^{3+} 转化为 AlO_2^-。具体反应方程式如下:

$$Fe^{3+} + 3OH^- = Fe(OH)_3 \downarrow$$

$$Al^{3+} + 3OH^- = Al(OH)_3 \downarrow$$

$$Al(OH)_3 + OH^-(过量) = [Al(OH)_4]^-$$

将上层清液转移至新试管中,沉淀用蒸馏水洗涤 3 次。然后向上层清液的试管中加入数滴 1 mol·L⁻¹ HCl 至产生的沉淀全部溶解，向含有沉淀的试管中也加入数滴 1 mol·L⁻¹ HCl 至沉淀全部溶解。具体反应方程式如下：

$$Al(OH)_4^- + H^+ \Longrightarrow Al(OH)_3 \downarrow + H_2O$$

$$Al(OH)_3 + 3H^+ \Longrightarrow Al^{3+} + 3H_2O$$

$$Fe(OH)_3 + 3H^+ \Longrightarrow Fe^{3+} + 3H_2O$$

分别从两支试管中各取 1 滴于两个点槽中，分别加 1 滴 0.1 mol·L⁻¹ KSCN，验证 Al^{3+} 和 Fe^{3+} 被完全分离。具体反应方程式如下：

$$Fe^{3+} + nSCN^- \Longrightarrow [Fe(SCN)_n]^{3-n}$$

五、思考题

(1)根据溶度积规则，判断等体积的 0.1 mol·L⁻¹ Pb(NO₃)₂ 和 0.1 mol·L⁻¹ NaCl 溶液混合，有无沉淀析出？如果改为 0.01 mol·L⁻¹ NaCl 溶液呢？

(2)已知 MnS、ZnS、CdS 和 CuS 均难溶于水，MnS 可溶于 HAc，ZnS 可溶于稀 HCl，CdS 可溶于浓 HCl，而 CuS 均不溶解。请比较四者溶度积大小。

(3)在"混合离子的沉淀法分离与鉴定"的点滴板实验中，产生何种现象才可表明 Al^{3+} 和 Fe^{3+} 被完全分离？

(4)某溶液中含有 Fe^{3+}、Cu^{2+}、Ag^+、Al^{3+}、Zn^{2+}，试画出离子分离示意图。

实验 6　氧化还原与电化学

一、实验目的

(1)掌握电极电势与氧化还原反应方向的关系。
(2)了解浓度、介质及催化剂对氧化还原反应的影响。
(3)了解具有中间价态原子化合物的氧化还原性。
(4)了解原电池的结构和电动势。

二、实验原理

氧化还原反应是一类发生电子转移的反应,反应过程中氧化剂得电子,还原剂失电子。物质得失电子的能力可以反映出氧化剂和还原剂的氧化还原性大小:得电子能力越强,氧化能力越强;失电子能力越强,还原能力越强。物质的氧化性和还原性的大小也可以由氧化还原电对的还原电势 $\varphi(\mathrm{Ox/Re})$ 的大小体现(Ox 和 Re 分别代表氧化态物质和还原态物质):电极电势代数值越大,其氧化态物质氧化能力越强,还原态物质还原能力越弱。

氧化还原反应总是在较强的氧化剂和较强的还原剂之间进行,因此可以根据电极电势的大小判断反应的方向,也可以依据氧化还原反应进行的方向判断电极电势的大小。

对于电极反应:

$$a\mathrm{Ox}+n\mathrm{e}^- \Longrightarrow b\mathrm{Re}$$

根据能斯特方程,其电极电势为

$$\varphi=\varphi^\ominus+\frac{RT}{n\mathrm{F}}\lg\frac{\left[\text{氧化态}\right]}{\left[\text{还原态}\right]} \qquad (2-6-1)$$

例如,对于电极反应:$\mathrm{MnO_4^-}+8\mathrm{H}^++5\mathrm{e}^- \Longrightarrow \mathrm{Mn}^{2+}+4\mathrm{H_2O}$,其电极电势为 $\varphi(\mathrm{MnO_4^-}/\mathrm{Mn}^{2+})=\varphi^\ominus(\mathrm{MnO_4^-}/\mathrm{Mn}^{2+})+\dfrac{0.059}{5}\lg\dfrac{[\mathrm{MnO_4^-}][\mathrm{H}^+]^8}{[\mathrm{Mn}^{2+}]}$。

可以看出,物质浓度、介质酸碱性等直接影响电极电势大小。此外,当发生沉淀反应或配位反应时,会大大降低某些相关离子的浓度,使电极电势发生较大变化,甚至可以改变氧化还原反应的方向。

具有中间价态原子的化合物既具有得电子的能力也具有失电子的能力,所以具有中间价态原子化合物既可以做氧化剂也可以做还原剂。

原电池是将化学能转化为电能的装置,其本质是利用氧化还原反应发生电子转移。原电池由两个电极构成,发生失电子反应(或氧化反应)的一极称为负极,发生得电子反应(或还原反应)的一极称为正极。电路导通后,电子可以源源不断地从负极流向正极,从而产生

电流。原电池的电动势为正负电极的电极电势之差,即

$$E = \varphi^+ - \varphi^-$$

三、仪器与试剂

实验仪器:离心机、伏特计、烧杯、试管、玻璃棒、胶头滴管等。

实验材料:淀粉-碘化钾试纸、砂纸、导线、盐桥、Cu 片、Zn 片等。

液体试剂:KI($0.1\ mol \cdot L^{-1}$)、KBr($0.1\ mol \cdot L^{-1}$)、$FeCl_3$($0.1\ mol \cdot L^{-1}$)、碘水、溴水、CCl_4、$FeSO_4$($0.1\ mol \cdot L^{-1}$)、HCl($6\ mol \cdot L^{-1}$,$0.5\ mol \cdot L^{-1}$)、$KMnO_4$($0.01\ mol \cdot L^{-1}$)、H_2SO_4($3\ mol \cdot L^{-1}$)、HAc($6\ mol \cdot L^{-1}$)、$K_3[Fe(CN)_6]$($0.1\ mol \cdot L^{-1}$)、$ZnSO_4$($1\ mol \cdot L^{-1}$,$0.1\ mol \cdot L^{-1}$)、NH_4F(10%)、$Pb(NO_3)_2$($0.1\ mol \cdot L^{-1}$)、Na_2S($0.1\ mol \cdot L^{-1}$)、H_2O_2(3%)、$H_2C_2O_4$($1\ mol \cdot L^{-1}$)、$CuSO_4$($0.1\ mol \cdot L^{-1}$)、$NH_3 \cdot H_2O$(浓)、$MnSO_4$($0.1\ mol \cdot L^{-1}$)等。

固体试剂:MnO_2 等。

四、实验步骤与数据记录

1. 电极电势与氧化还原反应的方向

(1)取 2 支试管,分别加入 5 滴 $0.1\ mol \cdot L^{-1}$ KI 和 $0.1\ mol \cdot L^{-1}$ KBr 溶液,然后向两支试管中各滴加 5 滴 $0.1\ mol \cdot L^{-1}$ $FeCl_3$ 溶液,再各加入 10 滴 CCl_4,充分振荡,观察 CCl_4 层颜色。具体反应方程式如下:

$$2Fe^{3+} + 2I^- =\!=\!= 2Fe^{2+} + I_2$$

(2)取 2 支试管,分别加入 2 滴碘水和溴水,观察溶液颜色,然后向两支试管中各滴加 10 滴 $0.1\ mol \cdot L^{-1}$ $FeSO_4$ 溶液,观察溶液颜色变化。具体反应方程式如下:

$$Br_2 + 2Fe^{2+} =\!=\!= 2Fe^{3+} + 2Br^-$$

根据以上实验现象,定性比较 I_2/I^-、Br_2/Br^-、Fe^{3+}/Fe^{2+} 三对氧化还原电对电极电势的相对大小,并指出最强氧化剂和最强还原剂,说明电极电势与氧化还原反应方向的关系。

2. 各种因素对氧化还原反应的影响

(1)浓度对氧化还原反应的影响:取 2 支试管,各加入少量固体 MnO_2,然后向两支试管中分别加入 10 滴 $6\ mol \cdot L^{-1}$ HCl 和 $0.5\ mol \cdot L^{-1}$ HCl 溶液,轻微振荡后把湿润的淀粉-碘化钾试纸移近管口,观察试纸颜色是否发生变化。将加入 $0.5\ mol \cdot L^{-1}$ HCl 溶液的试管进行离心分离,取 1 滴上层清液滴在淀粉-碘化钾试纸上,观察试纸颜色是否发生变化。根据上述实验现象,说明浓度对氧化还原反应的影响。具体反应方程式如下:

$$MnO_2 + 4H^+(浓) + 2Cl^- =\!=\!= Mn^{2+} + Cl_2\uparrow + 2H_2O$$

$$MnO_2 + 4H^+(稀) + 2Cl^- =\!=\!= Mn^{2+} + Cl_2 + 2H_2O$$

(2)酸度对氧化还原反应的影响:取 2 支试管,各加入 1 滴 $0.01\ mol \cdot L^{-1}$ $KMnO_4$ 溶液,然后分别加入 5 滴 $3\ mol \cdot L^{-1}$ H_2SO_4 和 $6\ mol \cdot L^{-1}$ HAc 溶液,再向两支试管中各加

入 5 滴 $0.1\ mol \cdot L^{-1}$ KBr 溶液,观察并比较试管中紫红色褪去的快慢,并解释。具体反应方程式如下:

$$2MnO_4^- + 10Br^- + 16H^+ \Longrightarrow 2Mn^{2+} + 5Br_2 \uparrow + 8H_2O$$

$$2MnO_4^- + 10Br^- + 16HAc \Longrightarrow 2Mn^{2+} + 5Br_2 + 16Ac^- + 8H_2O$$

(3)沉淀反应对氧化还原反应的影响:试管中加入 5 滴 $0.1\ mol \cdot L^{-1}$ KI 和 5 滴 $0.1\ mol \cdot L^{-1}$ $K_3[Fe(CN)_6]$ 溶液,再加入 10 滴 CCl_4,充分振荡,观察 CCl_4 层颜色是否发生变化。然后向试管中加入 3 滴 $1\ mol \cdot L^{-1}$ $ZnSO_4$ 溶液,充分振荡,观察 CCl_4 层颜色是否发生变化。根据实验结果,说明沉淀反应对 $[Fe(CN)_6]^{3-}$ 氧化能力的影响。具体反应方程式如下:

$$2[Fe(CN)_6]^{3-} + 2I^- \Longrightarrow 2[Fe(CN)_6]^{4-} + I_2$$

$$2Zn^{2+} + [Fe(CN)_6]^{4-} \Longrightarrow Zn_2[Fe(CN)_6] \downarrow$$

(4)配位反应对氧化还原反应的影响:试管中加入 2 滴碘水和 5 滴 CCl_4,再加入 10 滴 $0.1\ mol \cdot L^{-1}$ $FeSO_4$ 溶液,充分振荡,观察 CCl_4 层颜色。然后向试管中逐滴加入 10% NH_4F 溶液,边加边充分振荡,观察 CCl_4 层颜色变化,并解释。具体反应方程式如下:

$$I_2 + 2Fe^{2+} \Longrightarrow 2Fe^{3+} + 2I^-$$

$$Fe^{3+} + 6F^- \Longrightarrow [FeF_6]^{3-}$$

3. 催化剂对氧化还原反应速率的影响

取 3 支试管,各加入 10 滴 $1\ mol \cdot L^{-1}$ $H_2C_2O_4$ 溶液和 1 滴 $3\ mol \cdot L^{-1}$ H_2SO_4 溶液。然后向其中的两支试管中分别加入 5 滴 $0.1\ mol \cdot L^{-1}$ $MnSO_4$ 溶液和 5 滴 10% NH_4F 溶液,最后在尽量短的时间内向三支试管中各加入 2 滴 $0.01\ mol \cdot L^{-1}$ $KMnO_4$ 溶液,观察试管中红色褪去的快慢,并指出催化剂对氧化还原反应速率的影响。具体反应方程式如下:

$$2MnO_4^- + 5H_2C_2O_4 + 6H^+ \Longrightarrow 2Mn^{2+} + 10CO_2 \uparrow + 8H_2O$$

$$6F^- + Mn^{2+} \Longrightarrow [MnF]^{4-}$$

4. 具有中间价态原子化合物的氧化还原性

(1)H_2O_2 的氧化性:试管中加入 2 滴 $0.1\ mol \cdot L^{-1}$ $Pb(NO_3)_2$ 溶液,再加入 2 滴 $0.1\ mol \cdot L^{-1}$ Na_2S 溶液,观察产生沉淀的颜色。离心分离,弃去上层清液,沉淀用蒸馏水洗涤 3 次,逐滴加入 3% H_2O_2 溶液,观察沉淀颜色有何变化。具体反应方程式如下:

$$Pb^{2+} + S^{2-} \Longrightarrow PbS \downarrow$$

$$PbS + 4H_2O_2 \Longrightarrow PbSO_4 + 4H_2O$$

(2)H_2O_2 的还原性:试管中加入 1 滴 $0.01\ mol \cdot L^{-1}$ $KMnO_4$ 溶液,再加入 3 滴 $3\ mol \cdot L^{-1}$ H_2SO_4 溶液酸化,然后加入 1 滴 3% H_2O_2 溶液,观察反应现象。具体反应方程式如下:

$$2MnO_4^- + 5H_2O_2 + 6H^+ \Longrightarrow 2Mn^{2+} + 5O_2 \uparrow + 8H_2O$$

5. 原电池

在 2 个 100 mL 烧杯中分别加入 30 mL $0.1 \ mol \cdot L^{-1} ZnSO_4$ 溶液和 $0.1 \ mol \cdot L^{-1} CuSO_4$ 溶液，然后取一支盐桥将两烧杯连接起来。将 Zn 片和 Cu 片用砂纸打磨光亮后，用导线分别与伏特计的负极和正极相连，并把 Zn 片和 Cu 片分别插入两溶液中，组装成原电池（见图 2 - 6 - 1）。记下伏特计读数。

向 $CuSO_4$ 溶液中逐滴加入浓 $NH_3 \cdot H_2O$，至产生的沉淀全部溶解形成深蓝色透明溶液为止。观察伏特计读数变化，并记下伏特计读数。具体反应方程式如下：

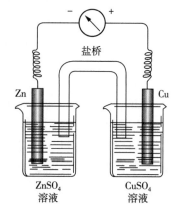

图 2 - 6 - 1 Zn - Cu 原电池示意图
负极反应：$Zn - 2e \Longrightarrow Zn^{2+}$
正极反应：$Cu^{2+} + 2e \Longrightarrow Cu$

$$Cu^{2+} + 2NH_3 + 2H_2O \Longrightarrow Cu(OH)_2 \downarrow + 2NH_4^+$$

$$Cu(OH)_2 + 4NH_3 \Longrightarrow [Cu(NH_3)_4]^{2+}$$

再向 $ZnSO_4$ 溶液中逐步加入浓 $NH_3 \cdot H_2O$，至产生的沉淀全部溶解形成无色透明溶液为止。观察伏特计读数变化，并记下伏特计读数。具体反应方程式如下：

$$Zn^{2+} + 2NH_3 + 2H_2O \Longrightarrow Zn(OH)_2 \downarrow + 2NH_4^+$$

$$Zn(OH)_2 + 4NH_3 \Longrightarrow [Zn(NH_3)_4]^{2+}$$

将上述实验现象和数据记录在表 2 - 6 - 1 中。

表 2 - 6 - 1 原电池实验现象记录

	现象	电动势/V
初始	/	
向 $CuSO_4$ 溶液中逐滴加入浓 $NH_3 \cdot H_2O$		
向 $ZnSO_4$ 溶液中逐滴加入浓 $NH_3 \cdot H_2O$		

根据以上实验结果，解释伏特计读数变化的原因。

五、思考题

(1) 实验室常用 MnO_2 和浓盐酸反应制备 Cl_2。已知 Cl_2 在水中的饱和浓度约为 $0.1 \ mol \cdot L^{-1}$，$\varphi(Cl_2/Cl^-) = 1.358 \ V$，$\varphi(MnO_2/Mn^{2-}) = 1.224 \ V$。通过计算说明当 Cl_2 刚好达到饱和时，所需盐酸的浓度是多少？当盐酸浓度为 $0.5 \ mol \cdot L^{-1}$ 时，溶液中的 Cl_2 浓度是多少？

$$MnO_2 + 4H^+(aq) + 2Cl^-(aq) == Mn^{2+}(aq) + Cl_2(aq) + 2H_2O$$

（提示：利用氧化还原反应平衡常数公式 $\lg K = \dfrac{nE}{0.0592V}$ 进行计算）

(2)酸度对哪些氧化还原反应有影响,对哪些反应没有影响?请各举一例说明。

(3)图2-6-2是无机化学中经典的"铅树"实验:试管下层灌注一层含$Pb(NO_3)_2$的硅酸胶体,中部插入一根铜丝,然后在$Pb(NO_3)_2$硅胶上灌注一层含KNO_3的硅酸胶体(需将铜丝一端露出),最后在上层加入Na_2S溶液。经过一段时间,下层铜丝表明会长出银白色"铅树"。请解释:

① 如果该装置可以看作原电池,正负极分别发生怎样的反应? 中层含KNO_3的硅酸胶体起什么作用?

② Na_2S溶液中的Cu丝有何变化?

③ 从平衡的角度解释虽然Cu的活泼性小于Pb,但可以将Pb置换出来。

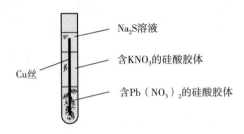

图2-6-2 "铅树"实验示意

实验 7 配位化合物

一、实验目的

(1)了解配位化合物的生成。
(2)了解配离子和简单离子的区别。
(3)了解配位平衡与沉淀、配位平衡与氧化还原反应、配位平衡与酸碱反应的关系。
(4)了解螯合物的生成。

二、实验原理

配位化合物是含有配位单元的一类化合物的统称。配位单元一般由一个中心离子(或原子)与若干配体构成。例如,铜氨配离子(见图 2-7-1)。

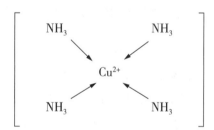

图 2-7-1　铜氨配离子结构示意

配位化合物与简单盐和复盐不同:配位化合物在水中解离出来的配离子较稳定,只有极少的配离子会解离成简单离子,而简单盐和复盐在水中全部解离成简单离子。例如,

$$[Cu(NH_3)_4]SO_4 \rightleftharpoons [Cu(NH_3)_4]^{2+} + SO_4^{2-}$$

$$[Cu(NH_3)_4]^{2+} \rightleftharpoons Cu^{2+} + 4NH_3$$

$$FeCl_3 \rightleftharpoons Fe^{3+} + 3Cl^-$$

$$NH_4Fe(SO_4)_2 \rightleftharpoons NH_4^+ + Fe^{3+} + 2SO_4^{2-}$$

配位化合物溶液中配离子的生成与解离存在着平衡,这种平衡称为配位平衡。例如,

$$[Cu(NH_3)_4]^{2+} \rightleftharpoons Cu^{2+} + 4NH_3 \quad K_{不稳} = \frac{[Cu^{2+}][NH_3]^4}{[[Cu(NH_3)_4]^{2+}]}$$

$$Cu^{2+} + 4NH_3 \rightleftharpoons [Cu(NH_3)_4]^{2+} \quad K_{稳} = \frac{[[Cu(NH_3)_4]^{2+}]}{[Cu^{2+}][NH_3]^4}$$

显然,不稳定常数和稳定常数是互为倒数的关系。

根据平衡移动的原理,如果向配位平衡体系中加入沉淀剂、强酸(碱)等,改变了中心离子或配体浓度,那么配位平衡将会发生移动。

由配位中心与多齿配体形成的具有环状结构的配合物通常称为螯合物,大多数螯合物具有五元环或六元环结构。一般情况下,螯合物比一般配合物更稳定一些。多数金属离子的螯合物具有特征颜色,可用于定性鉴定或定量测定。例如,在弱碱条件下,丁二酮二肟与Ni^{2+}反应生成鲜红色的螯合物沉淀,该特性可用于鉴定和定量测定 Ni^{2+}。具体反应方程式如下:

三、仪器与试剂

实验仪器:试管、点滴板、滴管、烧杯、酒精灯、试管夹、量筒等。

实验材料:pH 试纸等。

液体试剂:$CuSO_4$($0.1\ mol \cdot L^{-1}$)、$NH_3 \cdot H_2O$($6\ mol \cdot L^{-1}$,$2\ mol \cdot L^{-1}$)、NaOH($2\ mol \cdot L^{-1}$,$0.1\ mol \cdot L^{-1}$)、Na_2S($0.1\ mol \cdot L^{-1}$)、$K_3[Fe(CN)_6]$($0.1\ mol \cdot L^{-1}$)、KSCN($0.1\ mol \cdot L^{-1}$)、$Fe_2(SO_4)_3$($0.1\ mol \cdot L^{-1}$)、HCl($6\ mol \cdot L^{-1}$)、NH_4F(10%)、$(NH_4)_2C_2O_4$(饱和)、$AgNO_3$($0.1\ mol \cdot L^{-1}$)、Na_2CO_3($0.1\ mol \cdot L^{-1}$)、NaCl($0.1\ mol \cdot L^{-1}$)、KBr($0.1\ mol \cdot L^{-1}$)、$Na_2S_2O_3$(饱和,$0.5\ mol \cdot L^{-1}$)、KI($0.1\ mol \cdot L^{-1}$)、$FeCl_3$($0.1\ mol \cdot L^{-1}$)、CCl_4、$NiSO_4$($0.2\ mol \cdot L^{-1}$)、$BaCl_2$($0.1\ mol \cdot L^{-1}$)、H_3BO_3($0.1\ mol \cdot L^{-1}$)、H_2SO_4($1:1$,$6\ mol \cdot L^{-1}$)、甘油、丁二酮二肟(1%)、$NH_4Fe(SO_4)_2$($0.1\ mol \cdot L^{-1}$)等。

固体试剂:$CrCl_3 \cdot 6H_2O$ 晶体等。

四、实验步骤与数据记录

1. 配合物的生成与解离

试管加入 2 mL $0.1\ mol \cdot L^{-1}CuSO_4$ 溶液,逐滴加入 $6\ mol \cdot L^{-1}\ NH_3 \cdot H_2O$,边加边振荡,直至生成的沉淀完全溶解形成深蓝色透明溶液,再多加 2 滴 $1\ mol \cdot L^{-1}\ NH_3 \cdot H_2O$。将获得的溶液分成 3 份于 3 支试管中,分别加入 1 滴 $0.1\ mol \cdot L^{-1}BaCl_2$、1 滴 $0.1\ mol \cdot L^{-1}NaOH$ 和 1 滴 $0.1\ mol \cdot L^{-1}Na_2S$ 溶液,观察反应现象。具体反应方程式如下:

$$Cu^{2+} + 2NH_3 + 2H_2O = Cu(OH)_2 \downarrow + 2NH_4^+$$

$$Cu(OH)_2 + 4NH_3 \Longrightarrow [Cu(NH_3)_4]^{2+}$$

$$Ba^{2+} + SO_4^{2-} \Longrightarrow BaSO_4 \downarrow$$

$$[Cu(NH_3)_4]^{2+} + S^{2-} \Longrightarrow CuS \downarrow + 4NH_3$$

2. 配位化合物与简单盐、复盐的区别

取 3 支试管,分别加入 5 滴 0.1 mol·L^{-1} FeCl$_3$、0.1 mol·L^{-1} NH$_4$Fe(SO$_4$)$_2$ 和 0.1 mol·L^{-1} K$_3$[Fe(CN)$_6$]溶液,然后向 3 支试管中各加入 1 滴 0.1 mol·L^{-1} KSCN 溶液,根据实验现象,说明 3 种化合物中 Fe(Ⅲ)的异同。具体反应方程式如下:

$$Fe^{3+} + nSCN^- \Longrightarrow [Fe(SCN)_n]^{3-n}$$

3. 配位平衡的移动

(1)配离子之间的转化:试管中加入 5 滴 0.1 mol·L^{-1} Fe$_2$(SO$_4$)$_3$ 溶液,向其中加入 2 滴 6 mol·L^{-1} HCl 溶液,观察溶液颜色变化。再向试管中加入 1 滴 0.1 mol·L^{-1} KSCN 溶液,观察溶液颜色变化。再向试管中逐滴加入 10% NH$_4$F 溶液,至溶液颜色刚好完全褪去。最后向试管中逐滴加入饱和(NH$_4$)$_2$C$_2$O$_4$ 溶液,观察溶液颜色变化。具体反应方程式如下:

$$Fe^{3+} + 6Cl^- \Longrightarrow [FeCl_6]^{3-}$$

$$[FeCl_6]^{3-} + nSCN^- \Longrightarrow [Fe(SCN)_n]^{3-n} + 6Cl^-$$

$$[Fe(SCN)_n]^{3-n} + 6F^- \Longrightarrow [FeF_6]^{3-} + n SCN^-$$

$$[FeF_6]^{3-} + 3C_2O_4^{2-} \Longrightarrow [Fe(C_2O_4)_3]^{3-}$$

根据以上实验颜色变化,说明[FeCl$_6$]$^{3-}$、[Fe(SCN)$_n$]$^{3-n}$、[FeF$_6$]$^{3-}$、[Fe(C$_2$O$_4$)$_3$]$^{3-}$ 的颜色并比较它们稳定常数大小。

(2)浓度对配位平衡的影响:向烧杯中加入 2 滴 0.1 mol·L^{-1} FeCl$_3$ 和 2 滴 0.1 mol·L^{-1} KSCN 溶液,然后加入 10 mL 蒸馏水稀释,平分加入三支试管中:第一支试管中加入 10 滴 0.1 mol·L^{-1} Fe$_2$(SO$_4$)$_3$ 溶液,第二支试管中加入 10 滴 0.1 mol·L^{-1} KSCN 溶液,第三支试管加入 10 滴蒸馏水作为参照。比较 3 支试管颜色深浅,并从化学平衡角度予以解释。具体反应方程式如下:

$$Fe^{3+} + nSCN^- \Longrightarrow [Fe(SCN)_n]^{3-n}$$

(3)酸碱度对配位平衡的影响:试管中加入 0.5 mL 0.1 mol·L^{-1} Fe$_2$(SO$_4$)$_3$ 溶液,向其中逐滴加入 10% NH$_4$F 溶液,至溶液颜色刚好完全褪去。将此溶液分成 2 份,分别加入数滴 2 mol·L^{-1} NaOH 和 6 mol·L^{-1} H$_2$SO$_4$ 溶液,观察实验现象,说明酸碱度对配位平衡的影响。具体反应方程式如下:

$$Fe^{3+} + 6F^- \Longrightarrow [FeF_6]^{3-}$$

$$[FeF_6]^{3-} + 3OH^- \Longrightarrow Fe(OH)_3 \downarrow + 6F^-$$

$$[FeF_6]^{3-} + 6H^+ \Longrightarrow Fe^{3+} + 6HF$$

(4)配位平衡与沉淀平衡:试管中加入 6 滴 $0.1\ mol \cdot L^{-1}$ $AgNO_3$ 溶液,再加入 3 滴 $0.1\ mol \cdot L^{-1}$ Na_2CO_3 溶液,观察实验现象;然后向试管中逐滴加入 $2\ mol \cdot L^{-1}$ $NH_3 \cdot H_2O$,边加边振荡至沉淀刚好完全溶解。具体反应方程式如下:

$$2Ag^+ + CO_3^{2-} = Ag_2CO_3 \downarrow$$

$$Ag_2CO_3 + 4NH_3(稀) = 2[Ag(NH_3)_2]^+ + CO_3^{2-}$$

向溶液中加入 2 滴 $0.1\ mol \cdot L^{-1}$ NaCl 溶液,观察实验现象;然后向试管中逐滴加入 $6\ mol \cdot L^{-1}$ $NH_3 \cdot H_2O$,边加边振荡至沉淀刚好完全溶解。具体反应方程式如下:

$$[Ag(NH_3)_2]^+ + Cl^- = AgCl \downarrow + 2NH_3$$

$$AgCl + 2NH_3(浓) = [Ag(NH_3)_2]^+ + Cl^-$$

向溶液中加入 2 滴 $0.1\ mol \cdot L^{-1}$ KBr 溶液,观察实验现象;然后向试管中逐滴加入 $0.5\ mol \cdot L^{-1}$ $Na_2S_2O_3$ 溶液,边加边振荡至沉淀刚好完全溶解。具体反应方程式如下:

$$[Ag(NH_3)]^+ + Br^- = AgBr \downarrow + 2NH_3$$

$$AgBr + 2S_2O_3^{2-}(稀) = [Ag(S_2O_3)_2]^{3-} + Br^-$$

向溶液中加入 2 滴 $0.1\ mol \cdot L^{-1}$ KI 溶液,观察实验现象;然后向试管中逐滴加入饱和 $Na_2S_2O_3$ 溶液,边加边振荡至沉淀刚好完全溶解。具体反应方程式如下:

$$[Ag(S_2O_3)_2]^{3-} + I^- = AgI \downarrow + 2S_2O_3^{2-}$$

$$AgI + 2S_2O_3^{2-}(浓) = [Ag(S_2O_3)_2]^{3-} + I^-$$

最后向溶液中加入 2 滴 $0.1\ mol \cdot L^{-1}$ Na_2S 溶液,观察实验现象。具体反应方程式如下:

$$2[Ag(S_2O_3)_2]^{3-} + S^{2-} = Ag_2S \downarrow + 4S_2O_3^{2-}$$

根据以上实验现象,说明沉淀平衡和配位平衡的相互影响,并比较相关沉淀溶度积常数和配离子稳定常数的大小。

(5)配位平衡对氧化还原反应平衡的影响:试管中加入 5 滴 $0.1\ mol \cdot L^{-1}$ KI 溶液和 10 滴 CCl_4,然后向其中加入 5 滴 $0.1\ mol \cdot L^{-1}$ $FeCl_3$ 溶液,充分振荡,观察现象。再向试管中逐滴加入饱和 $(NH_4)_2C_2O_4$ 溶液,边加边振荡,观察溶液颜色变化。具体反应方程式如下:

$$2Fe^{3+} + 2I^- = 2Fe^{2+} + I_2$$

$$2Fe^{2+} + I_2 + 6C_2O_4^{2-} = 2[Fe(C_2O_4)_3]^{3-} + 2I^-$$

根据以上实验现象,说明配位平衡对氧化还原反应平衡的影响。

4. 螯合物的形成

在点滴板上滴 1 滴 $0.2\ mol \cdot L^{-1}$ $NiSO_4$ 溶液和 1 滴 $2\ mol \cdot L^{-1}$ $NH_3 \cdot H_2O$,然后再滴加 1 滴 1% 丁二酮二肟溶液,观察现象。具体反应方程式见"实验原理"。

5. 配离子的水合异构现象

试管中取少量 $CrCl_3 \cdot 6H_2O$ 晶体，加入 5 mL 蒸馏水溶解，观察溶液颜色。将溶液分成 2 份，一份作为对比，一份加热，观察受热后溶液颜色变化。具体反应方程式如下：

$$Cr^{3+} + 5H_2O(冷) + Cl^- \Longrightarrow [Cr(H_2O)_5Cl]^{2+}（蓝紫色或绿色）$$

$$Cr^{3+} + 4H_2O(热) + 2Cl^- \Longrightarrow [Cr(H_2O)_4Cl_2]^+（灰绿色）$$

6. 形成配合物对物质酸性的影响

取一条完整的 pH 试纸，一端滴 1 滴 0.1 mol·L^{-1} H_3BO_3 溶液，记下润湿处的 pH。待 H_3BO_3 停止扩散后，在距扩散边界 0.2～0.5 cm 处滴加 1 滴甘油，待两液扩散重叠后，记下重叠处的 pH，说明 pH 变化的原因。具体反应方程式如下：

$$H_2BO_3 \Longrightarrow H^+ + HBO_3^-$$

$$H_3BO_3 + 2\,\underset{\substack{|\\ \text{CHOH}\\ |}}{\overset{\text{CH}_2\text{OH}}{\underset{\text{CH}_2\text{OH}}{}}} \Longrightarrow \left[\begin{array}{c} \text{CH}_2\text{O} \quad\quad \text{OCH}_2 \\ | \qquad\qquad | \\ \text{CHOH} \diagdown \text{B} \diagup \text{CHOH} \\ | \qquad\qquad | \\ \text{CH}_2\text{O} \quad\quad \text{OCH}_2 \end{array}\right]^- + H^+ + 3H_2O$$

五、思考题

(1) 以配位化合物 $[Cu(NH_3)_4]SO_4$ 为例，指出配位化合物各部分名称。

(2) 查阅相关物质溶度积和稳定常数数据，计算反应 $AgBr(s) + 2NH_3(aq) \Longrightarrow [Ag(NH_3)_2]^+(aq) + Br^-(aq)$ 的平衡常数，并估算 0.01 mol AgBr 能否全部溶于 1 L 15 mol·L^{-1} $NH_3 \cdot H_2O$ 中? 如果换成 0.01 mol AgI 呢?

(3) 已知 $\varphi^\ominus(Fe^{3+}/Fe^{2+}) = 0.771$ V, $K_稳([Fe(C_2O_4)_3]^{3-}) = 1.6 \times 10^{20}$, 计算 $\varphi^\ominus([Fe(C_2O_4)_3]^{3-}/Fe^{2+})$, 并判断标准条件下以下反应进行的方向。

$$Fe^{3+} + I^- \Longrightarrow Fe^{2+} + I_2$$

$$[Fe(C_2O_4)_3]^{3-} + I^- \Longrightarrow Fe^{2+} + I_2 + C_2O_4^{2-}$$

实验 8　卤　素

一、实验目的

(1)掌握卤素的氧化还原性。

(2)掌握卤素含氧酸及其盐的氧化性。

(3)了解卤素离子的分离和鉴定方法。

二、实验原理

卤素是ⅦA族元素的总称(通常用 X 表示),外层电子构型为 ns^2np^5,在化合物中除氟氧化态为 -1 外,其余卤素常见的氧化态为 -1、$+1$、$+3$、$+5$、$+7$。

卤素单质在水中的溶解度不大(F_2 与水发生剧烈的化学反应),而在有机溶剂中溶解度较大并显示出一定颜色,如 CCl_4 中 Br_2 显橙色、I_2 显紫色。Cl_2 的水溶液通常称为氯水,其中存在下列平衡:

$$Cl_2 + H_2O \Longleftarrow HCl + HClO$$

将 Cl_2 通入冷的碱溶液,上述平衡右移,生成次氯酸盐。

卤素单质具有氧化性,其氧化能力的顺序:$F_2 > Cl_2 > Br_2 > I_2$,相应的卤素离子具有还原性,其还原能力的顺序:$I^- > Br^- > Cl^- > F^-$。

卤酸盐、次卤酸盐都是强氧化剂,但它们的氧化性与溶液的 pH 有关,在酸性介质中氧化性明显,在碱性介质中氧化性不明显。

卤素离子(Cl^-、Br^-、I^-)可以与 Ag^+ 形成不溶于 HNO_3 的 AgX 沉淀,可用于卤素离子的鉴定。

三、仪器与试剂

实验仪器:离心机、试管、酒精灯等。

实验材料:pH 试纸、淀粉-碘化钾试纸、滤纸等。

液体试剂:KBr($0.1\ mol \cdot L^{-1}$)、KI($0.1\ mol \cdot L^{-1}$)、氯水、CCl_4、$Na_2S_2O_3$($0.1\ mol \cdot L^{-1}$)、H_2S(饱和)、NaOH($2\ mol \cdot L^{-1}$)、H_2SO_4(浓,$12\ mol \cdot L^{-1}$,$2\ mol \cdot L^{-1}$)、HCl(浓,$2\ mol \cdot L^{-1}$)、$KClO_3$(饱和)、NaCl($0.1\ mol \cdot L^{-1}$)、HNO_3(浓,$2\ mol \cdot L^{-1}$)、$AgNO_3$($0.1\ mol \cdot L^{-1}$)、淀粉溶液、$NH_3 \cdot H_2O$(浓,$6\ mol \cdot L^{-1}$)、$(NH_4)_2CO_3$(12%)、品红溶液(0.1%)等。

固体试剂:锌粉、KI、NaCl、MnO_2、$KClO_3$、硫粉等。

四、实验步骤与数据记录

1. 卤素单质的氧化性

(1)卤素的置换次序:

① 试管中加入 1 滴 $0.1\ mol \cdot L^{-1}$ KBr 溶液和 5 滴 CCl_4,再逐滴加入氯水,边滴加边振荡,观察 CCl_4 层颜色。具体反应方程式如下:

$$Cl_2 + 2Br^- \Longrightarrow Br_2 + 2Cl^-$$

② 试管中加入 1 滴 $0.1\ mol \cdot L^{-1}$ KI 溶液和 5 滴 CCl_4,再逐滴加入氯水,边滴加边振荡,观察 CCl_4 层颜色。具体反应方程式如下:

$$Cl_2 + 2I^- \Longrightarrow I_2 + 2Cl^-$$

$$5Cl_2(过量) + I_2 + 6H_2O \Longrightarrow 2IO_3^- + 10Cl^- + 12H^+$$

③ 试管中加入 1 滴 $0.1\ mol \cdot L^{-1}$ KI 溶液和 5 滴 CCl_4,再逐滴加入溴水,边滴加边振荡,观察 CCl_4 层颜色。具体反应方程式如下:

$$Br_2 + 2I^- \Longrightarrow I_2 + 2Br^-$$

④ 试管中加入 1 mL $0.1\ mol \cdot L^{-1}$ KBr 溶液和 1 滴 $0.1\ mol \cdot L^{-1}$ KI 溶液和 5 滴 CCl_4,再逐滴加入氯水,边滴加边振荡,观察 CCl_4 层颜色变化。具体反应方程式如下:

$$Cl_2 + 2I^- \Longrightarrow I_2 + 2Cl^-$$

$$5Cl_2 + I_2 + 6H_2O \Longrightarrow 2IO_3^- + 10Cl^- + 12H^+$$

$$Cl_2 + 2Br^- \Longrightarrow Br_2 + 2Cl^-$$

从以上实验结果写出反应式,说明卤素的置换次序,比较卤素单质的氧化性大小。

(2)碘的氧化性:取 2 支试管,各加 3 滴碘水,观察碘水颜色。然后分别滴加 $0.1\ mol \cdot L^{-1}$ $Na_2S_2O_3$ 溶液和饱和的 H_2S 溶液,观察实验现象。具体反应方程式如下:

$$I_2 + 2S_2O_3^{2-} \Longrightarrow S_4O_6^{2-} + 2I^-$$

$$I_2 + H_2S \Longrightarrow S\downarrow + 2I^- + 2H^+$$

2. 卤素离子的还原性

(1)向盛有少量 KI 固体的试管中加入 1 mL 浓 H_2SO_4,观察反应产物的颜色和状态,把湿润的醋酸铅试纸移近管口,检验气体产物。具体反应方程式如下:

$$9H_2SO_4(浓) + 8KI \Longrightarrow 8KHSO_4 + 4I_2 + H_2S\uparrow + 4H_2O$$

(2)向盛有少量 KBr 固体的试管中加入 1 mL 浓 H_2SO_4,观察反应产物的颜色和状态,把湿润的淀粉-碘化钾试纸移近管口,检验气体产物。具体反应方程式如下:

$$3H_2SO_4(浓) + 2KBr \Longrightarrow 2KHSO_4 + Br_2 + SO_2\uparrow + 2H_2O$$

(3)向盛有少量 NaCl 固体的试管中加入 1 mL 浓 H_2SO_4,观察反应产物的颜色和状

态,用蘸有浓 $NH_3 \cdot H_2O$ 的玻璃棒靠近管口,检验气体产物。具体反应方程式如下:

$$H_2SO_4(浓) + NaCl \longrightarrow NaHSO_4 + HCl\uparrow$$

$$NH_3 + HCl \longrightarrow NH_4Cl$$

(4)向盛有少量 $NaCl$ 和 MnO_2 固体混合物的试管中加入 1 mL 浓 H_2SO_4,把湿润的淀粉-碘化钾试纸移近管口,检验气体产物。具体反应方程式如下:

$$H_2SO_4(浓) + NaCl \longrightarrow NaHSO_4 + HCl$$

$$MnO_2 + 4H^+ + 2Cl^- \longrightarrow Mn^{2+} + Cl_2\uparrow + 2H_2O$$

综合以上 4 个实验,说明 Cl^-、Br^-、I^- 还原性的相对强弱,并写出反应方程式。

3. 次卤酸盐和卤酸盐的氧化性

试管中加入 2 mL 氯水,逐滴加入 2 $mol \cdot L^{-1}$ NaOH 溶液直至弱碱性(期间不断用 pH 试纸检验,控制 pH=9)。具体反应方程式如下:

$$Cl_2 + 2OH^- \longrightarrow ClO^- + Cl^- + H_2O$$

(1)第一支试管中加入数滴 2 $mol \cdot L^{-1}$ HCl 溶液,把湿润的淀粉-碘化钾试纸移近管口,检验气体产物。具体反应方程式如下:

$$ClO^- + Cl^- + 2H^+ \longrightarrow Cl_2\uparrow + H_2O$$

(2)第二支试管中加入 0.1 $mol \cdot L^{-1}$ KI 溶液,再加入数滴淀粉溶液,观察反应现象。具体反应方程式如下:

$$ClO^- + 2I^- + H_2O \longrightarrow I_2 + Cl^- + 2OH^-$$

(3)第三支试管中加入数滴 0.1% 的品红溶液,观察品红颜色是否褪去。

试管中加入 0.5 mL 饱和 $KClO_3$ 溶液,再滴加 3 滴浓 HCl,把湿润的淀粉-碘化钾试纸移近管口,检验气体产物。具体反应方程式如下:

$$ClO^- + 6H^+ + 5Cl^- \longrightarrow 3Cl_2\uparrow + 4H_2O$$

试管中加入 2 滴 0.1 $mol \cdot L^{-1}$ KI 溶液,加入 0.5 mL 饱和 $KClO_3$ 溶液,再逐滴加入 12 $mol \cdot L^{-1}$ H_2SO_4 溶液,并不断振荡,直至溶液紫黑色消失,观察溶液变化。具体反应方程式如下:

$$2ClO_3^- + 12H^+ + 10I^- \longrightarrow 5I_2 + 2Cl_2 + 4H_2O$$

$$I_2 + I^- \longrightarrow I_3^-$$

$$2ClO_3^- + I_2 \longrightarrow 2IO_3^- + Cl_2$$

分别取绿豆大小的干燥 $KClO_3$ 晶体和硫粉放在滤纸片上,混匀后轻轻包好卷紧(操作轻微,避免摩擦),放于铁块上用铁锤击打,有何现象?具体反应方程式如下:

$$2KClO_3 + 3S \longrightarrow 2KCl + 3SO_2\uparrow$$

4. Cl^-、Br^-、I^- 的分离和鉴定

试管 A 中加入 0.1 mol·L^{-1}NaCl、0.1 mol·L^{-1}KBr 和 0.1 mol·L^{-1}KI 溶液各 2 滴,再加入 2 滴 2 mol·$L^{-1}$$HNO_3$ 和 8 滴 0.1 mol·$L^{-1}$$AgNO_3$,充分振荡使沉淀完全,离心分离弃去清液,沉淀用蒸馏水洗涤 3 次。具体反应方程式如下:

$$Ag^+ + Cl^- == AgCl\downarrow$$

$$Ag^+ + Br^- == AgBr\downarrow$$

$$Ag^+ + I^- == AgI\downarrow$$

向沉淀中加入 10~15 滴 12%$(NH_4)_2CO_3$ 溶液,充分振荡并微热 1 min,可将 AgCl 溶解。离心分离,清液转移至另一支试管 B 中,试管 A 中沉淀用蒸馏水洗涤 3 次。具体反应方程式如下:

$$AgCl + 2NH_4^+ + CO_3^{2-} == [Ag(NH_3)_2]^+ + H_2CO_3 + Cl^-$$

向试管 B 中加入数滴 2 mol·$L^{-1}$$HNO_3$ 酸化,若出现白色沉淀则表明 Cl^- 被成功分离。具体反应方程式如下:

$$[Ag(NH_3)_2]^+ + Cl^- + 2H^+ == AgCl\downarrow + 2NH_4^+$$

向试管 A 中加入 10~15 滴浓 $NH_3·H_2O$,充分振荡并微热 1 min,可将 AgBr 溶解。离心分离,清液转移至另一支试管 C 中,试管 A 中的沉淀用蒸馏水洗涤 3 次。具体反应方程式如下:

$$AgBr\downarrow + 2NH_3(浓) == [Ag(NH_3)_2]^+ + Br^-$$

向试管 C 中加入浓 HNO_3 酸化至沉淀完全,再次进行离心分离,弃去清液,沉淀用蒸馏水洗涤 3 次。具体反应方程式如下:

$$[Ag(NH_3)_2]^+ + Br^- + 2H^+ == AgBr\downarrow + 2NH_4^+$$

向含有沉淀的试管 A 和试管 C 中各加入 1 mL 蒸馏水和少量锌粉,再加入 2 滴 2 mol·$L^{-1}$$H_2SO_4$,充分振荡,离心分离,获得的清液分别转移至另外两支试管 D 和 E 中。具体反应方程式如下:

$$2AgI + Zn == Ag + Zn^{2+} + 2I^-$$

$$2AgBr + Zn == Ag + Zn^{2+} + 2Br^-$$

向试管 D 中加入 5 滴 CCl_4,再逐滴加入 6 mol·L^{-1}氯水,边加边振荡,若 CCl_4 层先出现紫红色,然后紫红色褪去,溶液呈无色,则表明 I^- 被成功分离。具体反应方程式如下:

$$Cl_2 + 2I^- == I_2 + 2Cl^-$$

$$5Cl_2(过量) + I_2 + 6H_2O == 2IO_3^- + 10Cl^- + 12H^+$$

向试管 E 中加入 5 滴 CCl_4 和数滴 6 mol·L^{-1}氯水,充分振荡,若 CCl_4 层出现橙色,则表明 Br^- 被成功分离。具体反应方程式如下:

$$Cl_2 + 2Br^- = Br_2 + 2Cl^-$$

五、思考题

(1)卤素单质在水中的溶解度较小,查阅资料说明通常如何获得氯水、溴水和碘水?

(2)用 $AgNO_3$ 检验卤素离子时,若向一个未知溶液中直接加入 $AgNO_3$ 后未产生沉淀,是否能够判定该溶液中不存在卤素离子? 如何才能使实验结果更具说服力?

(3)在次卤酸盐的氧化性实验中,如果 NaOH 加入量过多,溶液呈强碱性,那么后续实验中加入 KI 和淀粉溶液后溶液会显示蓝色吗? 为什么?

(4)完成以下反应方程式:

$$I_2 + S_2O_3^{2-} \longrightarrow$$

$$KClO_3 + S \longrightarrow$$

$$Cl_2 + I_2 + H_2O \longrightarrow$$

$$NO_2^- + I^- + H^+ \longrightarrow$$

$$AgI + Zn \longrightarrow$$

(5)画出 Cl^-、Br^-、I^- 的分离与鉴定实验流程图。

实验 9 氮和磷

一、实验目的

(1)掌握氨、铵盐、硝酸、硝酸盐、亚硝酸盐的主要性质。

(2)掌握磷酸盐的主要性质。

(3)了解 NH_4^+、NO_3^-、NO_2^- 和 PO_4^{3-} 的鉴定方法。

二、实验原理

氮和磷是 VA 族元素的代表性元素,外层电子构型为 ns^2np^3。其中,氮的常见氧化数为 -3、$+1$、$+2$、$+3$、$+4$ 和 $+5$,磷的常见氧化数为 -3、$+3$ 和 $+5$。

氧化态为 -3 的氮化合物常见的是氨和铵盐。氨,常温常压下是气体,溶于水以后形成 $NH_3 \cdot H_2O$,显弱碱性。氨与酸作用生成铵盐,铵盐与强碱作用可产生 NH_3。铵盐热稳定较差,受热易发生分解,盐酸、硫酸、磷酸的铵盐受热分解为 NH_3;重铬酸、硝酸的铵盐分解时发生氧化还原反应,铵根通常被氧化为 N_2。

硝酸是强酸也是强氧化剂。硝酸与非金属作用时,常被还原成 NO;硝酸与金属作用时,还原产物与硝酸的浓度和金属的活泼性有关。浓硝酸通常被还原为 NO_2,稀硝酸通常被还原为 NO。当稀硝酸与较活泼的金属(如 Mg、Zn、Fe 等)作用时,主要被还原为 N_2O;当硝酸浓度很稀时,还原产物是 NH_4^+。硝酸盐的热稳定较差,加热容易生成 O_2,因此硝酸盐也具有强的氧化性。金属硝酸盐热分解的产物与金属的活泼性有关:碱金属和碱土金属的硝酸盐受热分解为亚硝酸盐和 O_2,活泼性由 Mg 至 Cu 的硝酸盐受热分解为金属氧化物、氮氧化物及 O_2,活泼性在 Cu 之后的金属硝酸盐受热分解生成金属单质、氮氧化物及 O_2。

亚硝酸是弱酸,冷的亚硝酸溶液呈浅蓝色。亚硝酸具有强氧化性,但当亚硝酸遇到更强的氧化剂时(如高锰酸钾)则显示为还原性。

磷酸是一种三元中强酸,几乎没有其他含氧酸类似的氧化性。磷酸可形成一氢盐、二氢盐和正盐。磷酸的正盐和一氢盐除钾、钠、铵盐以外几乎都难溶于水(却可溶于强酸,如硝酸),而二氢盐则易溶于水。具体反应方程式如下:

$$NH_4^+ + 2[HgI_4]^{2-} + 4OH^- = \left[\begin{array}{c} Hg \\ O \qquad NH_2 \\ Hg \end{array} \right] I \downarrow + 7I^- + 3H_2O$$

NH_4^+ 常用的鉴定方法有两种:一种是利用 NH_4^+ 与强碱作用产生 NH_3,NH_3 能使红色石蕊试纸变蓝的原理进行鉴定；另一种是利用 NH_4^+ 与奈斯勒试剂($K_2[HgI_4]$的碱溶液)反应产生红棕色沉淀的原理进行鉴定。NO_2^- 和 NO_3^- 可采用棕色环法鉴定。向试液中加入固体 $FeSO_4$，再加入 HAc，若溶液呈棕黄色，则表示有 NO_2^- 存在；否则，向试管中加入浓硫酸，若浓硫酸与试液分界处出现棕色环，则表明有 NO_3^- 存在。具体反应方程式如下：

$$NO_3^- + Fe^{2+} + 2HAc = NO + Fe^{3+} + 2\,Ac^- + H_2O$$

$$NO_3^- + 3Fe^{2+} + 4H^+ = NO + 3Fe^{3+} + 2H_2O$$

$$NO + FeSO_4 = [Fe(NO)]SO_4$$

NO_2^- 的鉴定也可以采用如下方法：向试液中加入 HAc，再加入对氨基苯磺酸溶液和 α-萘胺溶液，若有红色出现，则表明有 NO_2^- 存在。其中，对氨基苯磺酸溶液的配置方法：4 g 对氨基苯磺酸溶于 1 L 2 mol·L^{-1} HAc 中，并储存于棕色瓶中。α-萘胺溶液的配置方法：2 g α-萘胺溶于 135 mL 水中，煮沸，加入 2 mol·L^{-1} HAc 至 1 L。具体反应方程式如下：

$$H_2N\text{—}\bigcirc\text{—}SO_3H + NO_2^- + 2HAc = N\overset{+}{=}N\text{—}\bigcirc\text{—}SO_3H + 2H_2O + 2HAc^-$$

$$HO_3S\text{—}\bigcirc\text{—}\overset{+}{N}=N + \bigcirc\text{—}NH_2 = HO_3S\text{—}\bigcirc\text{—}N=N\text{—}\bigcirc\text{—}NH_2 + H^+$$

PO_4^{3-} 的鉴定通常采用磷钼酸铵法：试液用硝酸酸化后加入钼酸铵$[(NH_4)_2MoO_4]$，若产生黄色沉淀，则表明有 PO_4^{3-} 存在。具体反应方程式如下：

$$PO_4^{3-} + 3NH_4^+ + 12MoO_4^{2-} + 24H^+ = (NH_4)PO_4 \cdot 12MoO_3 \cdot 6H_2O \downarrow + 6H_2O$$

三、仪器与试剂

实验仪器：恒温水浴锅、酒精灯、表面皿、点滴板、试管、玻璃棒、烧杯等。

实验材料：红色石蕊试纸、木条等。

液体试剂：HCl(浓，2 mol·L^{-1})、NH_4Cl(1 mol·L^{-1})、NaOH(6 mol·L^{-1}，2 mol·L^{-1})、奈斯勒试剂、HNO_3(浓，2 mol·L^{-1}，1 mol·L^{-1})、$BaCl_2$(0.1 mol·L^{-1})、KI(0.1 mol·L^{-1})、$NaNO_2$(0.1 mol·L^{-1})、$NaNO_3$(0.1 mol·L^{-1})、H_2SO_4(浓，1 mol·L^{-1})、$KMnO_4$(0.01 mol·L^{-1})、HAc(2 mol·L^{-1})、对氨基苯磺酸(4 g·L^{-1})、α-萘胺(2 g·L^{-1})、Na_3PO_4(0.1 mol·L^{-1})、Na_2HPO_4(0.1 mol·L^{-1})、NaH_2PO_4(0.1 mol·L^{-1})、$CaCl_2$(0.1 mol·L^{-1})、$NH_3 \cdot H_2O$(2 mol·L^{-1})、$(NH_4)_2MoO_4$(0.1 mol·L^{-1})等。

固体试剂：NH_4Cl、NaOH、硫粉、铜丝、锌粒、KNO_3、$Cu(NO_3)_2$、$AgNO_3$、$FeSO_4$ 等。

四、实验步骤与数据记录

1. 氨和铵盐

(1)氨的制取、氨与 HCl 的加合反应。试管中加入少量固体 NH_4Cl 和 NaOH，加热，

用蘸有浓 HCl 的玻璃棒移近管口,观察产生的现象。具体反应方程式如下:

$$NH_4Cl + NaOH \xrightarrow{\quad\quad} NH_3 \uparrow + NaCl + H_2O$$

$$NH_3 + HCl \xrightarrow{\quad\quad} NH_4Cl$$

(2)铵盐的热稳定性。干燥的试管中加入少量固体 NH_4Cl,并用干燥的玻璃棒将其压紧,试管口黏附一小片湿润的红色石蕊试纸,用酒精灯对着有固体 NH_4Cl 的部位微热,观察试纸颜色的变化,并加以解释。具体反应方程式如下:

$$NH_4Cl \xrightarrow{\quad\quad} NH_3 \uparrow + HCl \downarrow$$

(3)NH_4^+ 的检验方法如下。

① 气室法。取 2 块大小不同干燥洁净的表面皿,在较大的表面皿中心滴加 2 滴 $1\ mol \cdot L^{-1} NH_4Cl$ 溶液,在较小的表面皿中心黏附一小片湿润的红色石蕊试纸,然后向较大的表面皿上滴加 2 滴 $6\ mol \cdot L^{-1} NaOH$ 溶液,并把黏附有红色石蕊试纸的表面皿盖在盛有试液的表面皿上形成气室。将此气室放在正在沸腾的烧杯上,用水蒸气加热,若试纸呈现蓝色,则说明试液中存在 NH_4^+。具体反应方程式如下:

$$NH_4^+ + OH^- \xrightarrow{\quad\quad} NH_3 \uparrow + H_2O$$

② 奈斯勒试剂法。试管中加入 2 滴 $1\ mol \cdot L^{-1} NH_4Cl$ 溶液和 2 滴 $2\ mol \cdot L^{-1}$ NaOH 溶液,然后滴加 2 滴奈斯勒试剂,若产生红棕色沉淀,则说明有 NH_4^+ 存在。化学反应方程式见"实验原理"。

2. 硝酸和亚硝酸及其盐

(1)硝酸的氧化性。

① 浓 HNO_3 与 S 的反应。试管中加入少量硫粉,再加入 10 滴浓 HNO_3,在水浴中加热片刻,观察反应现象。待试管冷却后,向溶液中加入 1 滴 $0.1\ mol \cdot L^{-1} BaCl_2$ 溶液,检验有无 SO_4^{2-}。具体反应方程式如下:

$$S + 4H^+ + 6NO_3^- \xrightarrow{\quad\quad} 6NO_2 \uparrow + SO_4^{2-} + 2H_2O$$

$$Ba^{2+} + SO_4^{2-} \xrightarrow{\quad\quad} BaSO_4 \downarrow$$

② 浓 HNO_3 与 Cu 的反应。试管中加入几根铜丝,再加入 10 滴浓 HNO_3,观察反应现象。具体反应方程式如下:

$$Cu + 4H^+ + 2NO_3^- \xrightarrow{\quad\quad} 2NO_2 \uparrow + Cu^{2+} + 2H_2O$$

③ 稀 HNO_3 与 Cu 的反应。试管中加入几根铜丝,再加入 10 滴 $2\ mol \cdot L^{-1} HNO_3$,然后在水浴中微热,观察反应现象,并与②比较有何异同。具体反应方程式如下:

$$3Cu + 8H^+ + 2NO_3^- \xrightarrow{\quad\quad} 2NO \uparrow + 3Cu^{2+} + 4H_2O$$

④ 稀 HNO_3 与 Zn 的反应。试管中加入一颗锌粒,再加入 10 滴 $1\ mol \cdot L^{-1} HNO_3$ 溶液,放置数分钟,取出少许反应后的溶液,加入数滴 $6\ mol \cdot L^{-1} NaOH$ 溶液,至产生的沉淀完全溶解后,再过量 2 滴,然后滴加 2 滴奈斯勒试剂,检验是否产生 NH_4^+。具体反应方程式如下:

$$4Zn + 10H^+ + NO_3^- \!=\!\!=\!\!= NH_4^+ + 4Zn^{2+} + 3H_2O$$

$$Zn^{2+} + 2OH^- \!=\!\!=\!\!= Zn(OH)_2 \downarrow$$

$$Zn(OH)_2 + 2OH^- \!=\!\!=\!\!= ZnO_2^{2-} + 2H_2O$$

(2)亚硝酸的氧化还原性。

① HNO_2 的氧化性。取 2 支试管,各加入 5 滴 0.1 mol·L^{-1} KI 溶液和 2 滴 1 mol·L^{-1} H_2SO_4 溶液,然后分别向两支试管中加入 5 滴 0.1 mol·L^{-1} $NaNO_2$ 溶液和 0.1 mol·L^{-1} $NaNO_3$ 溶液,观察两支试管中现象有何不同。具体反应方程式如下:

$$2NO_2^- + 2I^- + 4H^+ \!=\!\!=\!\!= 2NO + I_2 + 2H_2O$$

② HNO_2 的还原性。试管中加入 2 滴 0.01 mol·L^{-1} $KMnO_4$ 溶液和 2 滴 1 mol·L^{-1} H_2SO_4 溶液,然后向其中逐滴加入 0.1 mol·L^{-1} $NaNO_2$ 溶液,观察反应现象。具体反应方程式如下:

$$5NO_2^- + 2MnO_4^- + 6H^+ \!=\!\!=\!\!= 5NO_3^- + 2Mn^{2+} + 3H_2O$$

(3)硝酸盐的热稳定性。干燥洁净的试管中加入少量固体 KNO_3,加热至其熔融分解。把带火星的木条移近管口,观察木条是否复燃。待试管完全冷却后,向试管中加入 1 mL 蒸馏水和 5 滴 1 mol·L^{-1} H_2SO_4 溶液,并微热使残留固体溶解,冷却后向溶液中加入 2 滴 0.1 mol·L^{-1} KI 溶液,验证是否产生 NO_2^-。具体反应方程式如下:

$$2KNO_2 \!=\!\!=\!\!= 2KNO_2 + O_2 \uparrow$$

$$2NO_2^- + 2I^- + 4H^+ \!=\!\!=\!\!= 2NO + I_2 + 2H_2O$$

用固体 $Cu(NO_3)_2$ 和固体 $AgNO_3$ 进行同样的实验,观察反应现象,并总结硝酸盐的热分解规律。具体反应方程式如下:

$$2Cu(NO_3)_2 \!=\!\!=\!\!= 2CuO + 4NO_2 \uparrow + O_2 \uparrow$$

$$2AgNO_3 \!=\!\!=\!\!= 2Ag^+ + 2NO_2 \uparrow + O_2 \uparrow$$

(4)NO_2^- 和 NO_3^- 的鉴定。

① NO_2^- 的鉴定。在点滴板上滴加 1 滴 0.1 mol·L^{-1} $NaNO_2$ 溶液,依次滴加 1 滴 2 mol·L^{-1} HAc、1 滴 4 g·L^{-1} 对氨基苯磺酸和 1 滴 2 g·L^{-1} α-萘胺溶液,若有红色出现,则表明有 NO_2^- 存在。化学反应方程式见"实验原理"。

② NO_3^- 的鉴定。试管中加入少量 $FeSO_4$ 晶体,再加入 2 mL 0.1 mol·L^{-1} $NaNO_3$ 溶液,振荡使晶体溶解。然后将试管倾斜,沿试管壁慢慢地小心加入 10 滴浓 H_2SO_4。最后将试管竖直(尽量不要晃动),浓 H_2SO_4 由于密度大沉于底部,形成两层。若两液层界面处出现棕色环,则表明有 NO_3^- 存在。反应方程式见"实验原理"。

3. 磷酸盐

(1)磷酸盐的溶解性。取 3 支试管,各加入 5 滴浓度均为 0.1 mol·L^{-1} 的 Na_3PO_4、Na_2HPO_4 和 NaH_2PO_4 溶液,然后向 3 支试管中各加入 5 滴 0.1 mol·L^{-1} $CaCl_2$ 溶液,观察 3 支试管中是否有沉淀生成。在未产生沉淀的试管中加入 1 滴 2 mol·L^{-1}

$NH_3 \cdot H_2O$,观察是否产生沉淀。最后向 3 支试管中各加入数滴 $2\ mol \cdot L^{-1}$ HCl 溶液,观察沉淀是否溶解。

(2)PO_4^{3-} 的鉴定。试管中加入 5 滴 $0.1\ mol \cdot L^{-1}$ Na_3PO_4 溶液,再加入 10 滴浓 HNO_3 和 1 mL $0.1\ mol \cdot L^{-1}$ $(NH_4)_2MoO_4$ 溶液,若产生黄色沉淀,则表明有 PO_4^{3-} 存在。反应方程式见"实验原理"。

五、思考题

(1)试写出 NH_4Cl、$(NH_4)_2Cr_2O_7$、KNO_3、$Fe(NO_3)_3$、$AgNO_3$ 的热分解反应方程式。

(2)在鉴定 Zn 与稀硝酸反应是否产生 NH_4^+ 过程中,为何要加入 NaOH 使产生的沉淀溶解并过量 2 滴?

(3)采用棕色环法进行 NO_3^- 鉴定时,为了消除 NO_2^- 产生的干扰,通常利用尿素 $[CO(NH_2)_2]$ 或铵盐破坏 NO_2^-。请用化学反应方程式解释其原理。

(4)在创造氧化还原反应酸性介质条件时,为何选用盐酸而不是硝酸?

(5)欲使 Ag_3PO_4 溶解,盐酸、硫酸、硝酸三者之中哪个最好?

实验 10 铬和锰

一、实验目的

(1)了解铬和锰各氧化态化合物的生成和性质。

(2)了解铬和锰各氧化态之间的转化。

(3)了解铬和锰化合物的氧化还原性及介质对氧化还原反应的影响。

二、实验原理

铬和锰分别是 Ⅵ B 和 Ⅶ B 族代表性元素,它们都有可变的氧化态。铬的氧化态有 +2、+3 和 +6,其中 +2 价化合物不稳定;锰的氧化态有 +2、+3、+4、+5、+6、+7,其中 +3 价和 +5 价化合物不稳定。

$CrCl_3 \cdot 6H_2O$ 晶体有三种不同的结构,对应晶体颜色也有三种颜色:$[Cr(H_2O)_6]Cl_3$ 呈蓝紫色,$[Cr(H_2O)_5Cl]Cl_2 \cdot H_2O$ 呈蓝绿色,$[Cr(H_2O)_4Cl_2]Cl \cdot 2H_2O$ 呈灰绿色。因此,Cr^{3+} 的水溶液往往因其水合程度不同而显示不同的颜色。$Cr(OH)_3$ 是一种偏碱性的两性氢氧化物,与 $Al(OH)_3$ 类似。Cr_2O_3 是两性氧化物,但经高温灼烧后,性质钝化。

$Cr(Ⅵ)$ 含氧酸根在酸性条件下易发生缩合反应(碱性条件下刚好相反)。具体反应方程式如下:

$$2CrO_4^{2-}(黄色) + 2H^+ \rightleftharpoons Cr_2O_7^{2-}(橙色) + H_2O$$

$Cr(Ⅵ)$ 含氧酸根在更强的酸性溶液中还可形成三铬酸根、四铬酸根等。一般情况下,重铬酸盐的溶解度比铬酸盐大,因此某些难溶的铬酸盐(如 $BaCrO_4$)可以溶于硝酸或盐酸。具体反应方程式如下:

$$2BaCrO_4 + 2H^+ \rightleftharpoons 2Ba^{2+} + Cr_2O_7^{2-} + H_2O$$

铬酸盐和重铬酸盐都是强氧化剂,易被还原为 $Cr(Ⅲ)$。酸性溶液中,重铬酸根与 H_2O 作用生成蓝色铬过氧化物(在有机溶剂中较稳定)。该反应常用来鉴定 $Cr_2O_7^{2-}$ 或 Cr^{3+}。具体反应方程式如下:

$$Cr_2O_7^{2-} + 4H_2O_2 + 2H^+ \rightleftharpoons 2CrO(O_2)_2 + 5H_2O$$

Mn^{2+} 在水中呈现肉红色或粉红色(较低浓度时近乎无色)。$Mn(OH)_2$ 为白色难溶氢氧化物,在空气中易被氧化逐渐变成棕色的 MnO_2 水合物$[MnO(OH)_2]$。

$Mn(Ⅵ)$ 固态锰酸盐可以由 MnO_2 和强碱在氧化剂(如 $KClO_3$)作用下,加热制得。在弱碱性、中性和酸性环境下,锰酸根易发生歧化反应。具体反应方程式如下:

$$3MnO_4^{2-} + 2H_2O \underset{难}{\overset{易}{\rightleftharpoons}} 2MnO_4^- + MnO_2 + 4OH^-$$

Mn(Ⅵ)和 Mn(Ⅶ)化合物都具有强氧化性,它们的还原产物随反应介质的不同而不同。例如,MnO_4^- 在酸性、中性和碱性介质下还原产物分别是 Mn^{2+}、MnO_2 和 MnO_4^{2-}。

Mn^{2+} 在酸性条件下可以被强氧化剂(如 $NaBiO_3$、$NaIO_4$ 等)氧化为紫色的 MnO_4^-,该反应可用来鉴定 Mn^{2+}。具体反应方程式如下:

$$2Mn^{2+}+5NaBiO_3+14H^+ \!=\!=\!=\! 2MnO_4^-+5Bi^{3+}+5Na^++7H_2O$$

三、仪器与试剂

实验仪器:离心机、酒精灯、试管等。

实验材料:淀粉-碘化钾试纸等。

液体试剂:H_2SO_4($6\ mol \cdot L^{-1}$,$3\ mol \cdot L^{-1}$)、NaOH(40%,$6\ mol \cdot L^{-1}$,$2\ mol \cdot L^{-1}$,$1\ mol \cdot L^{-1}$,$0.1\ mol \cdot L^{-1}$)、HCl(浓,$6\ mol \cdot L^{-1}$,$2\ mol \cdot L^{-1}$)、$CrCl_3$($0.1\ mol \cdot L^{-1}$)、H_2O_2(3%)、$K_2Cr_2O_7$($0.1\ mol \cdot L^{-1}$)、$AgNO_3$($0.1\ mol \cdot L^{-1}$)、$BaCl_2$($0.1\ mol \cdot L^{-1}$)、$Pb(NO_3)_2$($0.1\ mol \cdot L^{-1}$)、HNO_3($6\ mol \cdot L^{-1}$)、K_2CrO_4($0.1\ mol \cdot L^{-1}$)、Na_2SO_3($0.1\ mol \cdot L^{-1}$)、$MnSO_4$($0.1\ mol \cdot L^{-1}$,$0.01\ mol \cdot L^{-1}$)、$KMnO_4$($0.01\ mol \cdot L^{-1}$)、氯水(饱和)、乙醚、Na_2SO_3($0.1\ mol \cdot L^{-1}$)等。

固体试剂:$(NH_4)_2Cr_2O_7$,MnO_2,$NaBiO_3$ 等。

四、实验步骤与数据记录

1. 铬的化合物

(1)Cr(Ⅲ)化合物的性质如下。

① Cr_2O_3 的生成和性质。试管中加入少量 $(NH_4)_2Cr_2O_7$ 固体(注意少量,过多会产生危险),在酒精灯上加热使其完全分解,观察产物的颜色和状态;将固体产物分装于 3 支试管中,分别加入 2 mL 蒸馏水、2 mL $6\ mol \cdot L^{-1}$ H_2SO_4 和 2 mL $6\ mol \cdot L^{-1}$ NaOH,并加热至微沸,观察固体是否溶解。具体反应方程式如下:

$$(NH_4)_2Cr_2O_7 \xrightarrow{\Delta} Cr_2O_3+N_2\uparrow+4H_2O\uparrow$$

② $Cr(OH)_3$ 的生成和性质。取 2 支试管各加入 5 滴 $0.1\ mol \cdot L^{-1}$ $CrCl_3$ 溶液,再向两支试管中滴加 $0.1\ mol \cdot L^{-1}$ NaOH 溶液至产生大量沉淀,离心分离,弃去清液;向沉淀中分别加入过量的 $2\ mol \cdot L^{-1}$ HCl 和 $2\ mol \cdot L^{-1}$ NaOH 溶液,观察沉淀是否溶解,判断 $Cr(OH)_3$ 的两性性质。具体反应方程式如下:

$$Cr^{3+}+3OH^- \!=\!=\!=\! Cr(OH)_3\downarrow$$

$$Cr(OH)_3+3H^+ \!=\!=\!=\! Cr^{3+}+3H_2O$$

$$Cr(OH)_3+OH^- \!=\!=\!=\! [Cr(OH)_4]^- \text{或} CrO_2^-+2H_2O$$

③ Cr(Ⅲ)的还原性。在实验②结束后的两支试管中分别加入 5 滴 3% H_2O_2 溶液,微热,观察溶液的颜色变化,解释两试管为何现象不同。具体反应方程式如下:

$$2[Cr(OH)_4]^- + 3H_2O_2 + 2OH^- \Longrightarrow 2CrO_4^{2-} + 8H_2O$$

(2)Cr(Ⅵ)化合物的性质如下：

① CrO_4^{2-} 和 $Cr_2O_7^{2-}$ 的相互转化。试管中加入 10 滴 0.1 mol·$L^{-1}K_2Cr_2O_7$ 溶液,观察溶液颜色,然后向溶液中逐滴加入 2 mol·$L^{-1}NaOH$ 溶液至碱性,观察颜色有何变化。向溶液中逐滴加入 2 mol·$L^{-1}HCl$ 溶液至酸性,观察颜色又有何变化,并解释。具体反应方程式如下：

$$2CrO_4^{2-} + 2H^+ \Longrightarrow Cr_2O_7^{2-} + H_2O$$

② 铬酸盐沉淀的生成、溶解和转化。取 3 支试管各加入 5 滴 0.1 mol·$L^{-1}K_2CrO_4$ 溶液,然后分别加入 2 滴 0.1 mol·$L^{-1}AgNO_3$、0.1 mol·$L^{-1}BaCl_2$ 和 0.1 mol·L^{-1} $Pb(NO_3)_2$ 溶液,观察沉淀的颜色。离心分离,弃去清液,向各沉淀中加入 6 mol·L^{-1} HNO_3 溶液,观察沉淀是否溶解。若用 6 mol·$L^{-1}HCl$ 和 3 mol·$L^{-1}H_2SO_4$ 代替 6 mol·$L^{-1}HNO_3$,情况又如何? 具体反应方程式如下：

$$2Ag^+ + CrO_4^{2-} \Longrightarrow Ag_2CrO_4 \downarrow$$

$$2Ag_2CrO_4 + 2H^+ \Longrightarrow 4Ag^+ + Cr_2O_7^{2-} + H_2O \qquad (HNO_3)$$

$$2Ag_2CrO_4 + 2H^+ + 4Cl^- \Longrightarrow 4AgCl + Cr_2O_7^{2-} + H_2O \qquad (HCl)$$

$$2Ag_2CrO_4 + 2H^+ \Longrightarrow 4Ag^+ + Cr_2O_7^{2-} + H_2O \qquad (H_2SO_4)$$

$$Ba^{2+} + CrO_4^{2-} \Longrightarrow BaCrO_4 \downarrow$$

$$2BaCrO_4 + 2H^+ \Longrightarrow 2Ba^{2+} + Cr_2O_7^{2-} + H_2O \qquad (HNO_3)$$

$$2BaCrO_4 + 2H^+ \Longrightarrow 2Ba^{2+} + Cr_2O_7^{2-} + H_2O \qquad (HCl)$$

$$2BaCrO_4 + 2H^+ + 2SO_4^{2-} \Longrightarrow 2BaSO_4 + Cr_2O_7^{2-} + H_2O \qquad (H_2SO_4)$$

$$Pb^{2+} + CrO_4^{2-} \Longrightarrow PbCrO_4 \downarrow$$

③ $Cr_2O_7^{2-}$ 的氧化性。试管中加入 5 滴 0.1 mol·$L^{-1}K_2Cr_2O_7$ 溶液和 2 滴 3 mol·$L^{-1}H_2SO_4$ 溶液,再逐滴加入 0.1 mol·$L^{-1}Na_2SO_3$ 溶液,观察溶液颜色变化。具体反应方程式如下：

$$Cr_2O_7^{2-} + 3SO_3^{2-} + 8H^+ \Longrightarrow 2Cr^{3+} + 3SO_4^{2-} + 4H_2O$$

(3)Cr^{3+} 的鉴定。试管中加入 1 滴 0.1 mol·$L^{-1}CrCl_3$ 溶液,再加入 2 mol·L^{-1} $NaOH$ 溶液,使产生的沉淀全部溶解并过量 2 滴,然后加入 3 滴 3%H_2O_2 溶液,微热至溶液呈现浅黄色。试管冷却后加入 10 滴乙醚,再慢慢滴加 6 mol·$L^{-1}HNO_3$ 进行酸化,振荡试管,若乙醚层出现蓝色,则表明有 Cr^{3+} 存在。具体反应方程式如下：

$$Cr^{3+} + 3OH^- \Longrightarrow Cr(OH)_3 \downarrow$$

$$Cr(OH)_3 + OH^- \Longrightarrow [Cr(OH)_4]^-$$

$$2[Cr(OH)_4]^- + 3H_2O_2 + 2OH^- \Longrightarrow 2CrO_4^{2-} + 8H_2O$$

$$2CrO_4^{2-} + 2H^+ == Cr_2O_7^{2-} + H_2O$$

$$Cr_2O_7^{2-} + 4H_2O_2 + 2H^+ == 2CrO(O_2)_2 + 5H_2O$$

2. 锰的化合物

(1)Mn(Ⅱ)化合物的性质如下。

① Mn(OH)$_2$ 的性质。取 3 支试管,各加入 2 滴 0.1 mol·L^{-1}MnSO$_4$ 溶液,然后再各加入 5 滴 0.1 mol·L^{-1}NaOH 溶液,观察产物的颜色和状态。将一支试管轻轻振荡,使沉淀与空气充分接触,观察有何变化? 另外两支试管离心分离,弃去清液,沉淀中分别加入数滴 2 mol·L^{-1}HCl 和 1 mol·L^{-1}NaOH 溶液,观察沉淀是否溶解,并判断沉淀是否为两性氢氧化物。具体反应方程式如下:

$$Mn^{2+} + 2OH^- == Mn(OH)_2 \downarrow$$

$$2Mn(OH)_2 + O_2 == 2MnO(OH)_2$$

$$Mn(OH)_2 + 2H^+ == Mn^{2+} + 2H_2O$$

② Mn^{2+} 的还原性。试管中加入 0.5 mL 0.01 mol·L^{-1}KMnO$_4$ 溶液,然后逐滴加入 0.1 mol·L^{-1}MnSO$_4$ 溶液,观察反应现象。具体反应方程式如下:

$$2MnO_4^- + 3Mn^{2+} + 2H_2O == 5MnO_2 \downarrow + 4H^+$$

(2)MnO$_2$ 的氧化还原性。

① MnO$_2$ 的氧化性。试管中加入少量 MnO$_2$ 固体,再加入 10 滴浓 HCl,振荡后静置片刻,观察上层清液颜色。微热,用湿润的淀粉-碘化钾试纸移近管口,检验气体产物。具体反应方程式如下:

$$MnO_2 + 4H^+ == Mn^{4+} + 2H_2O$$

$$Mn^{4+} + 2Cl^- == Mn^{2+} + Cl_2 \uparrow$$

② MnO$_2$ 的还原性。试管中加入少量 MnO$_2$ 固体,再加入 1 mL 40% NaOH 和 10 滴 0.01 mol·L^{-1}KMnO$_4$ 溶液,然后微热 1 min,离心分离,观察上层清液(后续实验备用)颜色。具体反应方程式如下:

$$2MnO_4^- + MnO_2 + 4OH^- == 3MnO_4^{2-} + 2H_2O$$

3. MnO$_4^{2-}$ 的氧化还原性

将"MnO$_2$ 的还原性"实验中得到的绿色上层清液分成 3 份,一份加入饱和氯水,一份加入 0.1 mol·L^{-1}Na$_2$SO$_3$ 溶液,一份加入 3 mol·L^{-1}H$_2$SO$_4$ 溶液酸化,根据 3 支试管中的反应现象,说明各体现了 MnO$_4^{2-}$ 的何种性质。具体反应方程式如下:

$$2MnO_4^{2-} + Cl_2 == 2MnO_4^- + 2Cl^-$$

$$MnO_4^{2-} + SO_3^{2-} + H_2O == MnO_2 \downarrow + SO_4^{2-} + 2OH^-$$

$$3MnO_4^{2-} + 4H^+ == 2MnO_4^- + MnO_2 \downarrow + 2H_2O$$

4. MnO_4^- 还原产物与介质的关系

取 3 支试管,各加入 1 滴 $0.01\ mol \cdot L^{-1}\ KMnO_4$ 溶液,再分别加入 5 滴 $3\ mol \cdot L^{-1}$ H_2SO_4、5 滴蒸馏水和 5 滴 $6\ mol \cdot L^{-1}\ NaOH$ 溶液,然后向 3 支试管中各加入 3 滴 $0.1\ mol \cdot L^{-1}\ Na_2SO_3$ 溶液,观察 3 支试管中的反应现象,说明 MnO_4^- 还原产物与介质的关系。具体反应方程式如下:

$$2MnO_4^- + 5SO_3^{2-} + 6H^+ \Longrightarrow 2Mn^{2+} + 5SO_4^{2-} + 3H_2O$$

$$2MnO_4^- + 3SO_3^{2-} + H_2O \Longrightarrow 2MnO_2 \downarrow + 3SO_4^{2-} + 2OH^-$$

$$2MnO_4^- + SO_3^{2-} + 2OH^- \Longrightarrow 2MnO_4^{2-} \downarrow + SO_4^{2-} + H_2O$$

5. Mn^{2+} 的鉴定

试管中加入 2 滴 $0.01\ mol \cdot L^{-1}\ MnSO_4$ 溶液,再加入 3 滴 $6\ mol \cdot L^{-1}\ HNO_3$ 溶液酸化,然后加入少量 $NaBiO_3$ 固体,微热,振荡,静置沉降后,若上层清液呈紫红色,则表明有 Mn^{2+} 存在。反应方程式见"实验原理"。

五、思考题

(1)指出溶液的酸碱性对下列平衡的影响:

$$2Cr_2O_4^{2-} + 2H^+ \Longrightarrow Cr_2O_7^{2-} + H_2O$$

$$3MnO_4^{2-} + 2H_2O \Longrightarrow 2MnO_4^- + MnO_2 + 4OH^-$$

(2)写出铬酸根在强酸下发生缩合形成三铬酸根的反应方程式。

(3)查阅资料,至少找出 3 种可以把 Mn^{2+} 氧化为 MnO_4^- 的氧化剂,并写出离子反应方程式。

(4)完成以下离子反应方程式:

$$CrO_2^- + H_2O_2 + OH^- \longrightarrow$$

$$Cr^{3+} + H_2O_2 + H^+ \longrightarrow$$

$$Ag^+ + Cr_2O_7^{2-} \longrightarrow$$

(5)某绿色固体盐 A 焰色试验为紫色,向其水溶液中通入 CO_2 气体,出现棕黑色沉淀 B,离心分离,上层清液为紫红色溶液 C;向沉淀 B 中加入浓 HCl 逸出黄绿色气体 D;气体 D 通入 A 的水溶液,得到紫红色溶液 C。试判断 A、B、C、D 各为何种物质,并写出有关的离子反应方程式。

实验 11 铁钴镍

一、实验目的

(1)了解铁、钴、镍氢氧化物的生成和性质。

(2)了解铁、钴、镍盐的氧化还原性。

(3)了解铁、钴、镍硫化物的生成和性质。

(4)了解铁、钴、镍配合物的生成及离子的鉴定。

二、实验原理

铁、钴、镍,也称铁族元素,是第Ⅷ族代表性元素。它们原子结构相似,原子半径接近,因此很多理化性质相似。铁、钴、镍原子的最外层电子数都是 2 个,次外层 3d 亚层都未填满,因此显示出可变的氧化数。它们常见的氧化数为 +2 和 +3。

铁、钴、镍可溶性盐类常见的是 Fe(Ⅱ)、Fe(Ⅲ)、Co(Ⅱ)和 Ni(Ⅱ)盐。由于 Fe(Ⅱ)、Fe(Ⅲ)盐易水解,因此配制 Fe(Ⅱ)、Fe(Ⅲ)盐溶液时,必须加入强酸抑制水解。具体反应方程式如下:

$$Fe^{2+} + 2H_2O \rightleftharpoons Fe(OH)_2 \downarrow + 2H^+$$

$$Fe^{3+} + 3H_2O \rightleftharpoons Fe(OH)_3 \downarrow + 3H^+$$

铁、钴、镍的 +2 价离子在水中都有颜色:Fe^{2+} 呈浅绿色,Co^{2+} 呈粉红色,Ni^{2+} 呈亮绿色。它们的氢氧化物都是难溶的碱性氢氧化物,同样具有不同的颜色:$Fe(OH)_2$ 呈白色,$Co(OH)_2$ 呈粉红色,$Ni(OH)_2$ 呈苹果绿色。在空气中,$Fe(OH)_2$ 很快被氧化为红棕色的 $Fe(OH)_3$,$Co(OH)_2$ 可以被缓慢地氧化为黑褐色的 $Co(OH)_3$,而 $Ni(OH)_2$ 则不会被氧化。

铁、钴、镍都能形成难溶于水的 +3 价氧化物和氢氧化物。水溶液只有 +3 价的 Fe^{3+} 可以稳定地存在。由于钴、镍的 +3 氧化态氧化性很强,可将 H_2O 氧化为 O_2,因此水溶液中不存在 Co^{3+} 和 Ni^{3+}。

铁、钴、镍的阳离子都是配合物较好的形成体。Fe(Ⅱ)、Fe(Ⅲ)、Co(Ⅱ)、Co(Ⅲ)和 Ni(Ⅱ)均能形成稳定的配合物,而 Ni(Ⅲ)却不易形成配合物。其中,Co(Ⅱ)形成的配合物易被氧化为 Co(Ⅲ)配合物。具体反应方程式如下:

$$Co^{2+} + Cl^- + NH_3 + H_2O == Co(OH)Cl \downarrow (蓝色) + NH_4^+$$

$$Co(OH)Cl + 6NH_3 == Co[(NH_3)_6]^{2+} (淡黄色) + OH^- + Cl^-$$

$$2Co[(NH_3)_6]^{2+}+O_2+2H_2O \longrightarrow 2Co[(NH_3)_6]^+(橙红色)+4OH^-$$

由于 Fe^{2+} 与赤血盐 $K_3[Fe(CN)_6]$ 作用生成深蓝色的滕氏蓝沉淀，Fe^{3+} 与黄血盐 $K_4[Fe(CN)_6]$ 作用生成深蓝色的普鲁士蓝沉淀，因此可用上述方法鉴定 Fe^{2+} 和 Fe^{3+}。具体反应方程式如下：

$$3Fe^{2+}+2[Fe(CN)_6]^{3-}=\!=\!=KFe[Fe(CN)_6]\downarrow$$

$$4Fe^{3+}+3[Fe(CN)_6]^{4-}=\!=\!=KFe[Fe(CN)_6]\downarrow$$

Co^{2+} 与 KSCN 作用生成蓝色的 $[Co(SCN)_4]^{2-}$，其在有机相中可稳定存在，该反应是鉴定 Co^{2+} 的常用方法。具体反应方程式如下：

$$Co^{2+}+4SCN^-=\!=\!=[Co(SCN)_4]^{2-}$$

Ni^{2+} 的鉴定方法参见中篇实验 7 配位化合物的"实验原理"。

三、仪器与试剂

实验仪器：酒精灯、试管、长滴管等。

实验材料：淀粉-碘化钾试纸等。

液体试剂：H_2SO_4（2 mol·L^{-1}）、NaOH（2 mol·L^{-1}，6 mol·L^{-1}）、HCl（浓，2 mol·L^{-1}，6 mol·L^{-1}）、$CoCl_2$（0.1 mol·L^{-1}）、$NiSO_4$（0.1 mol·L^{-1}）、$FeCl_3$（0.1 mol·L^{-1}）、NH_3·H_2O（浓，2 mol·L^{-1}）、$FeSO_4$（0.1 mol·L^{-1}）、Na_2S（0.1 mol·L^{-1}）、KSCN（0.1 mol·L^{-1}）、$K_4[Fe(CN)_6]$（0.1 mol·L^{-1}）、$K_3[Fe(CN)_6]$（0.1 mol·L^{-1}）、H_2O_2（3%）、丙酮、丁二酮二肟（1%）等。

固体试剂：$(NH_4)_2Fe(SO_4)_2$·$6H_2O$、$FeSO_4$·$7H_2O$、$FeCl_3$·$6H_2O$、KSCN 等。

四、实验步骤与数据记录

1. Fe(Ⅱ)、Co(Ⅱ)、Ni(Ⅱ) 的氢氧化物

(1) $Fe(OH)_2$ 的性质如下。

① 取 3 支试管，各加入 1 mL 蒸馏水和 2 滴 2 mol·L^{-1} H_2SO_4 溶液，并煮沸片刻（注意安全）以赶尽溶入的氧气，然后溶解少量 $(NH_4)_2Fe(SO_4)_2$·$6H_2O$ 晶体。另取 1 支试管加入 2 mL 2 mol·L^{-1} NaOH 溶液，煮沸片刻，冷却后用滴管吸取 0.5 mL 2 mol·L^{-1} NaOH 溶液，插入上述 3 支试管底部，然后缓缓挤压滴管胶头释放 NaOH 溶液（无须振荡），观察产物的颜色和状态。具体反应方程式如下：

$$Fe^{2+}+2OH^-=\!=\!=Fe(OH)_2\downarrow$$

② 向其中两支试管中分别滴加数滴 6 mol·L^{-1} NaOH 和 6 mol·L^{-1} HCl 溶液，检验沉淀的酸碱性。将第三支试管振荡后放置片刻，观察产生的现象。具体反应方程式如下：

$$Fe(OH)_2+2H^+=\!=\!=Fe^{2+}+2H_2O$$

(2) $Co(OH)_2$ 的性质如下。

① 取 3 支试管各加入 10 滴 0.1 mol·L^{-1} $CoCl_2$ 溶液，然后各加入 2 滴 2 mol·L^{-1}

NaOH 溶液,观察产物的颜色和状态。具体反应方程式如下:

$$Co^{2+} + Cl^- + OH^- =\!=\!= Co(OH)Cl\downarrow$$

$$Co(OH)Cl + OH^- =\!=\!= Co(OH)_2\downarrow + Cl^-$$

② 向其中两支试管中分别滴加数滴 6 mol·L^{-1} NaOH 和 6 mol·L^{-1} HCl 溶液,检验沉淀的酸碱性。将第 3 支试管振荡后放置片刻,观察产生的现象。具体反应方程式如下:

$$Co(OH)_2 + 2H^+ =\!=\!= Co^{2+} + 2H_2O$$

$$4Co(OH)_2 + O_2 + 2H_2O =\!=\!= 4Co(OH)_3\downarrow$$

(3)$Ni(OH)_2$ 的性质如下。

① 取 3 支试管各加入 10 滴 0.1 mol·L^{-1} $NiSO_4$ 溶液,然后各加入 2 滴 2 mol·L^{-1} NaOH 溶液,观察产物的颜色和状态。具体反应方程式如下:

$$Ni^{2+} + 2OH^- =\!=\!= Ni(OH)_2\downarrow$$

② 向其中两支试管中分别滴加数滴 6 mol·L^{-1} NaOH 和 6 mol·L^{-1} HCl 溶液,检验沉淀的酸碱性。将第 3 支试管振荡后放置片刻,观察有无变化。具体反应方程式如下:

$$Ni(OH)_2 + 2H^+ =\!=\!= Ni^{2+} + 2H_2O$$

2. Fe(Ⅲ)、Co(Ⅲ)、Ni(Ⅲ)的氢氧化物

(1)$Fe(OH)_3$。取 2 支试管各加入 1 mL 0.1 mol·L^{-1} $FeCl_3$ 溶液,再各加入 2 滴 2 mol·L^{-1} NaOH 溶液,观察产物的颜色和状态。然后向其中一支试管中加入 5 滴浓 HCl,观察沉淀是否溶解,并把湿润的淀粉-碘化钾试纸移近管口,观察试纸是否变色。另一支试管加入 2 mL 蒸馏水,并加热至沸腾,观察实验现象。具体反应方程式如下:

$$Fe^{3+} + 3OH^- =\!=\!= Fe(OH)_3\downarrow$$

$$Fe(OH)_3 + 3H^+ =\!=\!= Fe^{3+} + 3H_2O$$

(2)$Co(OH)_3$。试管中加入 10 滴 0.1 mol·L^{-1} $CoCl_2$ 溶液和 5 滴氯水,再加入 2 滴 2 mol·L^{-1} NaOH 溶液,观察产物的颜色和状态。离心分离,弃去上层清液,然后向沉淀中滴加 5 滴浓 HCl 并微热,把湿润的淀粉-碘化钾试纸移近管口,观察试纸是否变色。沉淀全部溶解后,加水稀释,观察溶液颜色有何变化。具体反应方程式如下:

$$2Co^{2+} + Cl_2 + 6OH^- =\!=\!= 2Co(OH)_3\downarrow + 2Cl^-$$

$$2Co(OH)_3 + 6H^+ + 2Cl^- =\!=\!= 2Co^{2+} + Cl_2\uparrow + 6H_2O$$

$$Co^{2+}(蓝色) + 6H_2O =\!=\!= [Co(H_2O)_6]^{2+}(粉红色)$$

(3)$Ni(OH)_3$。用与上述制备 $Co(OH)_3$ 相同的方法,由 0.1 mol·L^{-1} $NiSO_4$ 溶液制备 $Ni(OH)_3$,并检验其与浓 HCl 作用的现象。具体反应方程式如下:

$$2Ni^{2+} + Cl_2 + 6OH^- =\!=\!= 2Ni(OH)_3\downarrow + 2Cl^-$$

$$2Ni(OH)_3 + 6H^+ + 2Cl^- =\!=\!= 2Ni^{2+} + Cl_2\uparrow + 6H_2O$$

3. Fe(Ⅱ)、Fe(Ⅲ)盐的水解

(1)Fe(Ⅱ)盐的水解。取 2 支试管各加入 2 mL 蒸馏水,其中一支加入 5 滴 2 mol·L^{-1} H_2SO_4 溶液酸化,然后向两支试管中各加入少量 $FeSO_4$·$7H_2O$ 晶体,微热使晶体溶解。对比两支试管浑浊度,并解释。具体反应方程式如下:

$$Fe^{2+} + 2H_2O \Longrightarrow Fe(OH)_2 + 2H^+$$

(2)Fe(Ⅲ)盐的水解。取 2 支试管各加入 2 mL 蒸馏水,其中一支加入 5 滴 6 mol·L^{-1} HCl 溶液酸化,然后向两支试管中各加入少量 $FeCl_3$·$6H_2O$ 晶体,微热使晶体溶解。对比两支试管浑浊度,并解释。具体反应方程式如下:

$$Fe^{3+} + 3H_2O \Longrightarrow Fe(OH)_3 + 3H^+$$

4. Fe(Ⅱ)、Co(Ⅱ)、Ni(Ⅱ)的硫化物

取 3 支试管分别加入 5 滴 0.1 mol·L^{-1} $FeSO_4$、0.1 mol·L^{-1} $CoCl_2$ 和 0.1 mol·L^{-1} $NiSO_4$ 溶液,然后各加入 5 滴 0.1 mol·L^{-1} Na_2S 溶液,观察反应现象。接着向沉淀中加入 2 mol·L^{-1} HCl,观察沉淀是否都能溶解。具体反应方程式如下:

$$Fe^{2+} + S^{2-} \Longrightarrow FeS\downarrow$$

$$FeS + 2H^+ \Longrightarrow Fe^{2+} + H_2S\uparrow$$

5. 铁、钴、镍的配合物及离子的鉴定

(1)Fe^{2+}、Fe^{3+} 配合物及其鉴定方法如下。

① 试管中加入 2 滴 0.1 mol·L^{-1} $FeCl_3$ 溶液,再加入 1 mL 蒸馏水稀释,然后加入 1 滴 0.1 mol·L^{-1} KSCN 溶液,若溶液变成血红色,则表明有 Fe^{3+} 存在。具体反应方程式如下:

$$Fe^{3+} + nSCN^- \Longrightarrow [Fe(SCN)_n]^{3-n}$$

② 试管中加入 2 滴 0.1 mol·L^{-1} $FeCl_3$ 溶液,再加入 1 mL 蒸馏水稀释,然后加入 1 滴 0.1 mol·L^{-1} $K_4[Fe(CN)_6]$ 溶液,若产生蓝色沉淀,则表明有 Fe^{3+} 存在。反应方程式见"实验原理"。

③ 试管中加入 2 滴 0.1 mol·L^{-1} $FeSO_4$ 溶液,再加入 1 mL 蒸馏水稀释,然后加入 1 滴 0.1 mol·L^{-1} $K_3[Fe(CN)_6]$ 溶液,若产生蓝色沉淀,则表明有 Fe^{2+} 存在。反应方程式见"实验原理"。

(2)Co^{2+} 配合物及其鉴定方法如下:

① $Co[(NH_3)_6]^{2+}$ 的形成。试管中加入 10 滴 0.1 mol·L^{-1} $CoCl_2$ 溶液,慢慢滴入 2 mol·L^{-1} NH_3·H_2O 至产生沉淀,然后滴加浓 NH_3·H_2O 至沉淀刚好完全溶解为止,最后加入 1 滴 3% H_2O_2 溶液,观察反应现象。具体反应方程式如下:

$$Co^{2+} + Cl^- + NH_3 + H_2O \Longrightarrow Co(OH)Cl\downarrow + NH_4^+$$

$$Co(OH)Cl + 6NH_3 \Longrightarrow Co[(NH_3)_6]^{2+} + OH^- + Cl^-$$

$$2Co[(NH_3)_6]^{2+} + H_2O_2 \Longrightarrow 2Co[(NH_3)_6]^{3+} + 2OH^-$$

② Co^{2+} 的鉴定。试管中加入 10 滴 0.1 mol·L^{-1} $CoCl_2$ 溶液,再加入少量固体 KSCN,观察 KSCN 固体周围是否出现蓝色。然后加入 1 mL 丙酮,若上层溶液出现蓝色,则表明存在 Co^{2+}。反应方程式见"实验原理"。

(3)Ni^{2+} 配合物及其鉴定方法如下。

① $Ni[(NH_3)_6]^{2+}$ 的形成。试管中加入 10 滴 0.1 mol·L^{-1} $NiSO_4$ 溶液,慢慢滴入 2 mol·L^{-1} NH_3·H_2O 至产生沉淀,然后滴加浓 NH_3·H_2O 至沉淀刚好完全溶解为止,最后加入 1 滴 3‰H_2O_2 溶液,观察反应现象。具体反应方程式如下:

$$2Ni^{2+} + 2NH_3 + SO_4^{2-} + 2H_2O \Longrightarrow Ni_2(OH)_2SO_4 \downarrow + 2NH_4^+$$

$$Ni_2(OH)_2SO_4 + 12NH_3 \Longrightarrow 2Ni[(NH_3)_6]^{2+} + SO_4^{2-} + 2OH^-$$

② Ni^{2+} 的鉴定。试管中加入 5 滴 0.1 mol·L^{-1} $NiSO_4$ 溶液和 5 滴 2 mol·L^{-1} NH_3·H_2O,再加入 1 滴 1%丁二酮二肟溶液,若产生粉红色沉淀,则表明存在 Ni^{2+}。反应方程式见中篇实验 7 配位化合物的"实验原理"。

五、思考题

(1)$Fe(OH)_2$ 的制备过程中,溶液煮沸和滴管插入溶液底部进行滴加 NaOH 溶液的目的是什么? 吸取 NaOH 溶液的滴管重复使用前应该如何处理?

(2)铁盐易发生水解,查阅资料指出 $FeSO_4$ 和 $FeCl_3$ 溶液配制的一般方法。

(3)Cl_2 在碱性条件下可以将 Co^{2+} 氧化为 $Co(OH)_3$,而 $Co(OH)_3$ 又可将浓 HCl 氧化为 Cl_2,是否有矛盾? 为什么?

(4)画出 Fe^{3+}、Cr^{3+}、Ni^{2+} 的分离示意图。

(5)某含有 6 个结晶水的浅绿色晶体 A 可溶于水。A 溶液注入饱和 $NaHCO_3$ 溶液产生白色沉淀 B 和气体 C,B 在空气中逐渐变为红棕色固体 D。A 溶液加入 $BaCl_2$ 溶液有不溶于硝酸的白色沉淀 E 析出。A 溶液与 NaOH 浓溶液混合后加热,产生的气体 F 遇浓 HCl 出现大量白色烟雾。推断 A、B、C、D、E、F 各为何种物质。

实验 12　微波晶化法合成镁铝层状双氢氧化物

一、实验目的

(1)初步掌握层状双氢氧化物的合成方法。

(2)熟悉微波水热合成仪的使用方法。

(3)掌握 X 射线衍射仪、扫描电子显微镜(SEM)及傅里叶红外光谱仪等表征手段。

二、实验原理

层状双氢氧化物(LDHs)又称为阴离子土或水滑石,是由二价和三价金属离子组成的层状结构的混合金属氢氧化物。其空间结构示意如图 2-12-1 所示。

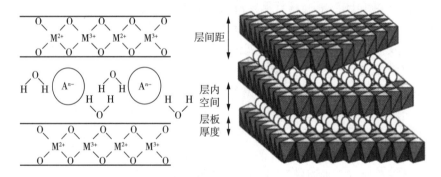

图 2-12-1　层状双氢氧化物空间结构示意

LDHs 组成通式一般可表示为 $[M_{1-x}^{2+}M_x^{3+}(OH)_2]A_{x/n}^{n-} \cdot y H_2O$,其中 M^{2+} 表示二价金属阳离子,如 Mg^{2+}、Zn^{2+}、Ni^{2+}、Cu^{2+} 等;M^{3+} 表示三价金属阳离子,如 Al^{3+}、Cr^{3+}、Fe^{3+} 等;$x=M^{2+}$ 与 $(M^{2+}+M^{3+})$ 的摩尔比;A^{n-} 表示层间可交换的阴离子,如 OH^-、NO_3^-、CO_3^{2-}、SO_4^{2-}、苯甲酸盐、X^-(X=Cl,F,Br,I)、$H_2W_{12}O_{43}^{6-}$ 等。从图 2-12-1 可以看出:层上是由二价或者三价的金属氢氧化物所构成的正八面体结构,该正八面体通过共边形成带正电荷的电板。层板上部分的三价金属阳离子取代二价金属阳离子而使片层带有正电荷,在正电荷层间或者层的边际填充和吸附了各种阴离子,这些阴离子中和了正电荷层,使 LDHs 呈电中性。带正电荷片层 $[M_{1-x}^{2+}M_x^{3+}(OH)_2]^{x+}$ 和带负电荷的层间水合阴离子 $[A_{x/n}^{n-} \cdot y H_2O]^{x-}$ 通过静电和氢键作用形成三维层状结构。

LDHs 具有高的催化性、强的吸附性、好的生物相容性、高的热稳定性及价格低廉等优点,是一类具有广阔应用前景的新型无机纳米材料。

本实验采用先共沉淀后微波晶化的方法合成镁铝层状双氢氧化物(Mg-Al LDHs),

采用傅里叶红外光谱仪对合成材料进行表征,测定羟基和层间阴离子碳酸根离子。

三、仪器与试剂

实验仪器:磁力搅拌器、离心机、真空干燥箱、微波水热合成仪、pH 计、X 射线衍射仪、扫描电子显微镜、傅里叶变换红外光谱仪、烧杯等。

实验材料:pH 试纸、滤纸等。

固体试剂:$Mg(NO_3)_2 \cdot 6H_2O$、$Al(NO_3)_3 \cdot 9H_2O$、$NaOH$、Na_2CO_3、KBr 等。

四、实验步骤与数据记录

1. Mg - Al LDHs 的合成

配制 50 mL 的 $NaOH$ 和 Na_2CO_3 的混合碱溶液,配制 50 mL $Mg(NO_3)_2 \cdot 6H_2O$,$Al(NO_3)_3 \cdot 9H_2O$ 的混合盐溶液。将混合碱溶液逐渐滴加到混合盐溶液中,并不断搅拌,使溶液 pH 控制为 10.3 ± 0.2。将以上混合液置入微波水热合成仪中,温度保持在 90 ℃,微波晶化 15 min。取出反应液,将沉淀离心、洗涤、干燥,得到 Mg - Al LDHs。

2. 材料的性能表征

采用 X 射线衍射仪(XRD)、扫描电子显微镜(SEM)及傅里叶变换红外光谱仪(FTIR)对合成材料进行表征。在 XRD 谱图上应出现 LDHs 的特征 001 系列(如 003、006、009 等)衍射峰。从 SEM 图上观察 Mg - Al LDHs 的形貌。在 FTIR 谱图上主要吸收峰有 OH 伸缩振动峰为 $3200 \sim 3500 \ cm^{-1}$,CO_3^{2-} 吸收峰为 $1650 \ cm^{-1}$。

五、思考题

(1)通过查阅资料了解纳米材料的有关知识,熟悉纳米材料有哪些特性?

(2)采用 XRD、SEM 和 IR 分别可对材料的哪些特性进行表征?

(3)LDHs 的组成通式及其结构。

(4)通过查阅资料介绍一下什么是微波晶化法? 微波加热的原理是什么?

实验 13 酸碱标准溶液的配制和浓度比较

一、实验目的

(1)练习滴定操作,初步掌握标准地确定终点的方法。

(2)练习酸碱标准溶液的配制和浓度的比较。

(3)熟悉甲基橙和酚酞指示剂的使用和终点的变化,初步掌握酸碱指示剂的选择方法。

二、实验原理

浓盐酸易挥发,固体 NaOH 容易吸收空气中的水分和 CO_2,因此不能直接配制标准浓度的 HCl 和 NaOH 标准溶液,只能先配制近似浓度的溶液,然后用基准物质标定其准确浓度,也可用另一已知标准浓度的标准溶液滴定该溶液,再根据他们的体积比求得该溶液的浓度。

酸碱指示剂都有一定的变色范围。NaOH 和 HCl 溶液的滴定,是强碱与强酸的滴定,其滴定突跃范围的 pH 为 4~10,因此应当选用在此范围内变色的指示剂,如甲基橙或酚酞指示剂等。NaOH 和 HAc 溶液的滴定,是强碱和弱酸的滴定,其突跃范围处于碱性区域,因此应选用在此区域内变色的指示剂,如酚酞指示剂等。

三、仪器与试剂

实验仪器:托盘天平、烧杯、细口试剂瓶、玻璃棒、量筒、酸式和碱式滴定管、锥形瓶等。

实验材料:标签纸等。

液体试剂:HCl($6\ mol \cdot L^{-1}$)、酚酞指示剂(将 0.1 g 酚酞溶于 90 mL 乙醇中,加蒸馏水至 100 mL)、甲基橙指示剂(将 0.1 g 甲基橙溶于 100 mL 蒸馏水中)等。

固体试剂:NaOH 等。

四、实验步骤与数据记录

1. 溶液的配置

(1)$0.1\ mol \cdot L^{-1}$ NaOH 溶液的配制:通过计算求出配制 500 mL $0.1\ mol \cdot L^{-1}$ NaOH 溶液所需的固体 NaOH 的质量,然后在托盘天平上迅速称取 2.5~3 g 固体 NaOH,置于洁净的 500 mL 烧杯中,立即加入 500 mL 蒸馏水,并搅拌,待 NaOH 全部溶解后转移至洁净的 500 mL 细口试剂瓶中,塞紧橡皮塞,摇匀,贴上标签纸,备用。

【注意事项】:

因为固体 NaOH 极易吸收空气中的水分和 CO_2,所以称量必须迅速。市售固体

NaOH 常因吸收 CO_2 而混有少量 Na_2CO_3,以致在分析结果中引入误差,因此在要求严格的情况下,配制 NaOH 溶液时必须设法除去 CO_3^{2-}。除去 NaOH 溶液中 CO_3^{2-} 的常用方法有以下两种。

第一种是在托盘天平上称取一定量固体 NaOH 于烧杯中,用少量蒸馏水溶解后倒入试剂瓶中,再用蒸馏水稀释到一定体积(配成所要求浓度的标准溶液),加入 $1\sim2$ mL 200 $g \cdot L^{-1} BaCl_2$ 溶液,摇匀后用橡皮塞塞紧,静置过夜,待沉淀完全沉降后,用虹吸管把清液转移至另一试剂瓶中,塞紧橡胶塞,备用。

第二种是饱和的 NaOH 溶液(约 500 $g \cdot L^{-1}$)具有不溶解 Na_2CO_3 的性质,所以用固体 NaOH 配制的饱和溶液,其中的 Na_2CO_3 可以全部沉降下来。在涂蜡的玻璃器皿或塑料容器中先配制饱和的 NaOH 溶液,待溶液澄清后,吸取上层清液,用新煮沸并冷却的蒸馏水稀释至一定浓度。

试剂瓶应贴上标签纸,注明试剂名称、配制日期、使用者姓名,并留一空位以备填入此溶液的准确浓度。在配制溶液后需立即贴上标签纸,注意养成此习惯。

长期使用的 NaOH 标准溶液,最好装入下口瓶中,瓶塞上部最好装一碱石灰管。

(2)0.1 mol·L^{-1} HCl 溶液的配制:通过计算求出配制 500 mL 0.1 mol·L^{-1} HCl 溶液所需的 6 mol·L^{-1} HCl 的体积,然后用洁净的 10 mL 量筒量取 $8\sim9$ mL 6 mol·L^{-1} HCl,倒入洁净的 500 mL 细口试剂瓶中,加入 500 mL 蒸馏水,塞紧玻璃塞,摇匀,贴上标签纸,备用。

2. 酸碱溶液相对浓度的比较

(1)将碱式滴定管洗涤干净,用上文配制的 0.1 mol·L^{-1} NaOH 溶液洗涤碱式滴定管 3 次,每次用 $5\sim10$ mL,然后将 NaOH 溶液注入碱式滴定管,驱除橡皮管下端的空气泡,调节液面于"0.00"刻度或"0.00"刻度以下,静置后读数,准确至 0.01 mL,并记录。

(2)将酸式滴定管洗涤干净,用上文配制的 0.1 mol·L^{-1} HCl 溶液洗涤酸式滴定管 3 次,每次用 $5\sim10$ mL,然后将 HCl 溶液注入酸式滴定管,驱除玻璃塞下端的空气泡,调节液面于"0.00"刻度或"0.00"刻度以下,静置后读数,准确至 0.01 mL,并记录。

(3)从碱式滴定管中以每秒 $3\sim4$ 滴的速度放出 25 mL 左右的 NaOH 溶液,于清洁的 250 mL 锥形瓶内,滴入甲基橙指示剂 $1\sim2$ 滴,然后用酸式滴定管将 HCl 溶液滴入锥形瓶中,同时不断摇动锥形瓶使溶液充分混合,待滴定接近终点时,可用少量蒸馏水淋洗瓶壁,使溅起而附于瓶壁上的溶液流下,继续逐滴或半滴滴定直到溶液恰由黄色转变为橙色。然后从碱式滴定管中向锥形瓶中滴入几滴 NaOH 溶液,使溶液又变为黄色。再用 HCl 溶液滴至橙色,如此反复滴定,观察终点颜色的突变,直至能较为熟练地判断滴定终点。

为准确地判断滴定终点,眼睛必须一直注视着溶液的颜色变化,视线不能移开,特别是在接近终点时,稍一疏忽就有可能滴定过终点。待熟练掌握终点颜色的变化后,就进行 NaOH 和 HCl 溶液相对浓度的比较。

(4)从碱式滴定管中以每秒 $3\sim4$ 滴的速度向清洁的 250 mL 锥形瓶中加入 0.1 mol·L^{-1} NaOH 溶液 25.00 mL,滴入甲基橙指示剂 $1\sim2$ 滴,用 0.1 mol·L^{-1} HCl 溶液滴定至终点,记录读数 V_1,如此反复 3 次,记录读数分别为 V_1、V_2 和 V_3。

(5)计算滴定的平均相对偏差,要求平均相对偏差不大于 0.2%。实验数据记录在表

2-13-1中。

表 2-13-1 实验数据记录

记录项目	平行测定次数		
	1	2	3
NaOH 终读数	mL	mL	mL
NaOH 初读数	mL	mL	mL
V_{NaOH}			
HCl 终读数	mL	mL	mL
HCl 初读数	mL	mL	mL
V_{HCl}			
V_{NaOH}/V_{HCl}			
$\bar{V}_{NaOH}/\bar{V}_{HCl}$			
个别测定的绝对偏差			
相对平均偏差			

五、讨论

联系实验中的问题,结合自己的体会加以讨论。

六、思考题

(1)标准溶液在装入滴管前为什么要用该溶液润洗内壁 2~3 次?用于滴定的锥形瓶和烧杯是否要干燥?是否需要用标准溶液润洗?

(2)配置 HCl 溶液和 NaOH 溶液所用的蒸馏水的体积,是否需要准确地量取?为什么?

(3)用 HCl 溶液滴定 NaOH 标准溶液时可否用酚酞作为指示剂?

(4)滴定两份相同的试液时,若第一份用去标准溶液约 20 mL,在滴定第二份试液时,是继续使用余下的溶液,还是添加标准溶液至滴定管的刻度"0.00"附近后再滴定?哪一种操作正确?为什么?

(5)半滴操作是怎样操作的?什么情况下需做半滴操作?

(6)滴定时加入指示剂的量为什么不能太多?试根据指示剂平衡移动原理说明。

实验 14　酸碱标准溶液浓度的标定

一、实验目的

(1)进一步练习滴定操作和天平减量法称量。

(2)学会酸碱标准溶液的浓度的标定方法。

二、实验原理

标定酸溶液和碱溶液所用的基准物质有很多种,本实验中各介绍一种常用的基准物质。

用基准物质邻苯二甲酸氢钾($KHC_8H_4O_4$)以酚酞为指示剂标定 NaOH 标准溶液的浓度。邻苯二甲酸氢钾的结构式为 $\begin{array}{c}\end{array}$,其中只有一个可电离的 H^+。标定时的反应方程式如下:

$$KHC_8H_4O_4 + NaOH \xrightarrow{} KNaC_8H_4O_4 + H_2O$$

邻苯二甲酸氢钾作为基准物的优点:易于获得纯品;易于干燥,不吸湿;摩尔质量大,可相对降低称量误差。

常用基准物无水 Na_2CO_3 或硼砂($Na_2B_4O_7 \cdot 10H_2O$)标定 HCl 标准溶液的浓度。以无水 Na_2CO_3 为基准标定时,应采用甲基橙为指示剂。标定时的反应式方程如下:

$$Na_2CO_3 + 2HCl \xrightarrow{} 2NaCl + H_2O + CO_2\uparrow$$

Na_2CO_3 易吸收空气中的水分,因此采用市售基准试剂级的 Na_2CO_3 时应预先在 180 ℃下充分干燥,冷却后保存在干燥器中。以 $Na_2B_4O_7 \cdot 10H_2O$ 为基准物时,反应产物是硼酸,溶液呈微酸性,因此选用甲基红为指示剂。标定时的反应方程式如下:

$$Na_2B_4O_7 + 2HCl + 5H_2O \xrightarrow{} 2NaCl + 4H_3BO_3$$

NaOH 标准溶液与 HCl 标准溶液的浓度,一般只需标定其中一种,另一种则通过 NaOH 溶液与 HCl 溶液滴定的体积比计算出。标定 NaOH 溶液还是 HCl 溶液,要看采用何种标准溶液测定何种试样。原则上,应标定测定时所用的标准溶液,标定时的条件和测定时的条件(如指示剂和被测成分等)应尽可能一致。

三、仪器和试剂

实验仪器:酸式滴定管、锥形瓶等。

实验材料:标签纸等。

液体试剂:HCl(浓)、酚酞指示剂(0.1%)、甲基橙指示剂(0.1%)、甲基红指示剂(0.1%)等。

固体试剂:NaOH、$Na_2B_4O_7 \cdot 10H_2O$(存放于装有 NaCl 和蔗糖饱和溶液的干燥器中备用)、$KHC_8H_4O_4$(于 110~120 ℃干燥 1~2 h 后冷却,放干燥器中备用)等。

四、实验步骤与数据记录

溶液的标定(以下标定实验,只选做其中一个)。

(1)NaOH 溶液的标定:在分析天平上准确称取 0.4~0.5 g $KHC_8H_4O_4$ 3 份,分别置于 250 mL 锥形瓶中,各加入 20~30 mL 蒸馏水使之溶解后,滴加 2 滴酚酞指示剂,用新配好的 NaOH 溶液滴定至溶液呈微红色,且 30 s 内不褪色。平行滴定 3 次,记下各次滴定的初始体积(零点体积)和终点体积(单位为 mL),算出 NaOH 溶液的准确浓度后,在装 NaOH 的试剂瓶的标签纸上填上准确浓度,以备用。

(2)HCl 溶液的标定:在分析天平上准确称取 0.4~0.5 g $Na_2B_4O_7 \cdot 10H_2O$ 3 份,分别置于 250 mL 锥形瓶中,各加入 20~30 mL 蒸馏水使之溶解后,滴加 2 滴甲基红(或甲基橙)指示剂,用新配好的 HCl 溶液滴定至溶液由黄色变为微红色,且 30 s 内不褪色。平行滴定 3 次,记下各次滴定的体积用量(单位为 mL),算出 HCl 溶液的准确浓度后,在装 HCl 的试剂瓶的标签纸上填上准确浓度,以备用。实验数据记录见表 2-14-1 所列。

表 2-14-1　实验数据记录

记录项目	平行测定次数		
	1	2	3
(称量瓶+邻苯二甲酸氢钾)的质量(前)/g			
(称量瓶+邻苯二甲酸氢钾)的质量(后)/g			
邻苯二甲酸氢钾的质量/g			
NaOH 终读数/mL			
NaOH 初读数/mL			
V_{NaOH}/mL			
c_{NaOH}/(mol·L^{-1})			
$\bar{c}_{NaOH}$/(mol·L^{-1})			
个别测定的绝对偏差			
相对平均偏差			

记录项目	平行测定次数		
	1	2	3
$c_1 = \dfrac{m_1}{V_{\mathrm{NaOH}_1} \times 0.2042}$ $c_2 = \dfrac{m_2}{V_{\mathrm{NaOH}_2} \times 0.2042}$ $c_3 = \dfrac{m_3}{V_{\mathrm{NaOH}_3} \times 0.2042}$ （式中，m 为基准物质量）			
$c_{\mathrm{HCl}} = \bar{c}_{\mathrm{NaOH}} \times \dfrac{V_{\mathrm{NaOH}}}{V_{\mathrm{HCl}}}$			

五、讨论

联系实验中的问题，结合自己的体会加以讨论。

六、思考题

(1)溶解基准物所用蒸馏水的体积的量取是否需要准确？为什么？

(2)用于标定的锥形瓶，其内壁是否需要预先干燥？为什么？

(3)用 $KHC_8H_4O_4$ 标定 $NaOH$ 溶液时，为什么选用酚酞指示剂？用甲基橙指示剂可以吗？为什么？

实验 15　碱液中 NaOH 及 Na₂CO₃ 含量测定

一、实验目的

(1)了解双指示剂法测定碱液中 NaOH 和 Na₂CO₃ 含量的原理。

(2)了解混合指示剂的使用及其优点。

二、实验原理

碱液中 NaOH 和 Na₂CO₃ 的含量,可以在同一份试样溶液中用两种不同的指示剂来测定,这种测定方法称为双指示剂法。此法方便、快速,在生产中应用普遍。

常用的两种指示剂是酚酞和甲基橙。在试样溶液中先滴加酚酞,用 HCl 标准溶液滴定至红色刚刚退去。由于酚酞的变色 pH 为 $8.0 \sim 10.0$,此时不仅 NaOH 完全被中和,Na₂CO₃ 也被滴定成 NaHCO₃,记下此时 HCl 标准溶液的耗用量 V_1。具体反应方程式如下:

$$NaOH + HCl \Longrightarrow NaCl + H_2O$$

$$Na_2CO_3 + HCl \Longrightarrow NaHCO_3 + NaCl$$

再加入甲基橙指示剂,溶液呈黄色,滴定至终点时呈橙色,此时 NaHCO₃ 被滴定成 H₂CO₃,HCl 标准溶液的耗用量为 V_2。具体反应方程式如下:

$$NaHCO_3 + HCl \Longrightarrow NaCl + H_2O + CO_2 \uparrow$$

根据 V_1、V_2 可以计算出 NaOH 及 Na₂CO₃ 的含量,计算式如下:

$$x_{NaOH} = \frac{(V_1 - V_2) c_{HCl} M_{NaOH}}{V_{试}}$$

$$x_{Na_2CO_3} = \frac{2V_2 c_{HCl} M_{Na_2CO_3}}{2V_{试}}$$

式中,c 为浓度,单位为 $mol \cdot L^{-1}$;x 为 NaOH 或 Na₂CO₃ 的含量,单位为 $g \cdot L^{-1}$;M 为物质的摩尔质量,单位为 $g \cdot mol^{-1}$;V 为溶液的体积,单位为 mL。

双指示剂中的酚酞指示剂可用甲酚红和百里酚蓝混合指示剂代替,甲酚红的变色 pH 为 6.7(黄)~8.4(红),百里酚蓝的变色 pH 为 8.0(黄)~9.6(蓝),混合后的变色点为 8.3,

其碱式呈紫色,在 pH 为 8.2 时为樱桃色,变色较敏锐。

三、仪器和试剂

实验仪器:酸式滴定管、碱式滴定管、锥形瓶等。

实验材料:标签纸等。

液体试剂:HCl 标准溶液(0.1 mol · L^{-1})、酚酞指示剂(0.1%)、甲基橙指示剂(0.1%)等。

固体试剂:混合碱试样等。

四、实验步骤与数据记录

准确移取 25.00 mL 混合碱试样 3 份,分别置于 250 mL 锥形瓶中,加酚酞指示剂 2 滴,用 HCl 标准溶液滴定至红色刚好褪去,记下所消耗的 HCl 标准溶液体积 V_1(mL);然后滴加甲基橙指示剂 2 滴,继续用 HCl 标准溶液滴定至溶液由黄色变为橙色,记下第二次所消耗的 HCl 标准溶液体积 V_2。平行测定 3 次。

按下列公式计算 NaOH 及 Na$_2$CO$_3$ 的含量。实验数据记录在表 1 - 15 - 1 中。

$$x_{NaOH} = \frac{(V_1 - V_2)c_{HCl}M_{NaOH}}{V_{试}}$$

$$x_{Na_2CO_3} = \frac{2V_2 c_{HCl}M_{Na_2CO_3}}{2V_{试}}$$

表 2 - 15 - 1 实验数据记录

记录项目	平行测定次数		
	1	2	3
HCl 标准溶液初读数			
HCl 标准溶液终读数			
V_1/mL			
$\bar{V}_1$/mL			
HCl 标准溶液初读数			
HCl 标准溶液终读数			
V_2/mL			
$\bar{V}_2$/mL			
c_{NaOH}			
$c_{Na_2CO_3}$			

五、讨论

联系实验中的问题,结合自己的体会加以讨论。

六、思考题

(1)有一碱液,可能为 NaOH 或 Na_2CO_3 或共存物质的混合液,用标准酸溶液滴定至酚酞指示剂终点时,耗去酸的体积为 V_1(单位为 mL),继续以甲基橙指示剂滴定至终点,此时又耗去酸的体积为 V_2(单位为 mL)。根据 V_1 与 V_2 的关系判断该碱液的组成,并列于表 2-15-2中。

表 2-15-2 实验数据记录

关系	组成
$V_1 > V_2$	
$V_1 < V_2$	
$V_1 = V_2$	
$V_1 = 0, V_2 > 0$	
$V_1 > 0, V_2 = 0$	

(2)现有某含有 HCl 和 CH_3COOH 的试样溶液,欲测定其中 HCl 和 CH_3COOH 的含量,试拟订分析方案。

实验 16　EDTA 标准溶液的配制和标定

一、实验目的

(1)学习 EDTA 标准溶液的配制和标定方法。

(2)掌握配位滴定的原理,了解配位滴定的特点。

(3)熟悉钙指示剂或二甲酚橙指示剂的使用。

二、实验原理

乙二胺四乙酸(简称 EDTA,常用 H_4Y 表示)难溶于水,常温下其溶解度为 $0.28\ g \cdot L^{-1}$(约 $0.0007\ mol \cdot L^{-1}$),在分析中通常使用其二钠盐配制标准溶液。乙二胺四乙酸二钠盐的溶解度为 $120\ g \cdot L^{-1}$,可配成 $0.3\ mol \cdot L^{-1}$ 以上的溶液,其水溶液的 pH 约为 4.8,通常采用间接法配制标准溶液。

标定 EDTA 溶液常用的基准物有 Zn、ZnO、$CaCO_3$、Bi、Cu、$MgSO_4 \cdot 7H_2O$、Hg、Ni、Pb 等。通常选用其中与被测物组分相同的物质做基准物,这样滴定条件较一致,可减小误差。

EDTA 溶液若用于测定石灰石或白云石中 CaO、MgO 的含量,则宜以 $CaCO_3$ 为基准物,首先可加 HCl 溶液,其反应方程式如下:

$$CaCO_3 + 2HCl = CaCl_2 + H_2O + CO_2 \uparrow$$

然后把溶液转移到容量瓶中并稀释,制成钙标准溶液。吸取一定量钙标准溶液,调节酸度至 pH$\geqslant$12,使用钙指示剂,以 EDTA 溶液滴定溶液由酒红色变为纯蓝色,即为终点。其变色原理如下。

钙指示剂(常用 $H_3 lnd$ 表示)在水溶液中按照下式解离:

$$H_3 lnd \Longleftrightarrow 2H^+ + Hlnd^{2-}$$

在 pH$\geqslant$12 的溶液中,$Hlnd^{2-}$ 与 Ca^{2+} 形成比较稳定的配离子,其反应方程式如下:

$$Hlnd^{2-} + Ca^{2+} \Longleftrightarrow Calnd^- + H^+$$

纯蓝色　　　　　酒红色

因此,在钙标准溶液中加入钙指示剂时,溶液呈酒红色。当用 EDTA 溶液滴定时,由于 EDTA 能与钙形成比较稳定的配离子,因此钙指示剂被游离出来,其反应方程式如下:

$$Calnd^- + H_2Y^{2-} + OH^- \Longleftrightarrow CaY^{2-} + Hlnd^{2-} + H_2O$$

酒红色　　　　　　　　　　　无色　　纯蓝色

用此法测定 Ca^{2+} 时,若有 Mg^{2+} 共存[在调节溶液酸度为 $pH \geqslant 12$ 时,Mg^{2+} 将形成 $Mg(OH)_2$ 沉淀],则不仅不干扰钙的测定,而且使终点比 Ca^{2+} 单独存在时更敏锐。当 Ca^{2+}、Mg^{2+} 共存时,终点由酒红色至纯蓝色,当 Ca^{2+} 单独存在时则由酒红色到紫蓝色,所以测定单独存在的 Ca^{2+} 时,常常加入少量 Mg^{2+}。

EDTA 溶液若用于测定 Pb^{2+}、Bi^{3+},则宜以 ZnO 或金属 Zn 为基准物,以二甲酚橙为指示剂,在 pH 为 5～6 的溶液中,二甲酚橙指示剂本身显黄色,二甲酚橙与 Zn^{2+} 的配合物呈紫红色。EDTA 与 Zn^{2+} 形成更稳定的配合物,因此用 EDTA 溶液滴定至终点时,二甲酚橙被游离出来,溶液由紫红色变为黄色。

配位滴定中所用的水应不含有 Fe^{3+}、Al^{3+}、Cu^{2+}、Ca^{2+}、Mg^{2+} 等杂质离子。

三、仪器和试剂

实验仪器:托盘天平、烧杯、细口瓶、烧杯、表面皿、玻璃棒、容量瓶、移液管、锥形瓶等。

液体试剂(以 $CaCO_3$ 为基准物时所用):镁溶液(1 g $MgSO_4 \cdot 7H_2O$ 溶解于蒸馏水中,稀释至 200 mL)、HCl(6 $mol \cdot L^{-1}$)、NaOH(10%)等。

固体试剂(以 $CaCO_3$ 为基准物时所用):钙指示剂、乙二胺四乙酸二钠、$CaCO_3$ 等。

四、实验步骤与数据记录

1. 0.01 $mol \cdot L^{-1}$ EDTA 标准溶液的配制

在托盘天平上称取配制 500 mL 0.01 $mol \cdot L^{-1}$ EDTA 溶液所需的乙二胺四乙酸二钠,溶于 300 mL 热蒸馏水中。冷却后,转移至细口瓶中用蒸馏水稀释至 500 mL,摇匀,若浑浊则应过滤。长期放置时,应储存于聚乙烯瓶中。

2. EDTA 的标定

准确称取配制 250 mL 0.01 $mol \cdot L^{-1}$ Ca^{2+} 溶液所需的 $CaCO_3$ 于 250 mL 烧杯中,加少量蒸馏水,盖上表面皿,沿烧杯嘴慢慢滴加数毫升 6 $mol \cdot L^{-1}$ HCl 溶液直至固体完全溶解(提示:要边滴加 HCl 溶液边轻轻摇动烧杯,每滴加几滴后,待气泡停止发生,再继续滴加),小火加热煮沸至不冒气泡为止。冷却至室温,用蒸馏水冲洗表面皿和烧杯内壁,然后小心地将溶液全部移入 250 mL 容量瓶中,稀释至刻度,摇匀备用。

用移液管准确移取 25.00 mL 钙标准溶液于 250 mL 锥形瓶中,加入 50 mL 蒸馏水、2 mL 镁溶液、5 mL 10% NaOH 溶液(若溶液出现浑浊,则应适当多加入蒸馏水)和 10 mg (绿豆大小)固体钙指示剂,摇匀后,立即用待标定的 EDTA 溶液滴定至溶液由红色变为蓝色(颜色的深浅与加入的钙指示剂的多少有关),即为终点。平行滴定 3 次,记下消耗 EDTA 溶液的体积,计算 EDTA 溶液的浓度及其平均相对偏差。实验数据记录在表 2 - 16 - 1 中。

表 2 - 16 - 1　实验数据记录

记录项目	平行测定次数		
	1	2	3
(称量瓶+$CaCO_3$)的质量(前)/g			
(称量瓶+$CaCO_3$)的质量(后)/g			
$CaCO_3$ 的质量/g			
EDTA 溶液终读数/mL			
EDTA 溶液初读数/mL			
V_{EDTA}/(mol·L^{-1})			
c_{EDTA}			
$\bar{c}_{EDTA}$			
个别测定的绝对偏差			
相对平均偏差			

【注意事项】

(1)由于配位反应进行缓慢,因此滴定不宜快。滴定应在 30～40 ℃进行,若室温太低,则应将溶液略微加热。

(2)若水样中有微量铁、铝存在,则可加入三乙醇胺溶液(水和三乙醇胺的体积比为1：2)5 mL 掩蔽之。但水样含铁超过 10 mg·L^{-1}时掩蔽有困难,需用蒸馏水稀释到含 Fe^{3+} 不超过 10 mg·L^{-1}、含 Fe^{2+} 不超过 7 mg·L^{-1}。

五、讨论

联系实验中的问题,结合自己的体会加以讨论。

六、思考题

(1)如何根据记录数据计算 EDTA 溶液的浓度及其平均相对偏差?

(2)阐述 Mg^{2+} 能够提高终点敏锐度的原理。

实验 17 水的硬度测定

一、实验目的

(1)了解水的硬度的测定意义和常用的硬度表示方法。

(2)掌握 EDTA 法测定水的硬度的原理和方法。

(3)掌握铬黑 T 和钙指示剂的应用,了解金属指示剂的特点。

二、实验原理

一般含有钙、镁盐类的水叫作硬水(软水和硬水尚无明确的界限,硬度小于 5°的,一般可称为软水)。硬度有暂时硬度和永久硬度之分。

暂时硬度——水中含有钙、镁的酸式碳酸盐,预热即成碳酸盐沉淀而失去其硬度,其反应方程式如下:

$$Ca(HCO_3)_2 \xrightarrow{\Delta} CaCO_3(完全沉淀) + H_2O + CO_2 \uparrow$$

$$Mg(HCO_3)_2 \xrightarrow{\Delta} MgCO_3(完全沉淀) + H_2O + CO_2 \uparrow$$

$$\downarrow + H_2O$$

$$Mg(OH)_2 \downarrow + CO_2 \uparrow$$

永久硬度——水中含有钙、镁的硫酸盐、氯化物、硝酸盐,在加热时亦不沉淀(但在锅炉运行温度下,溶解度低的可析出从而成为锅垢)。

暂时硬度和永久硬度的总称为总硬,由镁离子形成的硬度称为镁硬,由钙离子形成的硬度称为钙硬。

水中钙、镁离子含量,可用 EDTA 配位滴定法测定。钙硬测定的原理与以 $CaCO_3$ 为基准物标定 EDTA 标准溶液浓度的原理相同。总硬则是以铬黑 T 为指示剂,控制溶液酸度的 pH 约为 10,以 EDTA 标准溶液滴定之。根据 EDTA 标准溶液的浓度和用量可计算出水的硬度,由总硬减去钙硬即为镁硬。

水的硬度的表示方法有多种,各国的习惯有所不同。有将水中的盐类都折算成 $CaCO_3$ 而以 $CaCO_3$ 的量作为硬度标准表示的,也有将盐类合算成 CaO 而以 CaO 的量作为硬度标准表示的。我国目前常用的表示方法:以度(°)计,1°表示十万份水中含 1 份 CaO,即 $1° = 10^{-5} mg \cdot L^{-1} CaO$。水的硬度的计算公式如下:

$$硬度(°) = \frac{c_{EDTA} V_{EDTA} \times \dfrac{M_{CaO}}{1000}}{V_水} \times 10^5 \qquad (2-17-1)$$

式中,c_{EDTA} 为 EDTA 标准溶液的浓度,单位为 $mol \cdot L^{-1}$;V_{EDTA} 为滴定时用去 EDTA 标准溶液的体积(若此量为滴定总硬时所耗用的,则所得硬度即为总硬;若此量为滴定钙硬时所耗用的,则所得硬度即为钙硬),单位为 mL;$V_{水}$ 为水样的体积,单位为 mL;M_{CaO} 为 CaO 的摩尔质量,单位为 $g \cdot mol^{-1}$。

三、仪器和试剂

实验仪器:托盘天平、移液管、锥形瓶、量筒、酸式滴定管、铁架台等。

液体试剂:EDTA 标准溶液、$NH_3 \cdot H_2O - NH_4Cl$ 缓冲溶液(pH 约为 10,NH_4Cl 27 g 溶于适量蒸馏水中,加浓 $NH_3 \cdot H_2O$ 175 mL,加蒸馏水稀释至 500 mL)、铬黑 T 指示剂(1%,0.2 g 铬黑 T 溶于 15 mL 三乙醇胺及 5 mL 甲醇中,此溶液可保存数月以上)、NaOH (100 $g \cdot L^{-1}$)等。

固体试剂:钙指示剂(将 0.5 g 钙指示剂与 100 g NaCl 研磨混匀)等。

四、实验步骤与数据记录

(1)EDTA 溶液的标定:参见中篇实验 16 EDTA 标准溶液的配制和标定。

(2)总硬的测定:准确量取澄清的水样 100 mL 于 250 mL 锥形瓶中,加入 5 mL $NH_3 \cdot H_2O - NH_4Cl$ 缓冲溶液,摇匀。加入 2 滴铬黑 T 指示剂,用已标定的 EDTA 标准溶液滴定至溶液由酒红色变为纯蓝色,即为终点。记下消耗的 EDTA 标准溶液的体积,平行滴定 3 次,计算总硬。

(3)钙硬的测定:准确量取澄清的水样 100 mL 于 250 mL 锥形瓶中,加入 4 mL 100 $g \cdot L^{-1}$ NaOH 溶液,摇匀,再加入约 0.01 g(绿豆粒大小)钙指示剂,再摇匀,用已标定的 EDTA 标准溶液滴定至溶液由淡红色变为纯蓝色,即为终点。记下消耗的 EDTA 标准溶液的体积,平行滴定 3 次,计算钙硬。

(4)镁硬的测定:由总硬减去钙硬即得镁硬。实验数据记录在表 2-17-1 中。

表 2-17-1　实验数据记录

	记录项目	平行测定次数		
		1	2	3
总硬	EDTA 标准溶液终读数/mL			
	EDTA 标准溶液初读数/mL			
	V_{EDTA}/mL			
	总硬			
	$\overline{总硬}$			
	个别测定的绝对偏差			
	相对平均偏差			

记录项目		平行测定次数		
		1	2	3
钙硬	EDTA 标准溶液终读数/mL			
	EDTA 标准溶液初读数/mL			
	V_{EDTA}/mL			
	钙硬			
	$\overline{钙硬}$			
	个别测定的绝对偏差			
	相对平均偏差			
镁硬				

【注意事项】

(1)铬黑 T 指示剂与 Mg^{2+} 显色灵敏度高,与 Ca^{2+} 显色灵敏度低,当水样中 Ca^{2+} 含量高而 Mg^{2+} 很低时,得到不敏锐的终点,可采用 K-B 混合指示剂。

(2)当水样中含铁量超过 $10\ mg \cdot mL^{-1}$ 时用三乙醇胺溶液(水和三乙醇胺的体积比为 $1:2$)掩蔽有困难,需用蒸馏水将水样稀释到 Fe^{3+} 含量不超过 $10\ mg \cdot mL^{-1}$ 即可。

五、讨论

联系实验中的问题,结合自己的体会加以讨论。

六、思考题

(1)铬黑 T 指示剂是怎样指示滴定终点的?

(2)以 HCl 溶液溶解 $CaCO_3$ 基准物质时,操作中应注意些什么?

(3)配位滴定中为什么要加入缓冲溶液?

(4)用 EDTA 配位滴定法测定水的硬度时,哪些离子的存在有干扰?如何消除?

(5)EDTA 配位滴定法与酸碱滴定法相比,有哪些不同点?操作中应注意哪些问题?

实验 18 KMnO₄ 溶液的配制、标定和 H₂O₂ 含量的测定

一、实验目的

(1)掌握应用高锰酸钾法测定 H_2O_2 含量的原理和方法。

(2)掌握 $KMnO_4$ 标准溶液的配制和标定。

二、实验原理

(1)工业品过氧化氢的含量可用 $KMnO_4$ 法测定。在稀硫酸中,室温条件下,H_2O_2 被 $KMnO_4$ 定量的氧化,其反应方程式如下:

$$5H_2O_2 + 2MnO_4^- + 6H^+ =\!=\!= 2Mn^{2+} + 5O_2\uparrow + 8H_2O$$

根据 $KMnO_4$ 溶液的浓度和滴定所耗用的体积,可以获得 $KMnO_4$ 溶液中 H_2O_2 的含量。

市售的 H_2O_2 试剂是质量分数约为 30% 的 H_2O_2 水溶液,极不稳定,滴定前需先用蒸馏水稀释到一定浓度,以减少取样误差。

(2)$KMnO_4$ 是常用的氧化剂之一,市售的 $KMnO_4$ 常含有少量杂质,如硫酸盐、氯化物及硝酸盐等,因此不能用精确称量的 $KMnO_4$ 来直接配制标准浓度的溶液。用 $KMnO_4$ 配制的溶液要在暗处放置数天,待 $KMnO_4$ 把还原性杂质充分氧化后,再除去生成的 MnO_2 沉淀,标定其标准浓度。由于光线、Mn^{2+}、MnO_2 等都能促进 $KMnO_4$ 分解,因此配好的 $KMnO_4$ 溶液应除尽杂质,并保存暗处。

$KMnO_4$ 标准溶液常用 $Na_2C_2O_4$ 作为基准物来标定。$Na_2C_2O_4$ 不含结晶水,容易精制,用 $Na_2C_2O_4$ 标定 $KMnO_4$ 标准溶液的反应方程式如下:

$$2MnO_4^- + 5Na_2C_2O_4 + 6H^+ =\!=\!= 2Mn^{2+} + 10CO_2\uparrow + 8H_2O$$

滴定时可利用 $KMnO_4$ 本身的颜色指示滴定终点。

三、仪器和试剂

实验仪器:托盘天平、锥形瓶、移液管、容量瓶、量筒、酸式滴定管、铁架台、蝴蝶夹、表面皿、烧杯、微孔玻璃漏斗、洗瓶等。

液体试剂:H_2SO_4(水和浓 H_2SO_4 的体积比为 1:5),$KMnO_4$(0.02 mol·L⁻¹)、H_2O_2(3%)、$MnSO_4$(1 mol·L⁻¹)等。

固体试剂:$KMnO_4$、$Na_2C_2O_4$ 基准物质(于 105 ℃ 干燥 2 h 备用)等。

四、实验步骤与数据记录

1. KMnO₄ 溶液的配制

称取 $KMnO_4$ 固体约 1.6 g 置于 500 mL 烧杯中,加入 500 mL 蒸馏水使 $KMnO_4$ 固体溶解,盖上表面皿,加热至沸腾,并保持微沸状态 1 h,冷却后用微孔玻璃漏斗(3 号或 4 号)过滤。滤液储存于棕色试剂瓶中,滤液在室温条件下静置 2~3 d 后过滤,备用。

2. 用 Na₂C₂O₄ 标定 KMnO₄ 溶液

准确称取 0.15~0.20 g 基准物质 $Na_2C_2O_4$ 3 份,分别置于 250 mL 锥形瓶中,加入 60 mL 蒸馏水使之溶解。加入 15 mL H_2SO_4,在水浴上加热至 75~80 ℃,趁热用 $KMnO_4$ 溶液滴定。开始滴定时反应速度慢,待溶液中产生 Mn^{2+} 后滴定速度可加快,直到溶液呈现微红色并持续 30 s 内不褪色,即为终点。平行滴定 3 次,根据 $m_{Na_2C_2O_4}$ 和 $KMnO_4$ 溶液的耗用体积计算 c_{KMnO_4} 的浓度,即为 $KMnO_4$ 标准溶液。

3. H₂O₂ 含量的测定

用移液管移取 10.00 mL 3% H_2O_2 置于 250 mL 容量瓶中,加入蒸馏水稀释至刻度,充分摇匀。用移液管移取 25.00 mL 上述容量瓶中的溶液置于 250 mL 锥形瓶中,加入 60 mL 蒸馏水和 30 mL H_2SO_4,用 $KMnO_4$ 标准溶液滴定溶液至微红色并持续 30 s 内不褪色,即为终点。平行滴定 3 次。

因 H_2O_2 与 $KMnO_4$ 溶液开始反应速度很慢,可加入 $MnSO_4$(相当于 10~13 mg Mn^{2+} 量)为催化剂,以加快反应速度。

根据 $KMnO_4$ 溶液的浓度和滴定过程中消耗滴定剂的体积,计算试样中 H_2O_2 的含量。实验数据记录在表 2-18-1 中。

表 2-18-1　实验数据记录

记录项目	平行测定次数		
	1	2	3
(称量瓶＋$Na_2C_2O_4$)的质量(前)/g			
(称量瓶＋$Na_2C_2O_4$)的质量(后)/g			
$Na_2C_2O_4$ 的质量			
$KMnO_4$ 标准溶液终读数/mL			
$KMnO_4$ 标准溶液初读数/mL			
V_{KMnO_4}/mL			
c_{KMnO_4}/(mol·L^{-1})			
$\bar{c}_{KMnO_4}$/(mol·L^{-1})			
$KMnO_4$ 标准溶液终读数/mL			
$KMnO_4$ 标准溶液初读数/mL			
V_{KMnO_4}/mL			

记录项目	平行测定次数		
	1	2	3
$c_{H_2O_2}$			
$\bar{c}_{H_2O_2}$			
个别测定的绝对偏差			
相对平均偏差			

五、讨论

联系实验中的问题,结合自己的体会加以讨论。

六、思考题

(1)用 $KMnO_4$ 标准溶液测定 H_2O_2 时,能否用 HNO_3、HCl 和 HAc 控制酸度?为什么?

(2)配制 $KMnO_4$ 溶液时,过滤后的器具上沾污的产物是什么?应选用什么物质清洗干净?

(3)H_2O_2 有些什么重要性质?使用时应注意些什么?

实验 19　邻二氮杂菲分光光度法

一、实验目的

(1)掌握分光光度法测定铁含量的实验条件,学会选择分光光度分析的条件。

(2)掌握邻二氮杂菲分光光度法测定铁的原理。

(3)了解 722 型分光光度计的构造和使用方法。

二、实验原理

邻二氮杂菲(简写为 phen)是测定微量铁的一种较好的试剂,在 pH 为 2~9 时,Fe^{2+} 与邻二氮杂菲反应生成极稳定的橘红色配合物$[Fe(phen)_3]^{2+}$,其 $lgK_稳 = 21.3(20\ ℃)$,反应方程式如下:

该配合物的最大吸收峰在 510 nm 处,摩尔吸收系数 $k_{510} = 1.1 \times 10^4\ L \cdot (mol \cdot cm)^{-1}$。

Fe^{3+} 与邻二氮杂菲也能生成淡蓝色配合物,其 $lgK_稳 = 14.1(20\ ℃)$。因此,在显色前应预先用盐酸羟胺($NH_2OH \cdot HCl$)将 Fe^{3+} 还原成 Fe^{2+},其反应方程式如下:

$$2Fe^{3+} + 2NH_2OH \cdot HCl \longrightarrow 2Fe^{2+} + N_2 \uparrow + 2H_2O + 4H^+ + 2Cl^-$$

测定时,控制溶液的酸度在 pH 约为 5 较为适宜。酸度高,反应进行较慢;酸度低,Fe^{2+} 水解易影响显色。

本实验方法不仅灵敏度高、稳定性好,而且选择性高。相当于 Fe 量 40 倍的 Sn(Ⅱ)、Al(Ⅲ)、Ca(Ⅱ)、Mg(Ⅱ)、Zn(Ⅱ)、Si(Ⅳ),20 倍的 Cr(Ⅵ)、V(Ⅴ)、P(Ⅴ),5 倍的 Co(Ⅱ)、Ni(Ⅱ)、Cu(Ⅱ)均不干扰测定。

分光光度法测定物质含量时,通常要经过取样、显色及测定等步骤。为了使测定有较高的灵敏度和准确度,必须选择适宜的显色反应条件和测量吸光度的条件。通常所研究的显色反应条件有溶液的酸度、显色剂用量、温度、溶剂等。测量吸光度的条件主要有测量波长、吸光范围和参比溶液的选择。

三、仪器与试剂

实验仪器:722 型分光光度计、pH 计、容量瓶、吸量管、移液管、烧杯等。

液体试剂:铁标准溶液[100 μg·mL^{-1},准确称取 0.8634 g NH$_4$Fe(SO$_4$)$_2$·12H$_2$O 于 200 mL 烧杯中,加入 20 mL 6 mol·L^{-1} HCl 溶液和少量蒸馏水,溶解后转移至 1 L 容量瓶中,稀释至刻度,摇匀备用]、邻二氮杂菲(0.15% 水溶液)、盐酸羟胺(10% 水溶液,用时配制)、NaAc(1 mol·L^{-1})、NaOH(0.1 mol·L^{-1})、HCl(6 mol·L^{-1})等。

四、实验步骤与数据记录

1. 条件试验

(1)吸收曲线的制作和测量波长的选择。用吸量管吸取 0.0 mL、1.0 mL 100 μg·mL^{-1} 铁标准溶液,分别注入 2 个 50 mL 容量瓶中,分别加入 1 mL 盐酸羟胺溶液、2 mL 邻二氮杂菲溶液、5 mL NaAc 溶液,用蒸馏水稀释至刻度,摇匀。放置 10 min 后,利用 722 型分光光度计(1 cm 比色皿),以试剂空白(0.0 mL 铁标准溶液)为参比溶液,在 440~560 nm,每隔 10 nm 测一次吸光度,在最大吸收峰附近,每隔 5 nm 测一次吸光度。在方格坐标纸上,以波长 λ 为横坐标,吸光度 A 为纵坐标,绘制 A 与 λ 关系的吸收曲线。从吸收曲线上选择测定 Fe 的适宜波长,一般选用最大吸收波长 λ_{max}。

(2)溶液酸度的选择。取 7 个 50 mL 容量瓶各加入 1 mL 铁标准溶液、1 mL 盐酸羟胺溶液和 2 mL 邻二氮杂菲溶液,摇匀,然后用滴定管分别加入 0.0 mL、2.0 mL、5.0 mL、10.0 mL、15.0 mL、20.0 mL、30.0 mL 0.1 mol·L^{-1} NaOH 溶液,用蒸馏水稀释至刻度,摇匀,放置 10 min。利用 722 型分光光度计(1 cm 比色皿),以蒸馏水为参比溶液,在选择的波长下测定各溶液的吸光度。同时,用 pH 计测量各溶液的 pH。以 pH 为横坐标,吸光度 A 为纵坐标,绘制 A 与 pH 关系的酸度影响曲线,得出测定铁的适宜酸度范围。

(3)显色剂用量的选择。取 7 个 50 mL 容量瓶,各加入 1 mL 铁标准溶液和 1 mL 盐酸羟胺溶液,摇匀,再用滴定管分别加入 0.10 mL、0.30 mL、0.50 mL、0.80 mL、1.0 mL、2.0 mL、4.0 mL 邻二氮杂菲溶液和 5 mL 1 mol·L^{-1} NaAc 溶液,用蒸馏水稀释至刻度,摇匀,放置 10 min。利用 722 型分光光度计(1 cm 比色皿),以蒸馏水为参比溶液,在选择的波长下测定各溶液的吸光度。以所取溶液体积 V 为横坐标,吸光度 A 为纵坐标,绘制 A 与 V 关系的显色剂用量影响曲线,得出测定铁时显色剂的最适宜用量。

(4)显色时间。在一个 50 mL 容量瓶中,加入 1 mL 铁标准溶液和 1 mL 盐酸羟胺溶液,摇匀,再加入 2 mL 邻二氮杂菲溶液和 5 mL 1 mol·L^{-1} NaAc 溶液,用蒸馏水稀释至刻度,摇匀,利用 722 型分光光度计(1 cm 比色皿),以蒸馏水为参比溶液,在选择的波长下测定各溶液的吸光度。然后依次测量放置 5 min、10 min、30 min、60 min、120 min 等后的吸光度。以时间 t 为横坐标,吸光度 A 为纵坐标,绘制 A 与 t 关系的显色时间影响曲线,得出铁与邻二氮杂菲显色反应完全所需要的适宜时间。

2. 铁含量的测定

(1)标准曲线的测定。用吸量管吸取 100 μg·mL^{-1} 铁标准溶液 10 mL 于 100 mL 容

量瓶中,加入 2 mL 6 mol·L^{-1} HCl 溶液,用蒸馏水稀释至刻度,摇匀。此溶液中每毫升含 Fe^{3+} 10 μg。

取 6 个 50 mL 容量瓶,用吸量管分别加入 0.0 mL、2.0 mL、4.0 mL、6.0 mL、8.0 mL、10.0 mL 10 μg·mL^{-1} 铁标准溶液,各加入 1 mL 盐酸羟胺溶液、2 mL 邻二氮杂菲溶液、5 mL NaAc 溶液,每加入一种试剂后都要摇匀。然后用蒸馏水稀释至刻度,摇匀后放置 10 min。利用 722 型分光光度计(1 cm 比色皿),以试剂空白(0.0 mL 铁标准溶液)为参比溶液,在所选波长下,测量各溶液的吸光度。以铁含量为横坐标,吸光度 A 为纵坐标,绘制标准曲线。

由绘制的标准曲线,重新查出相应铁浓度的吸光度,计算 Fe^{2+}-phen 配合物的摩尔吸光系数 ε。

(2)试样中铁含量的测定。准确吸取 5 mL 试样溶液于 50 mL 容量瓶中,按照标准曲线的制作步骤,加入各种试剂,测量吸光度。从标准曲线上查出并计算试样溶液中的铁含量。

五、讨论

联系实验中的问题,结合自己的体会加以讨论。

六、思考题

(1)实验中量取各种试剂时,应分别采用何种量器较为合适?为什么?

(2)试对所做条件试验进行讨论并选择适宜的测量条件。

(3)怎样用吸光光度法测量水样的全铁(总铁)和亚铁的含量?试拟出一简单步骤。

(4)制作标准曲线和进行其他条件试验,加入试剂的顺序能否任意改变?为什么?

实验 20　试样中微量氟的测定

一、实验目的

(1)了解精密酸度计和氟离子选择电极的基本结构及工作原理。

(2)掌握离子选择电极的电位测定法。

(3)学会电位分析中标准曲线法和标准加入法两种定量方法。

二、实验原理

水溶液中的微量氟对人的牙齿具有保健作用,氟虽然可以防止龋齿,但过量的氟会对人体造成危害。采用离子选择电极法可对水样中微量氟进行测定。

离子选择电极是一种电化学传感器,它能将溶液中特定离子的活度转换成相应的电位。以饱和甘汞电极为参比电极、氟离子选择电极为指示电极,当溶液总离子强度等条件一定时,氟离子浓度为 $10^0 \sim 10^{-6} \, \text{mol} \cdot \text{L}^{-1}$,电池电动势(或氟电极的电极电位)与 pF $(\text{pF} = -\lg[\text{F}])$ 呈线性关系,因此可用标准曲线法或标准加入法测定试样中的微量氟。

能与氟离子生成稳定配合物或难溶沉淀的离子(如 Al^{3+}、Fe^{3+}、Ca^{2+}、Re^{3+}、H^+、OH^- 等)会干扰测定,因此常采用柠檬酸、磺基水杨酸、EDTA 等掩蔽剂掩蔽,并控制 pH 为 5~6。

三、仪器和试剂

实验仪器:磁力搅拌器、酸度计、氟离子选择电极、饱和甘汞电极、容量瓶、塑料烧杯、移液管、磁力搅拌器等。

液体试剂:氟标准溶液($10 \, \mu\text{g} \cdot \text{mL}^{-1}$)、氟试样、总离子强度调节缓冲液[TISAB,于 1000 mL 烧杯中加入 500 mL 蒸馏水、57 mL 冰醋酸、58 g NaCl 和 12 g 柠檬酸钠 $(Na_3C_6H_5O_7 \cdot 2H_2O)$,搅拌至完全溶解后将烧杯放在冷水浴中,缓缓加入 $6 \, \text{mol} \cdot \text{L}^{-1}$ NaOH 溶液并搅匀,用 pH 计测量,使 pH 为 5.0~5.5,冷却至室温,转入 1000 mL 容量瓶中,用蒸馏水稀释至标线,充分摇匀,备用]等。

四、实验步骤与数据记录

1. 准备工作

将准备好的氟离子选择电极和饱和甘汞电极夹在电极夹上,将氟离子选择电极的接线插头插入酸度计的"-"极插孔内,饱和甘汞电极的引线与酸度计的"+"极相连。在 100 mL 塑料烧杯中加入适量蒸馏水,滴入 1~2 滴 TISAB,放入磁力搅拌子。将两电极插入水中适当深度(提示:两电极不要碰到杯壁及磁力搅拌子),开动磁力搅拌器清洗氟电极直至空白电位。重复测量一次,两次电位数值相近方可使用。

2. 标准曲线的绘制

(1)标准溶液的配制。取 6 个 50 mL 容量瓶分别加入 0.00 mL、2.00 mL、4.00 mL、6.00 mL、8.00 mL、10.00 mL 10 μg·mL^{-1}氟标准溶液,再各加入 10 mL TISAB 溶液,用蒸馏水稀释至刻度,摇匀即可得到浓度分别为 0.00 μg·mL^{-1}、0.40 μg·mL^{-1}、0.80 μg·mL^{-1}、1.20 μg·mL^{-1}、1.60 μg·mL^{-1}、2.00 μg·mL^{-1}的标准系列溶液。

(2)标准曲线的绘制。将标准系列溶液中浓度最低的溶液转移至 50 mL 干燥的塑料烧杯中,浸入指示电极和参比电极,在电磁搅拌下,每隔 30 s 读一次电池电动势(E),直至 1 min内读数基本不变(<1 mV),记录其相应的 E 值。从低浓度到高浓度逐一测试,绘制 E-[F$^-$]图并计算出线性回归方程。

3. 样品的测定

取氟试样 5 mL 于 50 mL 容量瓶中,加入 TISAB 溶液 10 mL,用蒸馏水稀释至刻度,摇匀。然后全部转移至 50 mL 干燥的塑料烧杯中,浸入指示电极和参比电极,在电磁搅拌下,每隔 30 s 读一次电池电动势(E),直至 1 min 内读数基本不变(<1 mV),记录其相应的 E_x值。将样品中测得的 E_x 值代入线性回归方程,计算试样溶液中的氟离子的浓度,并根据试样的取样量及试样溶液的总体积,计算出样品中氟的含量(单位为 mg·L^{-1})。

【注意事项】

(1)氟离子选择电极在使用前,宜在蒸馏水中浸泡活化数小时,使其空白电位在 -300 mV左右。

(2)测定时,应从低浓度到高浓度逐一进行,每测定完一次,应用蒸馏水冲洗电极,并用滤纸吸干电极上的水分。

(3)电极在高浓度溶液中测定后,应立即在蒸馏水中清洗至空白电位值,再测定低浓度溶液,否则将因迟滞效应影响测定准确度。

(4)电极不宜在浓溶液中长时间浸泡,每次使用完毕应将电极清洗至空白电位值,再存放,否则会因电极膜钝化而影响其检测下限。

五、讨论

联系实验中的问题,结合自己的体会加以讨论。

六、思考题

(1)试述氟离子选择电极测定 F$^-$ 浓度的原理。

(2)实验中加入 TISAB 的作用是什么?它包括哪些组分?

(3)实验中氟离子选择电极和饱和甘汞电极哪个是正极?哪个是负极?写出其电池表达式。

实验 21　重量分析法测定钡盐中的钡含量

一、实验目的

(1)掌握测定 $BaCl_2 \cdot 2H_2O$ 中钡含量的原理和方法。

(2)掌握晶形沉淀的制备、过滤、洗涤、灼烧及恒重的基本操作技术。

二、实验原理

称取一定量的 $BaCl_2 \cdot 2H_2O$,用蒸馏水溶解,加稀 HCl 溶液酸化,加热至微沸,在不断搅动的条件下,慢慢地加入稀、热的 H_2SO_4,则 Ba^{2+} 与 SO_4^{2-} 会发生反应形成晶形沉淀。该沉淀经陈化、过滤、洗涤、烘干、炭化、灰化、灼烧后,以 $BaSO_4$ 形式称量,即可求出 $BaCl_2 \cdot 2H_2O$ 中钡含量。

为了获得颗粒较大、纯净的结晶形沉淀,应在酸性、较稀的热溶液中缓慢加入沉淀剂,以降低相对过饱和度,沉淀完成后还需陈化;为保证沉淀完全,沉淀剂必须过量,并在自然冷却后再过滤;沉淀前试液经酸化可防止碳酸盐等钡的弱酸盐沉淀产生。选用稀硫酸为洗涤剂可减少 $BaSO_4$ 的溶解损失,且 H_2SO_4 在灼烧时可被分解除掉。

三、仪器和试剂

实验仪器:托盘天平、瓷坩埚,马弗炉,干燥器,表面皿,烧杯,滴管、玻璃棒、离心管等。

实验材料:滤纸等。

液体试剂:H_2SO_4($1\ mol \cdot L^{-1}$),HCl($2\ mol \cdot L^{-1}$),$AgNO_3$($0.1\ mol \cdot L^{-1}$)等。

固体试剂:$BaCl_2 \cdot 2H_2O$ 等。

四、实验步骤与数据记录

1. 瓷坩埚的准备

洗净瓷坩埚,凉干,然后在 800~850 ℃马弗炉中灼烧。第一次灼烧 30~45 min,取出稍冷片刻后,转入干燥器中冷却至室温后称重。然后再放入同样温度的马弗炉中,进行第二次灼烧。第二次灼烧 15~20 min,取出稍冷片刻后,转入干燥器中冷却至室温后再称重。重复上述操作,直至恒重。恒重是指两次灼烧后,称得的重量差为 0.2~0.3 mg。

一般,此重量差对不同沉淀形式应有不同的要求。坩埚和沉淀进行恒重操作时,每次应注意放置相同的冷却时间、相同的称重时间。总之,恒重过程中,要保持各种操作的一致性。

2. 试样分析

准确称取 0.4~0.6 g $BaCl_2 \cdot 2H_2O$ 试样 2 份[1],分别置于两个 250 mL 烧杯中,加蒸

馏水约 70 mL,2~3 mL 2 mol·L^{-1} HCl,盖上表面皿,加热至近沸,溶解,但勿使试液沸腾,以防溅失。与此同时,另取 4 mL 1 mol·L^{-1} H$_2$SO$_4$ 溶液 2 份,置于烧杯中,用蒸馏水稀释至 30 mL,加热至近沸。然后用滴管逐滴地向近沸的 2 份 H$_2$SO$_4$ 溶液中各加入 2 份热的钡盐溶液,并用玻璃棒不断搅动,直至 2 份热的钡盐溶液分别全部加入。

待沉淀下沉后,在上层清液中加入 1~2 滴 1 mol·L^{-1} H$_2$SO$_4$,仔细观察沉淀是否完全,若已沉淀完全,则盖上表面皿,将玻璃棒靠在烧杯嘴边(切勿将玻璃棒拿出杯外,以免损失沉淀),置于水浴或沙浴上加热,陈化 0.5~1 h,并不时搅动,也可将沉淀在室温下放置过夜,陈化。溶液冷却后,用中速定量滤纸过滤,先将上层清液倾注在滤纸上,再以 1 mol·L^{-1} H$_2$SO$_4$ 洗涤液(洗涤液用 2~4 mL 1 mol·L^{-1} H$_2$SO$_4$ 稀释至 200 mL 配成),洗涤沉淀 3~4 次,每次约用 10 mL,洗涤时均用倾泻法过滤。

然后,将沉淀小心转移至滤纸上,用淀帚由上至下擦拭烧杯内壁,并用一滤纸片擦净杯壁(该滤纸片是在折叠滤纸时撕下的小片),将此滤纸片放在漏斗内的滤纸上,再用蒸馏水洗涤沉淀至无 Cl$^-$ 为止(用 AgNO$_3$ 溶液检查,检查方法:用 10 mL 离心管收集 2 mL 滤液,并滴加 0.1 mol·L^{-1} AgNO$_3$ 溶液,直到不显浑浊)。将沉淀和滤纸置于已恒重的瓷坩埚中,经干燥、炭化、灰化后[2],在 800~850 ℃[3]下灼烧至恒重[4][5]。

【注释】

[1] 一般需要平行做 2~3 份。各院校可根据实验室条件,要求学生做 2 份或 3 份。

[2] 沉淀及滤纸的干燥、炭化和灰化过程,应在煤气灯上或电炉上进行,不能在马弗炉中进行。

[3] 灼烧 BaSO$_4$ 沉淀的温度不能超过 900 ℃,否则 BaSO$_4$ 将与 C 作用而被还原,反应方程式如下:

$$BaSO_4 + 4C \rlap{=}{=} BaS + 4CO \uparrow$$

$$BaSO_4 + 4CO \rlap{=}{=} BaS + 4CO_2 \uparrow$$

[4] 沉淀恒重的方法也可按生产单位的操作进行,即将沉淀转移到未恒重的坩埚中,在经干燥、炭化、灰化后在 800~850 ℃马弗炉中灼烧至恒重。这时"沉淀+坩埚"重量为 W_1。然后,用毛刷将坩埚中的沉淀刷干净,称出空坩埚的重量 W_2。由差减法($W_1 - W_2$)即可得出 BaSO$_4$ 沉淀重量。

[5] 称重时,要注意无论是坩埚及其盖放进托盘天平中,或从托盘天平中取出时,均应通过坩埚钳进行操作,切不可用手直接拿取。

【注意事项】

干燥好的玻璃坩埚稍冷后放入干燥器,先要留一小缝,30 s 后盖严,用托盘天平称量,必须在干燥器中自然冷却至室温后进行。

五、讨论

联系实验中的问题,结合自己的体会加以讨论。

六、思考题

(1)为什么要在稀、热 HCl 溶液中且不断搅拌条件下逐滴加入沉淀剂沉淀 $BaSO_4$？HCl 加入太多有何影响？为何要在热溶液中沉淀 $BaSO_4$，但要在冷却后过滤？晶形沉淀为何要陈化？

(2)什么叫作倾泻法过滤？洗涤沉淀时，为什么使用洗涤液或蒸馏水要少量多次？

(3)什么叫作灼烧至恒重？

实验 22 正丁基溴的制备

一、实验目的

(1)学习由醇制备卤代烷的原理和方法。

(2)学习回流、蒸馏、洗涤、干燥等基本操作技术。

(3)了解并掌握有害气体的吸收方法。

二、实验原理

卤代烃是一类重要的有机合成中间体,根据与卤素所连的烃基的结构,卤代烃可分为卤代烷、卤代烯和芳香族卤代物。

卤代烷可通过多种方法和试剂进行制备。实验室制备卤代烷最常用的方法是将结构对应的醇通过亲核取代反应转变为卤代物,常用的试剂有氢卤酸、三卤化磷和氯化亚砜。其中,醇与氢卤酸的反应是制备卤代烷最方便的方法,其反应的难易随所用的醇的结构和氢卤酸的不同而有所不同。反应的活性次序为叔醇>仲醇>伯醇,HI>HBr>HCl。叔醇在无催化剂存在下,室温即可与氢卤酸进行反应;仲醇需要温热及酸催化来加速反应;伯醇则需要更剧烈的反应条件及更强的催化剂来加速反应。

醇转变为溴化物也可用溴化钠与过量的浓硫酸来代替氢溴酸。本实验即采取此法来制备正丁基溴,其反应方程式如下:

主反应为

$$NaBr + H_2SO_4 \longrightarrow HBr + NaHSO_4$$

$$C_4H_9OH + HBr \xrightarrow{H_2SO_4} C_4H_9Br + H_2O$$

副反应为

$$C_4H_9OH \xrightarrow{H_2SO_4} (C_4H_9)_2O + H_2O$$

$$C_4H_9OH \xrightarrow{H_2SO_4} CH_3CH_2CH{=\!=}CH_2 + H_2O$$

三、仪器与试剂

实验仪器:磁力搅拌电热套、圆底烧瓶、蒸馏头、温度计套管、温度计、直形冷凝管、球形冷凝管、接引管、导气接头、三角漏斗、烧杯、锥形瓶、分液漏斗、量筒、移液管等。

实验材料:沸石、磁力搅拌子等。

液体试剂：正丁醇、H$_2$SO$_4$（浓）、NaOH（5％）、Na$_2$CO$_3$（10％）等。

固体试剂：无水 NaBr、无水 CaCl$_2$、沸石等。

四、实验步骤与数据记录

1. 装置的搭建

如图 2-22-1(a)所示，在 100 mL 圆底烧瓶上安装好球形冷凝管，搭成回流装置。再在球形冷凝管的上口安装导气接头，并通过一段乳胶管使其与一倒置在 250 mL 烧杯内的三角漏斗相连，组成气体吸收装置[1]。烧杯中事先加入约 100 mL 5％的 NaOH 溶液作为 HBr 气体的吸收剂。

2. 回流反应

(1)先在 50 mL 烧杯中加入 10 mL 水，并小心加入 10 mL 浓 H$_2$SO$_4$，混合均匀后冷却至室温。

(2)取下圆底烧瓶，向其中依次加入 8.3 g 研细的无水 NaBr，6.2 mL 正丁醇和上述稀释后冷却好的 H$_2$SO$_4$ 溶液。充分振摇后，加入几粒沸石和磁力搅拌子，并尽快接回事先安装好的回流装置上。

(3)将圆底烧瓶置于磁力搅拌电热套内，开启搅拌开关，并小心地加热至沸腾，控制电热套的温度使反应物保持沸腾且平稳的回流约 30 min。

3. 蒸馏出粗产物

回流反应完成后，待反应液冷却至室温。再依次卸下气体吸收装置和回流装置，向圆底烧瓶中补加几粒沸石，按照图 2-22-1(b)安装好蒸馏装置，蒸出产物正丁基溴，仔细观察馏出液，直到无油状液滴蒸出[2]。

4. 粗产物的洗涤、分离、干燥

(1)如图 2-22-1(c)所示，将收集的馏出液倒入分液漏斗中，加入 10 mL 水[3]充分振摇洗涤。静置分层后，将下层有机相放入一个洁净干燥的锥形瓶中。在不断地振摇下，向锥形瓶中慢慢地加入 3 mL 浓 H$_2$SO$_4$[4]。

(2)继续振摇充分后，将混合物小心地转移入分液漏斗中。静置分层，放出下层的浓 H$_2$SO$_4$，再依次分别用 10 mL 蒸馏水、5 mL 10％的 Na$_2$CO$_3$ 溶液和 10 mL 蒸馏水洗涤分液漏斗中的有机相，并将最终分离出的有机相转移到干燥的锥形瓶中。

(3)加入适量的 1～2 g 无水 CaCl$_2$ 干燥，间歇振摇锥形瓶，直至静置后的液体澄清透亮。

5. 产品的提纯

将干燥好的粗产物小心地倾入一洁净干燥的 50 mL 圆底烧瓶中，加入几粒沸石，安装好蒸馏装置。在电热套中小心地加热蒸馏，收集 99～102 ℃的馏分，并计算产率。

纯正丁基溴为无色透明液体，沸点为 101.6 ℃，d$_4^{20}$ 为 1.275。本实验约需 4 h。

【注释】

[1] 使用 HBr 气体吸收装置时，倒置的三角漏斗需稍微倾斜放置，与液面间留出空隙。防止反应液冷却时，反应液倒吸至圆底烧瓶内。

[2] 蒸馏时，可从以下几个方面判断有机物是否蒸馏完：一是馏出液是否由浑浊变为

澄清。二是反应瓶上层油层是否消失。三是取一烧杯收集几滴馏出液,加水摇动,观察有无油状物出现。若无则表示馏出液中已无有机物,蒸馏完成。蒸馏不溶于水的有机物时,常可用此法检验。四是若在稳定的加热蒸馏过程中,温度计的读数突然下降,则表示该馏分已蒸馏完。

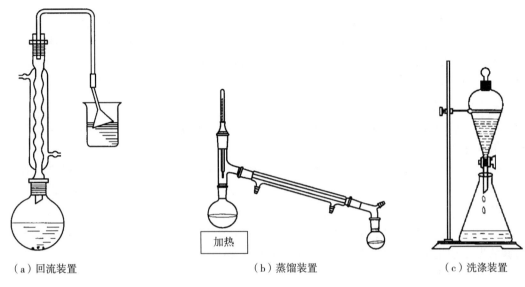

（a）回流装置　　　　　　　　（b）蒸馏装置　　　　　　　（c）洗涤装置

图 2-22-1　装置的搭建

　　[3] 若用水洗涤后产物呈红色,则是浓 H_2SO_4 的氧化作用生成了游离溴的缘故,可加入少量饱和 $NaHSO_3$ 溶液洗涤除去。使用分液漏斗时要看清界面,先将下层液体从下口放出,再将上层液体从漏斗上口倒出,注意顺序和出口。

　　[4] 浓 H_2SO_4 能洗去存在于粗产物中的少量未反应的正丁醇及副产物正丁醚等杂质,以防止其在蒸馏时与正丁基形成共沸物而难以除去。

五、思考题

　　(1)本实验中硫酸溶液的作用是什么? 硫酸的用量和浓度过大或过小有何影响?
　　(2)本实验有哪些副反应? 如何减少这些副反应?
　　(3)用分液漏斗洗涤产物时,为什么振摇后要及时放气? 应如何操作?
　　(4)试解释各步洗涤的目的。

实验 23　乙酸乙酯的合成

一、实验目的

(1)学习酯化反应的原理和酸催化下制备乙酸乙酯的操作方法。

(2)了解制备乙酸乙酯时反应物的滴加方法。

(3)进一步掌握蒸馏、洗涤、干燥等基本操作技术。

二、实验原理

以酸为催化剂的直接酯化法是工业和实验室制备羧酸酯最重要的方法。常用的催化剂有硫酸、氯化氢和对甲苯磺酸等。

酸的作用是使羰基质子化从而提高羰基的反应活性。整个反应是可逆的,当反应达到平衡后,酯的产量就不再随着时间的增加而增加。为了使反应向有利于生成酯的方向移动,通常采用过量的羧酸或醇,或者除去反应中生成的酯和水,或者两者同时采用。

在浓硫酸催化下,乙酸和乙醇生成乙酸乙酯的反应方程式如下:

主反应为

$$CH_3COOH + CH_3CH_2OH \underset{120\sim125\ ℃}{\overset{H_2SO_4}{\rightleftharpoons}} CH_3COOCH_2CH_3 + H_2O$$

副反应为

$$2C_2H_5OH \xrightarrow[140\ ℃]{H_2SO_4} C_2H_5OC_2H_5 + H_2O$$

为了提高酯的产量,工业生产中一般加入过量的乙酸,以使乙醇转化完全,避免乙醇、水和乙酸乙酯形成二元或三元恒沸物给分离带来困难。本实验采用加入过量乙醇并不断把反应中生成的酯和水蒸出的方法。

三、仪器与试剂

实验仪器:三口烧瓶、圆底烧瓶、聚四氟磨口滴液漏斗、空心玻璃塞、蒸馏头、温度计套管、温度计、直形冷凝管、接引管、分液漏斗、锥形瓶、烧杯、移液管、量筒等。

实验材料:pH 试纸等。

液体试剂:乙醇(95%)、冰醋酸、硫酸(浓)、Na_2CO_3(饱和)、NaCl(饱和)、$CaCl_2$(饱和)等。

固体试剂:无水 K_2CO_3、沸石等。

四、实验步骤与数据记录

1. 装置的搭建

(1)在 250 mL 三口烧瓶中加入 3 mL 95％的乙醇后,在不断摇动下缓慢加入 3 mL 浓 H_2SO_4,将两者混合均匀后加入几粒沸石。

(2)如图 2-23-1(a)所示,在三口烧瓶的左侧口安装聚四氟磨口滴液漏斗,中间口安装温度计[1]并使其测温球浸入到液面下,右侧口连接蒸馏装置,并在蒸馏头上塞上空心玻璃塞。

2. 乙酸乙酯的制备

(1)在滴液漏斗内加入 20 mL 95％的乙醇和 14.3 mL 冰醋酸的混合液。将三口烧瓶置于电热套中小心地加热,使三口烧瓶中的反应液温度升高到 120 ℃左右后[2],再将滴液漏斗中的混合液慢慢地滴入三口烧瓶中。

(2)控制滴加速度[3]和蒸出速度大致相等(约每秒 1 滴),并维持反应温度为 120～125 ℃。待混合液滴加完后,继续加热 10～15 min,直至不再有馏出液为止。

3. 粗产物的洗涤

(1)在摇动下,向上述收集的馏出液中小量分批[4]慢慢加入饱和 Na_2CO_3 溶液(约 10 mL),直到无 CO_2 气体放出。不断用 pH 试纸检验酯层,至其呈中性后,移入分液漏斗中,充分振摇(提示:及时放气!)后静置,分出下层水相。

(2)如图 2-23-1(b)所示,继续用等体积(约 10 mL)的饱和 NaCl 溶液洗涤酯层,并放出下层水相,再用等体积(约 10 mL)的饱和 $CaCl_2$ 溶液洗涤 2 次,放出下层废液。

(3)将酯层从分液漏斗的上口倒入干燥的小锥形瓶内,加入适量无水 K_2CO_3 干燥。

4. 乙酸乙酯的精制

将干燥后的粗乙酸乙酯小心地倾入一洁净干燥的 50 mL 圆底烧瓶中,安装好蒸馏装置。如图 2-23-1(c)所示,水浴加热蒸馏,收集 74～80 ℃的馏分,并计算产率。

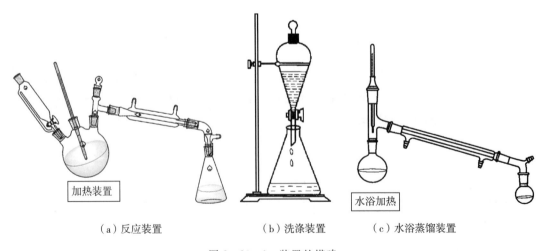

(a)反应装置　　　　　　　(b)洗涤装置　　　　　(c)水浴蒸馏装置

图 2-23-1　装置的搭建

纯乙酸乙酯为无色透明液体,具有果香气味;熔点为 -83.6 ℃,沸点为 77.1 ℃;d_4^{20} 为

0.9005，n_D^{20} 为 1.3723；微溶于水，溶于乙醇、氯仿、乙醚和苯等；易着火，蒸气和空气形成爆炸性混合物，爆炸极限为 2.2%～11.2%。本实验约需 4 h。

【注释】

[1] 若将温度计安装在左侧口，滴液漏斗安装在中间口，则在滴加混合液的过程中，可能会有液滴落在温度计的测温球上，使温度计的示数偏低而影响实验结果。

[2] 加热温度不宜过高，否则会增加副产物乙醚的含量；加热温度也不能过低，否则酯化反应不完全。

[3] 滴加速度太快会使醋酸和乙醇来不及作用而被蒸出，滴加速度太慢会浪费时间影响实验进程。实际操作中，应根据温度计的读数变化来调节滴加速度：当温度接近 125 ℃ 时，适当加快滴加速度；当温度降至 110 ℃ 以下时，应减慢滴加速度，必要时暂停滴加；待温度回升至 110 ℃ 以上后，再继续以每秒 1 滴的速度滴加，直至滴加完全。

[4] 未反应完全的醋酸与 Na_2CO_3 反应时，有 CO_2 气体生成。若一次性加入，则反应过于剧烈，可能会使液体溅出。故必须在不断摇动下，小量分批加入，使之温和的反应。

五、思考题

(1)本实验中浓 H_2SO_4 起何作用？

(2)本实验使用过量的乙醇，而不是过量的醋酸，为什么？

(3)蒸出的粗乙酸乙酯中主要有哪些杂质？

(4)能否用浓 NaOH 溶液代替饱和 Na_2CO_3 溶液？

(5)用饱和 $CaCl_2$ 溶液洗涤的目的是什么？为何先要用饱和 NaCl 溶液洗涤？能否用水代替？

实验 24 乙苯的制备

一、实验目的

(1) 学习 Friedel‑Crafts 法制备乙苯的原理和方法,加深对烷基化反应特点的认识。

(2) 了解无水操作技术,进一步掌握有害气体的吸收方法。

(3) 学习分馏的原理和操作技术。

二、实验原理

在催化剂的作用下,芳烃与卤代烷和酸酐等作用,环上的氢原子被烷基和酰基取代的反应,分别称为烷基化反应和酰基化反应,两者统称为 Friedel‑Crafts(傅‑克)反应。Friedel‑Crafts 反应常用的催化剂有无水氯化铝、氯化铁、氯化锌、氟化硼和硫酸等,其中以无水氯化铝的活性最高。采用何种催化剂,需根据反应物的活性、试剂的种类及反应条件而定。烷基化反应是芳环上引入烷基的重要方法,应用较广,如乙苯的合成。其反应方程式如下:

主反应为

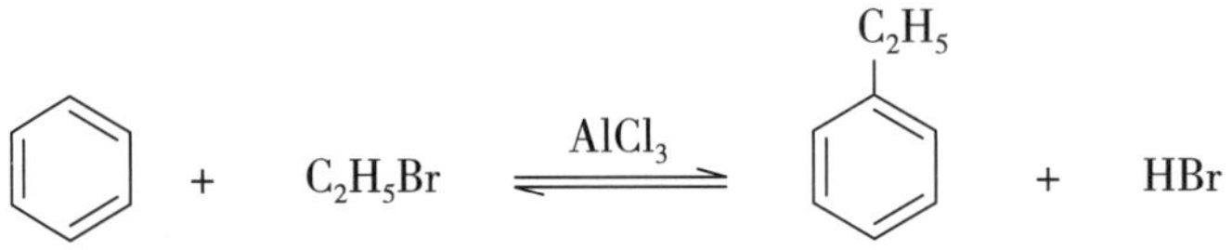

副反应为

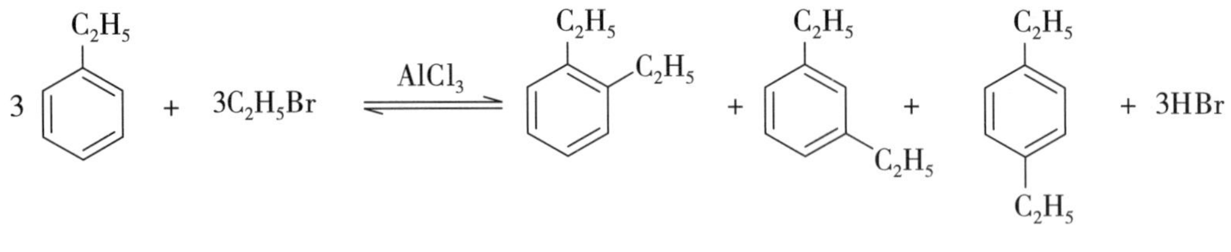

三、仪器与试剂

实验仪器:三口烧瓶、圆底烧瓶、聚四氟磨口滴液漏斗、分液漏斗、直形冷凝管、蒸馏头、接引管、球形冷凝管、刺形分馏柱、空心玻璃塞、三角漏斗、温度计套管、温度计、锥形瓶、烧杯、磁力搅拌子、移液管、量筒、玻璃棒等。

液体试剂:溴乙烷、苯[1]、HCl(浓)、NaOH(10%)等。

固体试剂:无水 $AlCl_3$[2]、冰屑、无水 $CaCl_2$、沸石等。

四、实验步骤与数据记录

本实验所用试剂必须是无水的,所用仪器必须是干燥的[3]。

1. 装置的搭建

如图 2-24-1(a)所示,在 250 mL 三口烧瓶的左侧口安装聚四氟磨口滴液漏斗,中间口安装球形冷凝管,右侧口塞上空心玻璃塞。参照中篇实验 22 正丁基溴的制备中的操作,在回流冷凝管上口连接好 HBr 气体吸收装置,并以 100 mL 10%的 NaOH 溶液作为 HBr 气体的吸收剂。

2. 粗产物的制备

(1)在三口烧瓶中加入 15 mL 苯、几粒沸石和磁力搅拌子,在滴液漏斗中加入 3.8 mL 溴乙烷和 7.2 mL 苯的混合液。固定好装置后,打开右侧口的空心玻璃塞,向三口烧瓶中迅速加入 0.75 g 无水 $AlCl_3$,开启磁力搅拌,自滴液漏斗中缓慢滴加混合液。

(2)当观察到有 HBr 气体逸出,并有不溶于苯的红棕色配合物[4]生成时,表明反应已经开始。控制好滴加速度,使反应不至于过于剧烈(HBr 的逸出速度不至太快)。

(3)加料完毕后,继续搅拌。当反应缓和下来时,开始加热,控制温度在 60 ℃左右,在此温度保持 1 h 后停止加热和搅拌。

3. 洗涤分液

(1)待反应冷却后,在通风橱内,将反应物慢慢地倒入盛有 25 g 冰屑、25 mL 蒸馏水及 2.5 mL 浓 HCl 混合物的烧杯中,用玻璃棒不断搅拌,使配合物完全分解。

(2)如图 2-24-1(b)所示,用分液漏斗分去水层后,继续用等体积的水洗涤烃层若干次,分离出烃层,并用适量的无水 $CaCl_2$ 干燥。

4. 分馏提纯

(1)将干燥后的液体转移入 100 mL 圆底烧瓶中按图 2-24-1(c)装好分馏装置,在电热套中小心地加热分馏,馏出速度控制在每秒 1 滴。当温度到达 85 ℃时,停止加热。

(2)稍稍冷却后,把分馏装置改装成蒸馏装置。在电热套中加热蒸馏,收集 132~139 ℃的馏分[5],并计算产率。

纯乙苯为无色透明液体;d_4^{20} 为 0.8672,n_D^{20} 为 1.4959;熔点为 -94 ℃,沸点为 136.1 ℃;微溶于水,溶于乙醇、苯、乙醚和四氯化碳。本实验约需 4 h。

【注释】

[1] 此实验最好用无噻吩的苯。要除去苯中所含噻吩,可用硫酸多次洗涤(每次用相当于苯体积 15%的浓 H_2SO_4)直到不含噻吩,然后依次用蒸馏水、10%的 NaOH 溶液和蒸馏水洗涤,用无水 $CaCl_2$ 干燥后蒸馏。检验苯中噻吩的方法:取 1 mL 试样,加 2 mL 0.1%的靛红在浓 H_2SO_4 溶液中,振荡数分钟,若有噻吩则酸层将呈现浅蓝绿色。

[2] 无水 $AlCl_3$ 暴露在空气中,极易吸水潮解而失效。应当使用新升华过的或包装严密的试剂,且称取动作要迅速。

[3] 仪器或药品不干燥,将严重影响实验结果,甚至使反应难以进行。

[4] 此红棕色配合物是催化剂,反应发生在配合物与苯的界面处。

[5] 85～132 ℃的馏分为含少量乙苯的苯,另外用瓶收集,如果将此馏分再分馏一次,那么可再回收一部分乙苯。139 ℃以上的残液中含有二乙苯及多乙苯。

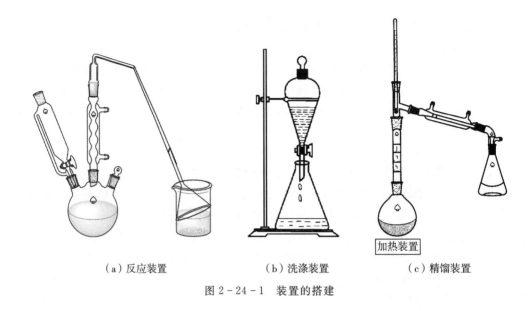

　　　（a）反应装置　　　　　　　（b）洗涤装置　　　　　　（c）精馏装置

图 2-24-1　装置的搭建

五、思考题

　　(1)做本实验时需要特别注意什么问题?

　　(2)为什么在本实验中苯的用量大大超过理论量? 如果将苯的用量减少,如减少为 0.1 mol 或 0.15 mol,会产生什么结果?

　　(3)为什么将溴乙烷滴加到苯中,而不是将它与苯直接混合反应?

　　(4)反应完毕后,为什么要将混合物倒入稀 HCl 中? 为什么要用冰屑?

　　(5)分离产品时,为什么要采用分馏法先将苯分离出来? 将干燥过的粗产品直接进行蒸馏有什么不好?

实验 25　2-甲基-2-丁醇的合成

一、实验目的

(1)学习由卤代烃与镁反应制备 Grignard 试剂的方法。

(2)学习用 Grignard 试剂与酮反应制备叔醇的原理和方法。

(3)进一步掌握回流、蒸馏等装置的安装和无水操作技术。

二、实验原理

醇是有机合成中应用很广的一类化合物,不但可作为良好的溶剂,而且易转变成卤代烷、烯、醚、醛、酮、羧酸和羧酸酯等多种化合物。醇是一类重要的化工原料。

醇的制法很多,简单和常用的醇在工业上利用水煤气合成、淀粉发酵、烯烃水合及易得的卤代烃的水解等反应来制备;在实验室可利用羰基还原(醛、酮、羧酸和羧酸酯)和烯烃的硼氢化-氧化等方法来制备,也可利用格氏(Grignard)反应来合成各种结构复杂的醇。

卤代烷和溴代芳烃与金属镁在无水乙醚中反应生成的烃基化镁,称为 Grignard 试剂。由于微量水分的存在会抑制反应的引发,且会分解生成的 Grignard 试剂,从而影响 Grignard 试剂的产率,因此 Grignard 试剂的制备必须在无水条件下进行。此外,Grignard 试剂可以与 O_2、CO_2 发生偶合反应,故 Grignard 试剂不宜较长时间保存。

因为 Grignard 反应是一个放热反应,所以卤代烃的滴加速度不宜过快,必要时可用冷水冷却。当反应开始后,应调节滴加速度,使反应物保持微沸即可。本实验以溴乙烷和金属镁在无水乙醚中反应生成的乙基溴化镁与无水丙酮反应,来制备 2-甲基-2-丁醇。具体反应方程式如下:

$$CH_3CH_2Br + Mg \longrightarrow CH_3CH_2MgBr$$

$$CH_3CH_2MgBr + CH_3COCH_3 \longrightarrow H_2CH_3C - \overset{\overset{\displaystyle CH_3}{|}}{\underset{\underset{\displaystyle CH_3}{|}}{C}} - OMgBr \xrightarrow{H_3O^+} H_2CH_3C - \overset{\overset{\displaystyle CH_3}{|}}{\underset{\underset{\displaystyle CH_3}{|}}{C}} - OH$$

三、仪器与试剂

实验仪器:三口烧瓶、圆底烧瓶、聚四氟磨口滴液漏斗、分液漏斗、空心玻璃塞、蒸馏头、球形冷凝管、直形冷凝管、接引管、锥形瓶、弯形干燥管、温度计套管、温度计、磁力搅拌子、移液管、量筒等。

实验材料:细砂纸、脱脂棉、pH 试纸等。

液体试剂:溴乙烷、无水丙酮、H_2SO_4(浓)、无水乙醚、Na_2CO_3(10%)等。

固体试剂:镁带、无水 K_2CO_3、无水 $CaCl_2$、沸石等。

四、实验步骤与数据记录

本实验所用的试剂必须是无水的,所用的仪器必须是干燥的!

1. 装置的搭建

如图 2-25-1(a)所示,在 250 mL 三口烧瓶的左侧口安装聚四氟磨口滴液漏斗,右侧口塞上空心玻璃塞,中间口安装球形冷凝管,在球形冷凝管上安装填有无水 $CaCl_2$ 且两端塞有脱脂棉的弯形干燥管,以防空气中的水汽侵入装置内部。

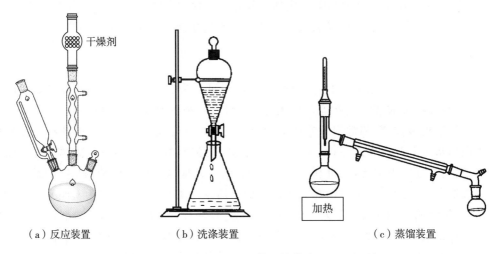

干燥剂

(a)反应装置   (b)洗涤装置   (c)蒸馏装置

加热

图 2-25-1 装置的搭建

2. 乙基溴化镁的制备

(1)往三口烧瓶内加入 1.75 g 洁净干燥的镁带[1]、10 mL 无水乙醚[2]和磁力搅拌子,同时在滴液漏斗中加入 8 mL 无水乙醚和 10 mL 干燥的溴乙烷。

(2)从滴液漏斗中先放出 5~7 mL 混合液到三口烧瓶中,同时开动磁力搅拌,如果 10 min 后还没有明显的反应现象[3](镁带表面有气泡生成且溶液变浑浊),可稍微加热。

(3)反应发生后,慢慢滴加混合液,保持反应物正常地沸腾与回流。若反应进行的过于剧烈,则要暂时停止滴加混合液。

(4)溴乙烷混合液滴加完毕后,关闭滴液漏斗的旋塞。等反应缓和后,适当加热,继续保持缓和的回流至镁几乎全部作用完毕[4],得到灰色的浑浊液。

3. 2-甲基-2-丁醇的制备

(1)将上述制备好的乙基溴化镁溶液冷却至室温后,在不断搅拌下,从滴液漏斗中缓缓滴加 5 mL 无水丙酮[5]和 5 mL 无水乙醚的混合液。随着混合液的滴入,会发生剧烈反应并形成白色沉淀[6]。滴加完毕后,继续搅拌 15 min 以上,使反应混合液冷却至室温,且液体慢慢变稠至无法搅动时效果最佳。

(2)在不断搅拌下,从滴液漏斗中慢慢滴加 4 mL 浓 H_2SO_4 和蒸馏 45 mL 水的混合液,以分解加成产物。此反应比较剧烈,首先生成白色絮状沉淀,随着稀 H_2SO_4 的加入,沉淀又溶解。

(3)将反应混合物倒入分液漏斗中,静置分层。放出下面的水层(暂时保留),上层用 10 mL 10% 的 Na_2CO_3 溶液洗涤至 pH 试纸检测为碱性。

(4)将分出的碱液与前面保留的水层溶液合并,用无水乙醚萃取 2 次,每次用 6 mL 无水乙醚,合并后乙醚溶液用无水 K_2CO_3 充分干燥[7]。

(5)将干燥过的乙醚溶液小心地倾入圆底烧瓶中,安装好蒸馏装置。在电热套中小心加热,先蒸出乙醚(提示:要回收),然后升高温度继续蒸馏,收集 100~104 ℃ 的馏分,并计算产率。

纯 2-甲基-2-丁醇为无色液体,沸点为 102.4 ℃,d_4^{15} 为 0.813。本实验约需 6 h。

【注释】

[1] 镁带表面通常附着氧化膜,必须将其除去,否则反应很难进行。除去镁带表面氧化膜的方法:在使用前用细砂纸将其表面擦亮,剪成小段后卷成麻花状,并立即使用。

[2] 无水乙醚可用分析纯的乙醚来制备:在盛有约 300 mL 乙醚的 500 mL 锥形瓶内,投入无水 $CaCl_2$,浸泡 3~4 d。

[3] 与卤代烷反应时放出的热量足以使乙醚沸腾。根据乙醚沸腾的情况,即可判断反应进行的是否剧烈。溴乙烷的沸点很低,如果沸腾得太厉害,那么会使溴乙烷从球形冷凝管的上口逸出而损失掉。

[4] Grignard 试剂与空气中的 O_2、H_2O、CO_2 都能起作用,所以制成的乙基溴化镁溶液不宜久放,应紧接着做后面的加成反应。

[5] 无水丙酮可由分析纯的丙酮经无水 K_2CO_3 干燥处理而得。

[6] 若反应物中含杂质较多,白色的固体加成物就不易生成,混合物会变成灰色的黏稠物。

[7] 2-甲基-2-丁醇能够与水形成恒沸点混合物,沸点为 87.4 ℃。如果干燥的不彻底,那么就有较多的液体在 95 ℃ 以下被蒸出。如果这样就需要重新干燥和蒸馏。

五、思考题

(1)指出本实验中最需要注意的问题。

(2)在制备 Grignard 试剂和进行加成反应时,如果使用普通乙醚和含水的丙酮,对反应有什么影响?

(3)用 Grignard 试剂的方法制备 2-甲基2-丁醇还可以选用其他什么原料? 写出反应方程式,并对这几种不同的路线进行比较。

实验 26 茶叶中咖啡因的提取

一、实验目的

(1)了解从茶叶中提取咖啡因的原理与方法。

(2)掌握索氏提取器的使用方法。

(3)学习升华原理及其操作技术。

二、实验原理

茶叶中含有多种生物碱,其主要成分为咖啡因(含量 3%~5%)并含有少量互为异构体的茶碱和可可碱。它们都是杂环化合物嘌呤的衍生物,其结构式及母核嘌呤的结构式如下:

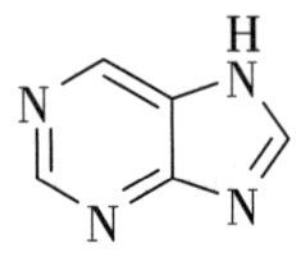

嘌呤 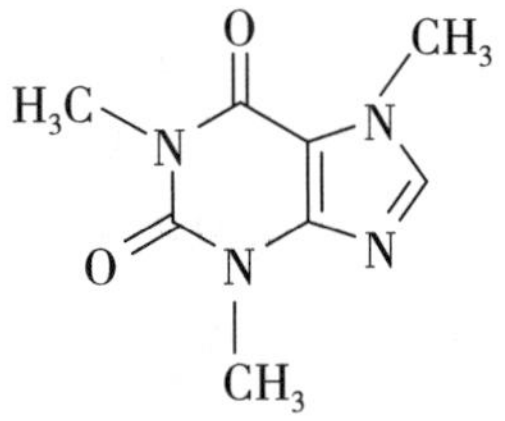　　　　　　　　　　　　　　咖啡因

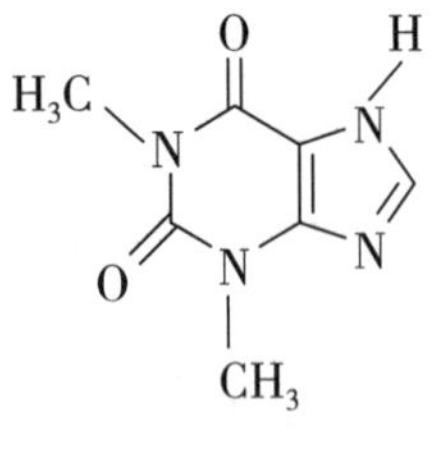

茶碱 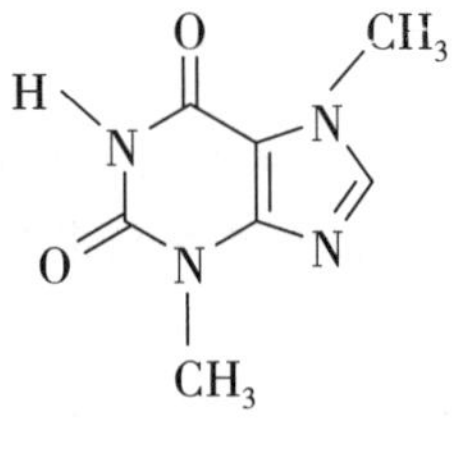　　　　　　　　　　　　　　可可碱

咖啡因具有刺激心脏、兴奋大脑神经及利尿等作用,因此可作为中枢神经兴奋药。它也是复方阿司匹林(APC)等药物的组分之一。

含结晶水的咖啡因呈无色针状结晶,易溶于水、乙醇、氯仿、丙酮,微溶于石油醚,难溶于苯和乙醚。咖啡因在 100 ℃时失去结晶水并开始升华,120 ℃时升华相当显著,178 ℃时升华很快。咖啡因的熔点为 234.5 ℃。

咖啡因可通过测定熔点及光谱法加以鉴别,还可通过其水杨酸盐进一步确证:作为弱碱性化合物,咖啡因能与水杨酸作用生成水杨酸盐,水杨酸盐熔点为 138 ℃。

为了提取茶叶中的咖啡因,本实验利用咖啡因易溶于乙醇、易升华等特点,以 95％的乙醇作为溶剂,通过索氏提取器进行连续提取,然后浓缩、焙炒得到粗咖啡因。粗咖啡因还含有其他一些生物碱和杂质,可通过升华提纯得到纯咖啡因。工业上,咖啡因主要通过人工合成制得。

三、仪器与试剂

实验仪器:索氏提取器(球形)、电热套、圆底烧瓶、表面皿、蒸发皿、三角漏斗、量筒、空心玻璃塞、玻璃棒等。

实验材料:滤纸套筒、回形针、滤纸等。

液体试剂:乙醇(95％)等。

固体试剂:茶叶末、生石灰、沸石等。

四、实验步骤与数据记录

1. 索氏提取

(1)称取 9 g 茶叶末,装入滤纸套筒[1]中,再将套筒小心地插入索氏提取器[2]中。

(2)量取 110 mL 95％的乙醇加入 150 mL 圆底烧瓶中,加入几粒沸石,按图 2-26-1(a)安装好索氏提取装置。

(3)用电热套加热,连续提取 2～3 h,记录溶液颜色的变化和虹吸次数。

(4)当提取液的颜色由墨绿色变为淡绿色时,待虹吸管中的提取液刚刚虹吸流回烧瓶后,立即停止加热。

2. 蒸馏焙干

(1)稍冷后,将提取装置改装成蒸馏装置[见图 2-26-1(b)],补加几粒沸石,进行蒸馏,蒸出大部分乙醇(要回收)。

(2)趁热将烧瓶中的残液(约 10 mL)[3]倒入表面皿中,加入约 2 g 研细的生石灰粉[4],搅拌成糊状,并置于蒸气浴上将溶剂蒸干。其间要用玻璃棒不断搅拌,至泥团状时,改用玻璃塞碾压,使其呈颗粒状。

(3)将固体颗粒转移到蒸发皿中,放在电热套上(设定温度约为 100 ℃),小心地将固体焙炒至干。

3. 升华

(1)稍冷后,在蒸发皿上覆盖一张用回形针刺有许多均匀小孔的滤纸。

(2)再在滤纸上扣一口径合适的三角漏斗,一起置于电热套上小心地加热升华[5],如图 2-26-1(c)所示(提示:最好在蒸发皿的底部垫上两个空心玻璃塞,以防因蒸发皿上沿低于电热套上沿而使滤纸接触到电热套内壁导致燃烧;若漏斗上有水汽则用滤纸擦干,升华过程中一定不要揭开滤纸)。

(3)当观察到有黄色烟雾冒出时,或在滤纸上表面出现许多白毛状结晶时,应立即停止加热,让其自然冷却至 100 ℃左右。再取下漏斗,揭开滤纸,将滤纸正反面的咖啡因晶体小

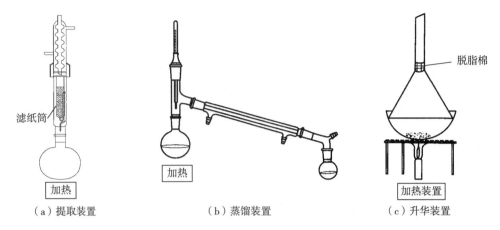

		脱脂棉
滤纸筒		
加热	加热	加热装置
（a）提取装置	（b）蒸馏装置	（c）升华装置

图 2-26-1 装置的搭建

心地刮下。

(4)残渣经拌和后可再次升华,合并两次收集的咖啡因,称重[6]。可结合高效液相色谱仪,测定所得产品的纯度。

纯咖啡因的熔点为 234.5 ℃。本实验约需 6 h。

【注释】

[1] 滤纸套筒既要紧贴器壁,又能方便取放;用滤纸包茶叶末时要严紧,防止其漏出堵塞虹吸管,所装茶叶末的高度不得超过虹吸管顶端;滤纸套筒上面折成凹形,以保证回流液均匀浸润被萃取物。

[2] 索氏提取器的虹吸管极易折断,安装和拆卸装置时必须特别小心。

[3] 烧瓶中乙醇不可蒸得太干,否则残液很黏,不利于转移。

[4] 生石灰起吸水和中和的作用除去部分酸性杂质,还作为载体以利于后面的升华操作。

[5] 在萃取回流充分的情况下,升华操作是实验能否成功的关键。升华过程中,始终需要控制好升华温度。温度太高会使产物发黄,甚至收集不到产品。设定温度可采取阶段式控温法,从 100 ℃开始,每恒温 5 min 后升高 10 ℃,最高不要超过 180 ℃。

[6] 实验所用的茶叶末中咖啡因的含量是未知的,故本实验不能计算产品的产率。

五、思考题

(1)索氏提取器的原理是什么? 与直接用溶剂回流提取比较有何优点?

(2)从茶叶中提取的粗咖啡因有绿色光泽,为什么?

(3)用升华法提纯物质有何优点及局限性?

一.实验目的

(1)学习通过 Cannizzaro 反应用苯甲醛制备苯甲醇和苯甲酸的原理和方法。

(2)了解液-液萃取的原理和操作方法,学习重结晶的原理和操作。

(3)进一步巩固洗涤、蒸馏、抽滤等基本操作技术。

二、实验原理

苯甲醇也叫作苄醇,常用作局部杀菌、止痛、止痒剂。苯甲酸是一种抗真菌药,在临床上对许多真菌都有良好的抑制作用。在酸性条件下,苯甲酸对酵母和霉菌有抑制作用。苯甲酸及其钠盐还是食品的重要防腐剂。制备苯甲醇和苯甲酸可以芳香醛为原料,经过坎尼扎罗(Cannizzaro)反应来完成。

芳香醛和其他不含 α-氢原子的醛(如甲醛、三甲基乙醛等)在强碱作用下,能发生自身的氧化还原反应,即一分子醛被还原为相应的醇,另一分子醛被氧化为相应的酸,此类反应称为 Cannizzaro 反应。

在 Cannizzaro 反应中,通常使用 50%的浓强碱,而且为了使反应完全,碱的用量一般比醛的用量多一倍以上。否则,未反应的醛与生成的醇混在一起,通过一般蒸馏的方法很难分离提纯。本实验用苯甲醛通过自身的 Cannizzaro 反应制备苯甲醇和苯甲酸。其反应方程式如下:

$$\text{C}_6\text{H}_5\text{—CHO} + \text{NaOH} \longrightarrow \text{C}_6\text{H}_5\text{—CH}_2\text{OH} + \text{C}_6\text{H}_5\text{—COONa}$$

$$\text{C}_6\text{H}_5\text{—COONa} + \text{HCl} \longrightarrow \text{C}_6\text{H}_5\text{—COOH} + \text{NaCl}$$

三、仪器与试剂

实验仪器:分析天平、圆底烧瓶、分液漏斗、直形冷凝管、空气冷凝管、蒸馏头、接引管、锥形瓶、橡皮塞、温度计套管、温度计、烧杯、表面皿、布氏漏斗、抽滤瓶、移液管、量筒等。

实验材料:石棉条、刚果红试纸等。

液体试剂:苯甲醛、苯、NaHSO_3(饱和)、Na_2CO_3(10%)、HCl(浓)等。

固体试剂:NaOH、无水 K_2CO_3、沸石等。

四、实验步骤与数据记录

1. Cannizzaro 反应

(1)在 100 mL 锥形瓶中,加入 11 g NaOH 和 11 mL 蒸馏水,振摇使其溶解后,冷却至室温。

(2)加入 12.6 mL 新蒸馏过的苯甲醛,用橡皮塞塞紧瓶口,用力振摇[1]使反应物充分混合,最好形成白色糊状物。塞紧瓶口,放置过夜(此步操作可在前次实验中完成)。

2. 苯甲醇的分离和纯化

(1)向上述糊状物中加入 40～45 mL 蒸馏水,微热并不断搅拌,使其中的苯甲酸盐全部溶解,得到澄清的溶液。

(2)冷却至室温后,将溶液倒入分液漏斗中,用苯萃取 3 次,每次用 10 mL。保存萃取后的水溶液供"3. 苯甲酸的制备"中步骤(1)使用[见图 2-27-1(a)]。

(3)合并苯萃取液,依次用 5 mL 饱和 $NaHSO_3$ 溶液、10 mL 10% 的 Na_2CO_3 溶液和 10 mL 的蒸馏水洗涤。分离出苯溶液,用适量无水 K_2CO_3 干燥。

(4)将干燥后的苯溶液滤入 50 mL 圆底烧瓶中,按照图 2-27-1(b)安装好蒸馏装置。先用沸水浴加热,蒸去苯(倒入回收瓶内)。再移去沸水浴,稍冷后,将直形冷凝管换成空气冷凝管[2],在电热套中加热蒸馏,收集 198～204 ℃的馏分。

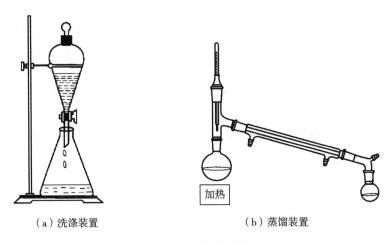

(a)洗涤装置　　　　　　　(b)蒸馏装置

图 2-27-1　装置的搭建

纯苯甲醇为无色液体,稍有芳香气味;熔点为 -15.3 ℃,沸点为 205.3 ℃;d_4^{20} 为 1.5392;稍溶于水,能与乙醇、乙醚、苯等混溶。

3. 苯甲酸的制备

(1)将"2. 苯甲醇的分离和纯化"中步骤(2)所得的水溶液用浓 HCl 酸化至强酸性(刚果红试纸变蓝,约需 20 mL 浓 HCl),充分冷却使苯甲酸析出完全。抽滤,并用少量冷水洗涤。

(2)所得粗产物用水进行重结晶后,抽滤,置于表面皿上烘干后称重,计算产率。

纯苯甲酸为无色针状晶体;熔点为 122.4 ℃,沸点为 249 ℃,在 100 ℃升华;微溶于水,溶于乙醇、乙醚、氯仿、苯、二硫化碳和松节油;加热至 370 ℃会分解成苯和 CO_2。本实验约需 4 h。

【注释】

[1] 充分振摇是反应成功的关键。如果混合充分,放置 24 h 后混合物通常在瓶内固化,苯甲醛气味消失。

[2] 换成空气冷凝管蒸馏时,由于馏出物蒸气的温度较高,可能会在未进入冷凝管时就已被冷凝下来,影响产率。可用石棉条将烧瓶瓶颈和蒸馏头包裹起来,提高冷凝效果。

五、思考题

(1)在本实验中为何要用新蒸馏过的苯甲醛?

(2)苯萃取液为何要用饱和 $NaHSO_3$ 溶液和 Na_2CO_3 溶液洗涤?

(3)试比较 Cannizzaro 反应和羟醛缩合反应在醛的结构及反应条件上有何不同?

(4)在"1. Cannizzaro 反应"步骤(2)中能否用玻璃塞代替橡皮塞塞紧瓶口?

一、实验目的

(1)学习苯胺 N-酰化的原理和方法。

(2)了解脱色的原理和操作技术。

(3)进一步掌握分馏、重结晶、抽滤等基本操作技术。

二、实验原理

芳胺的酰化在有机合成中有着重要的作用。作为一种保护措施,一级和二级芳胺在合成中通常被转化为它们的乙酰基衍生物,以降低芳胺对氧化降价的敏感性,使其不被反应试剂破坏;同时,氨基经酰化后,降低了氨基在亲电取代反应(特别是卤化)中的活化能力,使其由很强的第Ⅰ类定位基变为中等强度的第Ⅰ类定位基,使反应由多元取代变为有用的一元取代。由于乙酰基的空间效应,因此芳胺的酰化往往选择性地生成对位取代产物。

在某些情况下,酰化可以避免氨基与其他功能基或试剂(如 $RCOCl$,$—SO_2Cl$,HNO_2 等)之间发生不必要的反应。在合成的最后步骤,氨基很容易通过酰胺在酸碱催化下水解被重新产生。

芳胺通常可用酰氯、酸酐或与冰醋酸加热来进行酰化。由于冰醋酸试剂易得,价格便宜,本实验选用冰醋酸为酰化试剂来制备乙酰苯胺。具体反应方程式如下:

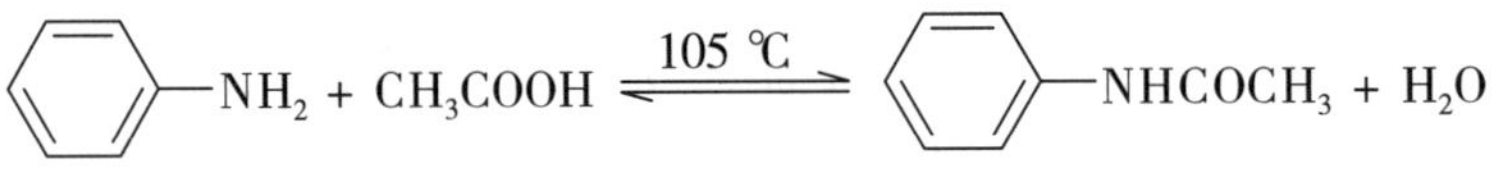

$$\text{（苯环）}—NH_2 + CH_3COOH \underset{}{\overset{105\ ℃}{\rightleftharpoons}} \text{（苯环）}—NHCOCH_3 + H_2O$$

三、仪器及试剂

实验仪器:分析天平、圆底烧瓶、刺形分馏柱、直形冷凝管、接引管、温度计、锥形瓶、烧杯、玻璃棒、布氏漏斗、抽滤瓶、表面皿、量筒等。

液体试剂:苯胺、冰醋酸等。

固体试剂:活性炭、锌粉、沸石等。

四、实验步骤与数据记录

1. 分馏装置的搭建

如图 2-28-1(a)所示,在 50 mL 圆底烧瓶中,加入 5 mL 苯胺、7.4 mL 冰醋酸、0.1 g

锌粉[1]和几粒沸石。在圆底烧瓶上安装刺形分馏柱,并在刺形分馏柱顶插上温度计。刺形分馏柱的侧管依次连接直形冷凝管、接引管和锥形瓶,以收集蒸出的水和醋酸。

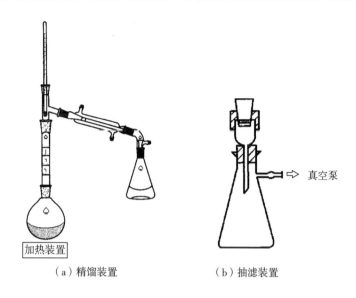

（a）精馏装置　　　　（b）抽滤装置

图 2-28-1　装置的搭建

2. 乙酰苯胺的制备

(1)将圆底烧瓶置于电热套中小心加热至沸腾,并保持约 15 min 后,逐渐升高温度,维持温度为 100~110 ℃反应约 1 h,反应所生成的水(含醋酸)可完全蒸出。

(2)当温度计读数下降时,停止加热。在不断搅拌下,趁热[2]将反应混合物倒入盛有 100 mL 水的烧杯中,冷却至室温后抽滤,并用少量冷水洗涤固体以除去残留的酸液。

3. 粗产品的脱色和重结晶处理

(1)将上述制备的乙酰苯胺粗产品放入盛有 150 mL 水的烧杯中,加热至沸腾,如果还有未溶解的油珠,那么可补加少量热水,直至油珠完全溶解为止。

(2)稍冷后,加入约 0.5 g 粉末状的活性炭,用玻璃棒搅拌并煮沸 1~2 min,趁热抽滤(布氏漏斗应事先预热好,以减少抽滤时产品的损失)并尽快将滤液转移到烧杯中。

(3)冷却滤液,乙酰苯胺即呈无色片状晶体析出,待析出完后,抽滤,将产品置于表面皿上烘干称重,计算产率。

纯乙酰苯胺为无色片状晶体,熔点为 114.3 ℃。本实验约需 4 h。

【注释】

[1] 反应中加入少许锌粉的目的是防止苯胺被氧化生成有色的杂质,一般加 0.1 g 即可。若加入过多,则在后处理时会生成不溶于水的氢氧化锌。

[2] 由于反应液冷却后,固体粗产物会立即析出并黏附在瓶壁上不易处理,因此需趁热在搅动下倒入冷水中,以除去过量的醋酸及未起作用的苯胺(可生成苯胺醋酸盐而溶于水)。

五、思考题

(1)在本实验中,为什么要把刺形分馏柱上端的温度控制为 100～110 ℃? 如果温度过高会有什么影响?

(2)加活性炭脱色前,为什么要先将乙酰苯胺热饱和溶液降温?

(3)在重结晶操作中,怎样才能得到产率高、质量好的产品?

实验 29 甲基橙的合成

一、实验目的

(1)学习利用重氮化反应和偶联反应制取甲基橙的原理和方法。

(2)了解冷却的原理和冰-水浴操作。

(3)巩固抽滤、洗涤、重结晶等基本操作技术。

二、实验原理

芳香族伯胺在低温(一般为 0～5 ℃)和强酸性(通常为盐酸和硫酸)介质中与亚酸钠作用生成重氮盐的反应,称为重氮化反应,这是芳香伯胺特有的性质。

重氮盐的用途很广,其反应可分为两类:一类是用卤化物、氰化亚铜或其他试剂处理,使重氮基被—H、—OH、—F、—Cl、—Br、—CN、—NO₂、—SH 等基团取代,制备相应的芳香族化合物;另一类是保留氮的反应,即重氮盐与相应的芳香胺或酚类起偶联反应,制备偶氮染料。

甲基橙是一种偶氮染料,主要用作酸碱指示剂。它由对氨基苯磺酸经重氮化后与 N,N-二甲基苯胺的醋酸盐在弱酸性介质中偶合得到。偶合首先得到的是亮红色的酸式甲基橙(称为酸性黄)。在碱性溶液中,酸性黄转变为橙黄色的钠盐,即甲基橙。具体反应方程式如下:

$$HO_3S-\!\!\!\bigcirc\!\!\!-NH_2 + NaOH \longrightarrow NaO_3S-\!\!\!\bigcirc\!\!\!-NH_2 + H_2O$$

$$NaO_3S-\!\!\!\bigcirc\!\!\!-NH_2 + NaNO_2 \xrightarrow[0\sim5\,℃]{HCl} HO_3S-\!\!\!\bigcirc\!\!\!-N\equiv N^+Cl^- + NaCl + H_2O$$

$$HO_3S-\!\!\!\bigcirc\!\!\!-N_2^+Cl^- + \!\!\!\bigcirc\!\!\!-N(CH_3)_2 \xrightarrow[0\sim5\,℃]{HOAc} \left[HO_3S-\!\!\!\bigcirc\!\!\!-\underset{H}{\overset{+}{N}}=N-\!\!\!\bigcirc\!\!\!-N(CH_3)_2\right]OAc^-$$

$$\xrightarrow{NaOH} HO_3S-\!\!\!\bigcirc\!\!\!-N=N-\!\!\!\bigcirc\!\!\!-N(CH_3)_2 + NaOAc + H_2O$$

三、仪器与试剂

实验仪器:分析天平、烧杯、温度计、抽滤瓶、布氏漏斗、刻度移液管、量筒等。

实验材料:刚果红试纸、pH 试纸等。

液体试剂:N、N-二甲基苯胺、NaOH(稀,5%)、HCl(浓,稀)、冰醋酸、无水乙醇、乙醚等。

固体试剂:无水对氨基苯磺酸、亚硝酸钠、冰屑等。

四、实验步骤与数据记录

1. 对氨基苯磺酸的重氮化反应

(1)在 150 mL 烧杯中放入 10 mL 5%的 NaOH 溶液和 1.7 g 无水对氨基苯磺酸[1]晶体,在热水浴中,温热使其溶解得到对氨基苯磺酸盐溶液。

(2)在 50 mL 烧杯中溶解 0.8 g 亚硝酸钠于 6 mL 水中,加入上述对氨基苯磺酸盐溶液中。混合后,连同烧杯一起置于 500 mL 烧杯中,用冰-水浴冷却至 0~5 ℃[2]。

(3)在 250 mL 烧杯中放入 3 mL 浓 HCl 和 10 g 冰屑,用冰-水浴冷却至 5 ℃以下。

(4)将第(2)步得到的混合液在不断搅拌下缓慢倒入冰冷的 HCl 溶液中,滴加完毕后用刚果红试纸检验,控制反应温度始终在 5 ℃以下,并保持反应液为酸性[3],在冰-水浴中放置 15 min 以保证反应完全[4]。

2. 偶联反应生成甲基橙

(1)在 50 mL 烧杯中放入 1.3 mL N,N-二甲基苯胺和 1 mL 冰醋酸的混合液,并用冰-水浴冷却至 5 ℃以下。

(2)在不断搅拌下,将此冰冷的混合液慢慢加到事先制备的冰冷的重氮盐溶液中。加完后,继续搅拌 10 min,此时有红色的酸性黄沉淀产生。

(3)在不断搅拌下,慢慢加入 30~40 mL 5%的 NaOH 溶液,直至反应液用 pH 试纸检验呈碱性且反应物变为橙色,粗制的甲基橙以细粒状沉淀析出[5]。

3. 甲基橙的分离和提纯

(1)将上述反应物在沸水浴中加热[6]5 min,冷却至室温后,置于冰-水浴中冷却,使甲基橙晶体析出完全后,抽滤。

(2)将得到的甲基橙粗产品称重后,小心地转移到 500 mL 烧杯中,用溶有少量 NaOH 的沸水(每克粗产品约需用 25 mL 溶有 0.1~0.2 g NaOH 的沸水)进行重结晶[7]。待结晶析出完全后,抽滤,并依次用无水乙醇、乙醚淋洗,可得到橙色小叶片状的甲基橙晶体。在 50 ℃以下烘干后称重,并计算产率。

(3)将少许制得的甲基橙溶于水中,加几滴稀 HCl 溶液,接着滴几滴稀 NaOH 溶液,观察颜色的变化。

纯甲基橙为橙黄色的鳞状晶体或粉末;稍溶于水,易溶于热水,几乎不溶于乙醇和乙醚;常用作 pH 指示剂,变色范围为 3.1~4.4,溶液的 pH<3.1 时呈红色,pH>4.4 时呈黄色,3.1<pH<4.4 时呈橙色。本实验约需 4 h。

【注释】

[1] 对氨基磺酸是两性化合物,酸性比碱性强,以酸性内盐存在,所以它能与碱作用生成盐而不与酸作用生成盐。

[2] 本实验反应温度控制相当重要,制备重氮盐时,温度应保持在 5 ℃以下。如果重

氮盐的水溶液温度升高,重氮盐会水解生成酚,降低产率。

［3］刚果红试纸遇酸变蓝,若此时试纸不显蓝色,则需补充亚硝酸钠溶液。

［4］在此时往往析出对氨基苯磺酸的重氮盐。这是因为重氮盐在水中可以电离形成中性内盐,在低温时难溶于水而形成细小晶体析出。

［5］若含有未起作用的 N,N-二甲基苯胺醋酸盐,在加入 NaOH 溶液后,就会有难溶于水的 N,N-二甲基苯胺析出,影响纯度。湿的甲基橙在空气中受光的照射后,颜色也会很快变深,所以一般得紫红色粗产物。

［6］反应产物在水浴中加热时间不能太长(约 5 min),温度不能太高(60~80 ℃)。

［7］重结晶操作应迅速,用乙醇、乙醚洗涤的目的是使其迅速干燥,通常在 55~78 ℃ 烘干。否则由于产物呈碱性,在温度高时易变质,颜色变深。

五、思考题

(1)什么叫作重氮化反应?为什么此反应必须在低温、强酸性条件下进行?

(2)本实验中,重氮盐制备前为什么要加入 NaOH 溶液?本实验若改成先将对氨基苯磺酸与稀 HCl 溶液混合,再加亚硝酸钠进行重氮化反应,可以吗?为什么?

(3)什么叫作偶联反应?结合本实验讨论偶联反应的条件。

实验 30 燃烧热的测定

一、实验目的

(1)用氧弹式热量计测定萘的燃烧热。

(2)明确燃烧热的定义,了解恒压燃烧与恒容燃烧的区别。

(3)了解氧弹式热量计主要部分的作用,掌握氧弹式热量计的实验技术。

二、实验原理

热化学中,1 mol 物质完全氧化时的恒压反应热称为燃烧热(焓)。所谓完全氧化是指有机化合物中的碳氧化成气态二氧化碳、氢氧化成液态水、硫氧化成气态二氧化硫等。例如,在 25 ℃、标准压力下,萘的完全氧化反应方程式如下:

$$C_{10}H_8(s) + 12O_2(g) \longrightarrow 10CO_2(g) + 4H_2O(l)$$

燃烧热可在恒压或恒容条件下进行测定,由热力学第一定律可知,在不做非膨胀功的情况下,恒容燃烧热 $Q_V = \Delta U$(体系内能的变化),恒压燃烧热 $Q_p = \Delta H$(体系的焓变)。通常采用绝热式氧弹式热量计来测定物质的恒容燃烧热。若把参加反应的气体和反应生成的气体都视为理想气体,则根据热力学可推得恒压热效应与恒容热效应间有如下关系:

$$Q_{p,m} = Q_{V,m} + \sum \nu_B(g) RT \tag{2-30-1}$$

式中,$\sum \nu_B(g)$ 为反应式中气体产物与气体反应物的计量系数之和;T 为反应温度,单位为 K;R 为理想气体常数,$R = 8.314 \ J \cdot K^{-1} \cdot mol^{-1}$。测量恒容燃烧热的仪器是 HR-15B 型氧弹式热量计(见图 2-30-1)。

本实验将可燃性物质在与外界隔离的体系中燃烧,由体系温度的升高值与体系的热容量计算燃烧热。这就要求体系与外界热量交换很小,并能够进行校正,因此体系需有较好的绝热装置。

我们研究的体系是内筒 7 内的部分,体系与外界之间以空气层隔离。为了减少热辐射及控制环境温度恒定,体系外围包有温度与体系相近的水套(外筒 6),为使体系温度快速达到均匀,筒内装有搅拌装置 3,测量温度使用内筒测温探头 4。氧弹放在内筒 7 中,为了保证样品完全燃烧,氧弹中必须充以高压氧气,因此氧弹应有很好的密封性,耐高压且耐腐蚀。

根据能量守恒原理,样品完全燃烧放出的能量,促使氧弹式热量计本身及周围介质(内筒里)温度升高,测量介质燃烧前后温度的变化,就可求算出样品的恒容燃烧热,其关系式如下:

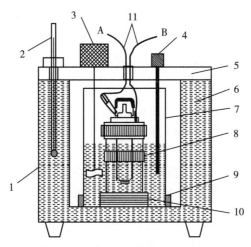

1—主机外壳;2—环境温度测量装置;3—搅拌装置;4—内筒测温探头;5—盖板;
6—外筒;7—内筒;8—氧弹;9—内筒底座;10—弹座;11—接头 A、B。

图 2 - 30 - 1　HR - 15B 型氧弹式热量计

$$-\frac{m}{M}Q_{V,\mathrm{m}}=(C_{\mathrm{m}}+m_{水}\,C_{水})\Delta T-Q_{点火丝}\qquad(2-30-2)$$

式中,$Q_{V,\mathrm{m}}$ 为摩尔恒容燃烧热,单位为 J・mol^{-1};C_{m} 为内筒中仪器的比热容,单位为 J・K^{-1};$m_{水}$ 为水的质量,单位为 g;$C_{水}$ 为水的比热容,单位为 J・kg^{-1}・K^{-1}。

从式(2 - 30 - 2)中可知,要测得样品的 $Q_{v,\mathrm{m}}$ 值,必须知道仪器的热容 C_{m}(单位为 J・K^{-1}),测定方法是以一定量已知燃烧热的标准物质苯甲酸(纯苯甲酸在 25 ℃时的标准恒容燃烧热为 -3226.9×10^{3} J・mol^{-1})置于热量计内,燃烧后,测其体系中温度升高值 ΔT(单位为 K),带入式(2 - 30 - 2)中可求得热量计的热容 C_{m}。在相同条件下,再用待测物质萘代替苯甲酸测其 ΔT,即可求得萘的恒容燃烧热 $Q_{V,\mathrm{m}}$,再代入式 2 -(30 -3)中求出萘的燃烧热 $\Delta_{\mathrm{c}}H_{\mathrm{m}}$。

$$\Delta_{\mathrm{c}}H_{\mathrm{m}}=Q_{p,\mathrm{m}}=Q_{V,\mathrm{m}}+\sum\nu_{\mathrm{B}}(\mathrm{g})\,RT$$

$$=-\frac{M_{萘}}{m_{萘}}\big[(C_{\mathrm{m}}+\rho VC_{水})\Delta T-Q_{点火丝}\big]+\sum\nu_{\mathrm{B}}(\mathrm{g})\,RT\qquad(2-30-3)$$

式中,V 为水的体积 2000 mL;ρ 为 0 ℃下水的密度,单位为 g・mL^{-1};$C_{水}$ 为 0 ℃下水的质量热容,单位为 J・g^{-1}・K^{-1};$M_{萘}$ 为萘的摩尔质量,$M_{萘}=128.17$ g・mol^{-1};$m_{萘}$ 为萘的质量,单位为 g。

三、仪器与试剂

实验仪器:HR - 15B 型氧弹式热量计、BH - ⅡS 型燃烧热数据采集接口装置、WYP - S 型螺旋式压片机、氧气钢瓶(附氧气减压阀及氧气表)、WLS 型立式充氧器、点火丝(φ0.12mm,Cu - Ni)、分析天平、容量瓶等。

固体试剂:苯甲酸(烘干后置于干燥器内)、萘等。

四、实验步骤

1. 仪器热容量的测定

(1)量取约 12 cm 长的点火丝，用分析天平准确称量其质量 $m_{原丝}$。中间用细铁丝或竹签绕 2~3 圈做成弹簧状，放在模底上[见图 2-30-2(a)]。先在分析天平上称取烘干后的纯苯甲酸约 0.5 g，倒入压片机[见图 2-30-2(b)]，压成片[见图 2-30-2(c)]，点火丝应处在样品中间。将压好的样品放在一张称量纸上，然后在分析天平上准确称量，记为 $m_{(样品+丝+纸)}$。将样品点火丝固定在氧弹的两个电极上(要使点火丝和电极接触良好)，样品可置于坩埚内或悬于上方，点火丝不能接触坩埚。安装样品片的过程中，可能会掉落少量样品，需将刚才的称量纸放在下方，安装完毕后，再次用分析天平准确称量残余粉末样品和称量纸的质量，记为 $m_{(纸+粉)}$。

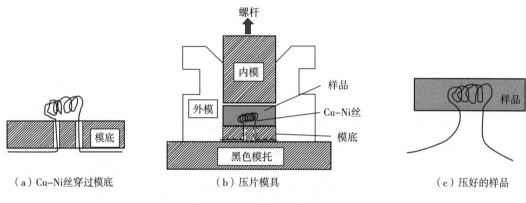

图 2-30-2　样品压片示意图

样品燃烧的好坏关键在于压片松紧：苯甲酸样品可以略压紧些，而萘样品则应压得松一点。最后用 BH-ⅡS 型燃烧热数据采集接口装置检查是否通路，若通路则放入氧弹中，扶住氧弹盖，旋转氧弹桶，旋紧，进行 2 次充氧(氧弹内压力约为 12 kg·cm^{-2})。

(2)用容量瓶准确取 2000 mL 蒸馏水或自来水，倒入内筒中。

(3)把充有氧气的氧弹放入热量计的内筒中，盖上热量计盖板，调整好搅拌装置和测温装置，以及接头 A、B 连接导线的位置(提示：接头要与氧弹接触良好)。

(4)测量过程(手动测量方法)如下。

① 观察 BH-ⅡS 型燃烧热数据采集接口装置的控制面板，熟悉各指示灯的位置及不同状态的含义。打开仪器电源开关，设置"温度/温差"选择"温度"选项，时间选择"30 s"挡。待温度稳定后记录内筒初始水温 T_1。

② 样品的燃烧。其过程分为三个阶段。第一阶段，点火前准备阶段。开启搅拌，每 30 s 记录一次温度数据，记录 10 个数据。第二阶段，燃烧阶段。保持搅拌，按"点火"按钮，样品开始燃烧，温度不断上升，每 15 s 记录一次温度数据(当连续 4 次数据的差值不大于 0.01 ℃时，结束第二阶段，开始第三阶段)。第三阶段，燃烧结束阶段。完全燃烧结束后，仍保持搅拌，每 30 s 记录一次温度数据，记录 10 个数据。实验过程中，若点火 2 min 后没有出现温度上升的现象，则说明点火未成功，应及时报告实验教师，检查氧弹的通路状况。

③ 关闭搅拌,取下测温装置和搅拌装置,打开热量计盖板,取出氧弹,先用放气阀放掉氧弹内气体,再旋开氧弹头,检查燃烧是否完全,观察坩埚内残余物质状态。

④ 取下两头未燃烧完的点火丝,用电子天平准确测量其质量,记为 $m_{余丝}$。

⑤ 取出内筒,将其中的蒸馏水或自来水倒至实验教师指定位置,准备后续实验备用。

2. 萘燃烧热的测定

粗称萘约 0.8 g,更换内筒的自来水,重复上述操作步骤 1,测定萘的燃烧热。

3. 实验完毕

关闭电源,将内筒水倒掉、擦干,清洁氧弹(弹头、电极、坩埚架、弹筒内壁、坩埚)并擦干。整理实验桌面,打扫实验室卫生。

五、数据记录与结果处理

将本实验中的数据记录在表 2-30-1 和表 2-30-2 中。

本次实验的日期:_____,室温:_____,气压:_____。

表 2-30-1　质量数据记录

质量	苯甲酸/g	萘/g	计算	苯甲酸	萘
$m_{原丝}$			T_O	℃	℃
$m_{(样品+丝+纸)}$			$\rho_水$	$g \cdot mL^{-1}$	$g \cdot mL^{-1}$
$m_{(纸+粉)}$			$C_水$	$J \cdot g^{-1} \cdot K^{-1}$	$J \cdot g^{-1} \cdot K^{-1}$
$m_{余丝}$			T_F	℃	℃
$m_{样品}$			T_E	℃	℃
$m_{丝(燃烧掉)}$			ΔT	℃	℃

表 2-30-2　温度数据记录

		内筒初始水温(T_1):_____								
	测温阶段	时间/s	温度/℃	时间/s	温度/℃	时间/s	温度/℃	时间/s	温度/℃	时间/s	温度/℃
苯甲酸	第一阶段	30		60		90		120		150	
		180		210		240		270		300	
	第二阶段	315		330		345		360		375	
		390		405		420		435		450	
		465		480		495		510		525	
	第三阶段										

	内筒初始水温（T_2）：_____									
测温阶段	时间/s	温度/℃	时间/s	温度/℃	时间/s	温度/℃	时间/s	温度/℃	时间/s	温度/℃
第一阶段	30		60		90		120		150	
	180		210		240		270		300	
第二阶段	315		330		345		360		375	
	390		405		420		435		450	
	465		480		495		510		525	
第三阶段										

（表左侧合并单元格：萘）

（1）由于实验过程中,热量计不可能完全绝热,搅拌引进的热量和环境的热辐射造成热量计温度上升或下降必须扣除,因此读得最高温度[见图 2-30-3(a)中的 c 点]必然比实际最高温度高或低,为了校正此误差,可采用雷诺作图法进行校正。

将前后历次观察到的温度与时间作图,连成 $abcd$ 曲线,图 2-30-3 中 b 点相当于开始燃烧点火的温度,c 点为观察到的最高温度读数值。将 ab 和 cd 分别拟合为直线后再作延长线,过 b 点和 c 点作平行于 x 轴的直线交 y 轴于 E' 和 F' 点,取 E' 和 F' 的中点,即 T 点位置,作平行于 x 轴的直线与 $abcd$ 曲线交于 O 点,过 O 点作平行于 y 轴的直线 AB 与延长线相交于 E、F 两点,该两点间距离即为欲求温度的升高值 ΔT。

当热量计性能较好或室温高于体系温度时,搅拌会不断引进少量能量,温度读数便不出现最高点[见图 2-30-2(b)]。这种情况下,仍可按同法进行校正。

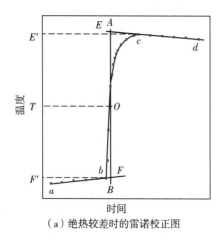
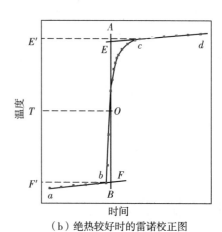

（a）绝热较差时的雷诺校正图　　　　（b）绝热较好时的雷诺校正图

图 2-30-3　雷诺校正图

(2)点火丝燃烧后也会放出一定的热量,点火丝的燃烧热约为 3.138 kJ·g^{-1},燃烧掉的点火丝燃烧热为 $m_{丝(燃烧掉)} \times 3.138$ kJ·g^{-1}。

(3)由苯甲酸的标准燃烧热和摩尔质量,根据式(2-30-4)计算热量计的系统热容 C_m(单位为 J·K^{-1}),即

$$C_m = \left[\frac{-Q_{V,m}m/M + m_{丝(燃烧掉)} \times 3138\text{J/g}}{\Delta T} \right] - m_水 C_水 \qquad (2-30-4)$$

式(30-4)中,$Q_{V,m}$ 为苯甲酸的恒容燃烧热,$Q_{V,m} = -3226.9 \times 10^3$ J·mol^{-1};m 为苯甲酸的质量,单位为 g;M 为苯甲酸的摩尔质量,$M = 122.12$ g·mol^{-1};$m_{丝(燃烧掉)}$ 为燃烧掉的点火丝质量,单位为 g;ΔT 为苯甲酸样品燃烧时温度升高值经雷诺校正后的数值,单位为 K;$m_水$ 为水的质量,单位为 kg,$m_水 = \rho V$,ρ 值按 O 点温度查找数据;$C_水$ 为水的质量热容,单位为 J·kg^{-1}·K^{-1},其值按 O 点温度查找数据。

(4)根据式(2-30-3)计算出萘的燃烧热并与公认值比较,求算相对百分误差,并讨论产生误差的主要原因。

萘的燃烧热公认值 $\Delta_c H_m$ 为 -5153.8×10^3 J·mol^{-1}。

六、思考题

(1)指出 $Q_{p,m} = Q_{V,m} + \sum \nu_B(g)RT$ 公式中各项的物理意义。

(2)如何用萘的燃烧热来计算萘的标准生成焓?

(3)实验测得的温度差为何要用雷诺作图法校正?还有哪些误差影响测量的结果?

实验 31　蔗糖水解反应速率常数的测定

一、实验目的

(1)测定蔗糖水解反应的速率常数。

(2)了解目视旋光仪的基本原理和使用方法。

二、实验原理

蔗糖水解的反应方程式如下：

$$C_{12}H_{22}O_{11} + H_2O \xrightarrow{H^+} C_6H_{12}O_6 + C_6H_{12}O_6$$

（蔗糖）　　　　　　　（葡萄糖）（果糖）

$[\alpha]_{20}^{D}$ 　　　66.65° 　　　　　　52.5° 　　 −91.9°

蔗糖水解反应是一个二级反应，在纯水中反应速率极慢，通常在[H^+]催化下进行。相对于蔗糖来说，反应物中水大量过剩，其浓度在反应过程中变化很小，故可视为常数，因而该反应可按一级反应处理，即准一级反应。其反应速率方程的微分式和积分式分别表示为

$$-\frac{dc_A}{dt} = k_1 c_A \qquad (2-31-1)$$

$$\ln c_A = -k_1 t + \ln c_{A_0} \qquad (2-31-2)$$

式(2-31-1)和式(2-31-2)中，k_1为蔗糖水解准一级反应速率常数；c_{A_0}为蔗糖起始浓度；t为反应时间；c_A为t时刻的蔗糖浓度。

蔗糖及其水解产物都含有不对称碳原子，具有旋光性。物质的旋光性是指一束偏振光通过物质后，其偏振面旋转某一角度的性质，该旋转的角度称为旋光度。对含有旋光性物质的溶液，其旋光度(α，单位为°)与旋光性物质的本性、溶剂性质、入射光波长(λ)、温度(t)、旋光管长度(l，单位为 dm)和溶液质量浓度(c，单位为 g·mL^{-1})等因素有关：

$$\alpha = [\alpha]_t^{\lambda} c \times 1 \text{ dm} = [\alpha]_t^{\lambda} c / 100 \qquad (2-31-3)$$

式中，$[\alpha]_t^{\lambda}$为比旋光度，单位为°×m^2·kg^{-1}，常简写为°，与物理性质、λ和T有关，其值为偏振光通过 1 dm 长、每毫升中含有 1 g 旋光性物质溶液的旋光管时所产生的旋光角。例如，蔗糖$[\alpha]_{20}^{D} = 66.65°$，葡萄糖$[\alpha]_{20}^{D} = 52.5°$，果糖$[\alpha]_{20}^{D} = -91.9°$(上标 D 表示偏振光为钠

光，$\lambda = 589$ nm；下标 20 表示温度为 20 ℃；正值表示右旋，使偏振面顺时针旋转；负值表示左旋，使偏振面逆时针旋转，上标°表示偏振面旋转的角度）。

因为蔗糖能水解完全，且产物中果糖的左旋性远大于葡萄糖的右旋性，所以在溶液反应过程中由右旋逐渐转变为左旋，旋光度由正值经过零变为负值。由此特性可度量反应的进程。

设反应开始（$t = 0$）、反应持续（$t = t$）和反应完全（$t = \infty$）时的旋光度分别为 α_0、α_t 和 α_∞，则有

$$\alpha_0 = F_{反} \, c_{A_0} \qquad\qquad (2\text{--}31\text{--}4)$$

$$\alpha_t = F_{反} \, c_A + F_{葡} (c_{A_0} - c_A) + F_{果} (c_{A_0} - c_A)$$

$$= F_{反} \, c_A + F_{产} (c_{A_0} - c_A) \qquad\qquad (2\text{--}31\text{--}5)$$

$$\alpha_\infty = F_{产} \, c_{A_0} \qquad\qquad (2\text{--}31\text{--}6)$$

由式（2-31-4）、式（2-31-5）及式（2-31-6）可得

$$c_A = \frac{\alpha_t - \alpha_\infty}{F_{反} - F_{产}} = F'(\alpha_t - \alpha_\infty) \qquad\qquad (2\text{--}31\text{--}7)$$

$$c_{A_0} = \frac{\alpha_0 - \alpha_\infty}{F_{反} - F_{产}} = F'(\alpha_0 - \alpha_\infty) \qquad\qquad (2\text{--}31\text{--}8)$$

式（2-31-7）、式（2-31-8）中比例常数 $F_{反}$、$F_{产}$ 和 F' 在实验中保持不变。将式（2-31-7）、式（2-31-8）代入式（2-31-2）得

$$\ln(\alpha_t - \alpha_\infty) = -k_1 t + \ln(\alpha_0 - \alpha_\infty) \qquad\qquad (2\text{--}31\text{--}9)$$

以 $\ln(\alpha_t - \alpha_\infty)$ 对 t 作图即可求得 k_1 值。

三、仪器与试剂

实验仪器：WXG-4 型旋光仪、电热鼓风干燥箱（烘箱）、超级恒温槽、分析天平、碘量瓶、烧杯、容量瓶、移液管、玻璃棒、胶头滴管、洗瓶、洗耳球、秒表等。

实验材料：滤纸、擦镜纸等。

液体试剂：盐酸（3 mol/L）等。

固体试剂：蔗糖等。

四、实验步骤

（1）接通旋光仪电源预热，观察其构造，掌握左右表盘读数方法。

（2）用非旋光性物质（$[\alpha]_{20}^{D} = 0°$）蒸馏水校正旋光仪零点。用蒸馏水洗净旋光管，用擦镜纸擦净旋光管上侧管帽内的光学玻璃片，向旋光管内倒满蒸馏水，使水面距离管口约 1 mm，盖好光学玻璃片，放上内管帽（提示：勿丢失内管帽的黑色密封圈），再旋紧不锈钢外

管帽(提示:不能过分用力,以不漏为准)。用滤纸吸干旋光管表面和不锈钢外管帽上的水珠,用擦镜纸擦净上下两侧光学玻璃外表面的水珠。倾斜旋光管,使其中的小气泡停留在旋光管膨胀处。将旋光管保持倾斜放入旋光管槽,调节旋钮将大"0"和小"0"对齐,再左右稍微调节旋钮,找到等暗面,视线保持水平,同时观察左右对齐的刻度线,读取左右两边窗口的读数,测出旋光度,将该旋光度(在零刻度附近)作为仪器的准确零点。倒净旋光管中的蒸馏水,备用。

(3)配制蔗糖溶液。在分析天平上称取 10 g 蔗糖,置于 50 mL 烧杯中,加入约 30 mL 蒸馏水使之溶解,转移至 50 mL 容量瓶中,稀释快至瓶颈时,充分摇匀,继续稀释至刻度线,并上下摇晃使溶液混合均匀。

(4)用 25 mL 移液管移取 25 mL 新配制的蔗糖溶液,置于 250 mL 干燥洁净的碘量瓶中。用 25 mL 移液管移取 25 mL 3 mol/L HCl 溶液注入同一碘量瓶中,当 HCl 溶液约有一半(大约为液面下降到 20 ℃ 字样位置处)流入碘量瓶时,启动秒表开始计时,作为反应的起始时间。将全部 HCl 溶液加完后,立即摇晃碘量瓶将溶液混匀,直接从碘量瓶中倒出少量(约 2 mL)反应液迅速将旋光管润洗一次,再按步骤(2)装好反应液,调节旋钮尽快找到等暗面。当调节旋钮刚好到等暗面时,记录秒表读数即反应时间 t(提示:时间精确到秒)。将旋光管放入 25 ℃ 烘箱中恒温,再读取左右窗口的读数,此 α_t 值即为此反应时间 t 时反应液的旋光度。将碘量瓶中剩余的一半反应液留存用于步骤(6)的操作(提示:秒表显示时间即为反应时间,不可暂停或归零)。

(5)每隔约 5 min(两次读数时间的间隔)测定一次 α_t,反应 50 min 后每隔约 10 min 测一次 α_t,直到反应进行 90 min。(提示:本实验需保证恒温状态,每次调节到等暗面手离开旋钮时,记录反应时间 t 后,应立即将旋光管置于 25 ℃ 的烘箱内恒温,再读取左右窗口的读数。)下一个反应时间点提前约 30 s 从烘箱中取出旋光管再进行测量。90 min 后,将旋光管内反应液倒净,无须清洗,备用。

(6)α_∞ 的测量。步骤(4)中第一次将旋光管放入 25 ℃ 烘箱后,将 250 mL 碘量瓶及其中的剩余反应液置于 50 ℃ 的恒温水槽中,恒温约 85 min,再将碘量瓶从 50 ℃ 恒温水槽中取出,打开塞子,静置冷却,待步骤(5)结束后,按步骤(2)将碘量瓶内反应液装到旋光管中,并将旋光管置于 25 ℃ 烘箱中恒温 5 min,测定其旋光度,即为 α_∞。每隔 2 min 测一次,最后两次数据相同即停止测量,α_∞ 要求至少测 3 次,取最后的稳定数值校正之后的平均值为 α_∞ 值。

(7)实验完毕,将旋光管、内外管帽和光学玻璃用蒸馏水洗净。清洗移液管,防止堵塞,清洗碘量瓶。实验中要注意防止酸性反应液沾染腐蚀旋光仪,实验结束要用湿布擦净旋光仪表面和旋光管槽。

(8)实验结束后,整理实验桌面,打扫实验室卫生。

五、数据记录与结果处理

将本实验中的数据记录在表 2-31-1 中。注意:$\alpha_t = \dfrac{\alpha_{左} + \alpha_{右}}{2}$ $\ln(\alpha_t - \alpha_\infty) = -k_1 t + \ln(\alpha_0 - \alpha_\infty)$。

本次实验的日期:＿＿＿＿,室温:＿＿＿＿,气压:＿＿＿＿,HCl 溶液浓度:＿＿＿＿。

表 2 - 31 - 1　实验数据记录处理

t		α_t		α_t校正(减去零点)			$\ln(\alpha_t - \alpha_\infty)$
mm:ss	min	左	右	左	右	平均值	
仪器零点				—	—	—	——

α_∞	左	右	$\ln(\alpha_t - \alpha_\infty) - t:$＿＿＿＿＿
1			拟合的直线方程
2			
3			$k_1:$＿＿＿＿＿
稳定值校正			数值(及单位)
α_∞平均值			

注:以 $\ln(\alpha_t - \alpha_\infty)$ 对 t 作图,求得直线方程及反应速率常数 k_1(注意单位),填入上表。

六、思考题

(1)若不用蒸馏水校正旋光仪零点,是否会影响实验结果的准确性?

(2)反应开始时,为什么把 HCl 溶液加入蔗糖溶液中,而不是把后者加入前者中?

(3)在动力学实验中,物理方法相对于化学方法有何优点?

实验 32 液体饱和蒸气压的测定

一、实验目的

(1)了解纯液体的饱和蒸气压与温度的关系,理解克劳修斯-克拉贝龙方程的意义。

(2)用动态法测定水在不同温度下的饱和蒸气压,学会图解法求在实验温度范围内水的平均摩尔蒸发焓。

二、实验原理

在一定温度下的真空密闭容器中,纯液体与其蒸气达到平衡状态时,其蒸气的压力称为该液体在此温度下的饱和蒸气压。所谓平衡状态是指蒸气分子碰撞向液面凝结为液体与液体分子从液面逃逸成蒸气的速率相等的状态。液体的饱和蒸气压与液体的本性及温度等因素有关。纯液体饱和蒸气压随温度的上升而增加,两者的关系遵守克劳修斯-克拉贝龙方程,其微分式如下:

$$\frac{\mathrm{d}\ln(p/\mathrm{Pa})}{\mathrm{d}T}=\frac{\Delta_{\mathrm{l}}^{\mathrm{g}}H_{\mathrm{m}}}{RT^2} \qquad (2-32-1)$$

式中,p 为纯液体饱和蒸气压;T 为开氏温度;$\Delta_{\mathrm{l}}^{\mathrm{g}}H_{\mathrm{m}}$ 为液体的摩尔蒸发焓;R 为摩尔气体常数。

当远离临界温度,且温度变化范围不大时,摩尔蒸发焓 $\Delta_{\mathrm{l}}^{\mathrm{g}}H_{\mathrm{m}}$ 可视为常数。对式(2-32-1)进行不定积分,得

$$\ln(p/\mathrm{Pa})=-\frac{\Delta_{\mathrm{l}}^{\mathrm{g}}H_{\mathrm{m}}}{R}\times\frac{1}{T}+C \qquad (2-32-2)$$

由式(2-32-2)可知,以 $\ln(p/\mathrm{Pa})$ 对 $\frac{1}{T}$ 作图,应得直线,若直线斜率为 m,则

$$\Delta_{\mathrm{l}}^{\mathrm{g}}H_{\mathrm{m}}=-mR \qquad (2-32-3)$$

从而求得该纯液体在实验温度范围内的平均摩尔蒸发焓。

如果液体被升温到沸腾,那么其饱和蒸气压就与外压相等,所以克劳修斯-克拉贝龙方程也表示纯液体的沸点 T 与外压 p 的关系。本实验正是在沸腾时的相平衡状态下进行蒸气压的测量:如果先调节外压到某一数值,加热液体至沸腾并测量沸点,那么事先调好的外压就是沸点温度下的饱和蒸气压。这种测定饱和蒸气压的方法称为动态法。

动态法测定饱和蒸气压的实验必须在密闭装置内进行。装置内的压力(液体所受的外

压 p)是通过真空泵抽气和人为控制进气来调节的。它与大气压力（$p_{大气}=0$）的差值等于与装置连通的数字式低真空测压仪所显示的压力 p_h（为负值），于是有 $p=p_{大气}-p_h=|p_h|$。

三、仪器与试剂

实验仪器：圆底烧瓶、温度计、分液漏斗、冷凝管、数字式低真空测压仪、电热套、缓冲瓶、三通活塞、干燥塔、真空泵等。

液体试剂：二次蒸馏水等。

固体试剂：无水 $CaCl_2$、沸石等。

四、实验步骤

饱和蒸气压测定装置如图 2-32-1 所示。图 2-32-1 中辅助温度计 3 用于精密温度计 2 的露出部分校正。干燥塔 10 内装有颗粒状无水 $CaCl_2$，使吸入真空泵的气体干燥，以保护泵内机件。三通活塞 9 可使装置、大气和真空泵连通。

圆底烧瓶 1 的加热装置采用电热套直接加热，供热速度可以调节，加热均匀且不污染蒸馏水。

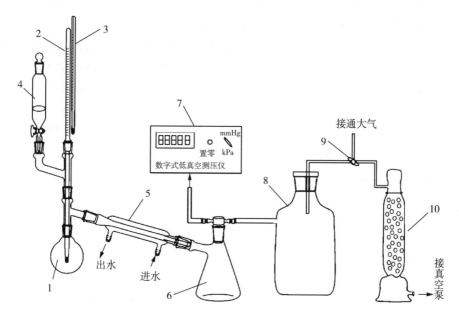

1—圆底烧瓶；2—精密温度计；3—辅助温度计；4—分液漏斗；5—冷凝管；
6—回收瓶；7—数字式低真空测压仪；8—缓冲瓶；9—三通活塞；10—干燥塔。

图 2-32-1　饱和蒸气压测定装置

（1）对照图 2-32-1，检查装置管线是否完好，保持畅通（提示：圆底烧瓶 1 内应有沸石，水量以最深处不超过 5 cm 为宜）。精密温度计水银球部分接触水面，部分在气相中，这样测得的温度比较能代表气液两相平衡温度。实验前记录一次实验室内大气压。

（2）检查装置是否漏气。转动三通活塞 9 到 1 号位置[见图 2-32-2(a)]，使装置内部与外界大气压连通,将数字式低真空测压仪置零。再启动真空泵,真空泵开始抽装置内空气,待数字式低真空测压仪显示压差为 350~400 mmHg 时,再转动三通活塞 9 到 2 号位置[见图 2-32-2(b)],使真空泵与装置隔绝,关闭真空泵。若 2 min 内数字式低真空测压仪读数升降小于 1 mmHg,则可认为系统不漏气;否则要查明漏气位置,进行处理后重新试漏。

(a)1号位置   (b)2号位置   (c)靠近1号位置

图 2-32-2　三通活塞位置

　　(3)小心转动三通活塞 9 到靠近 1 号位置[见图 2-32-2(c)],向装置内缓慢放入适量空气,至压差降为略高于 320 mmHg 为止。接通冷凝水,启动加热装置。电热套设置温度可设置为 160 ℃,由实验教师预先设置。加热后压差计读数会有变化(原因:蒸汽增加),待蒸馏水沸腾后,维持微沸状态,直到精密温度计的读数稳定,记下数字式低真空测压仪示数,同时记下精密温度计 2 的读数 t_r,按照温度计的露出校正调节辅助温度计 3 的位置,10 s 后读取辅助温度计 3 的读数 t_s 并记录第一组数据。

　　(4)缓慢向装置内放入空气,使数字低真空测压仪示数压差减少约 40 mmHg,水的沸点将因外压增大而上升,待水沸腾后维持沸腾状态并且温度重新稳定后,记下第二组数据。

　　(5)重复步骤(4),每次使装置内压力增加约 40 mmHg,直至压差降到零。共测 7 组温度压力数据。

　　(6)切断电源,关闭冷却水。实验后再记录一次实验室内大气压,与实验前数值取平均值。整理实验桌面,打扫实验室卫生。

五、数据记录与结果处理

　　将本次实验的数据记录在表 2-32-1 中。

　　本次实验的日期:_____,室温:_____,精密温度计 t_n:_____,初始大气压:_____,末尾大气压:_____,大气压平均值:_____。

表 2-32-1　实验数据记录与处理

次序 数据	1	2	3	4	5	6	7
t_r/℃							
n/℃							
t_s/℃							
t/℃							
T/K							

次序 数据	1	2	3	4	5	6	7
$\dfrac{1}{T}(\times 10^{-3}\,\mathrm{K}^{-1})$							
$\|p_h\|/\mathrm{mmHg}$							
$p(\times 10^3\,\mathrm{Pa})$							
$\ln(p/\mathrm{Pa})$							

实验 $\ln(p/\mathrm{Pa})-\dfrac{1}{T}$ 直线 _____ ,$\Delta_v^g H_m(\mathrm{H_2O})=$ _____ 。

理论 $\ln(p/\mathrm{Pa})-\dfrac{1}{T}$ 直线 _____ ,$\Delta_v^g H_m(\mathrm{H_2O})=$ _____ 。

误差 $\eta=$ _____ 。

(1)作 $\ln(p/\mathrm{Pa})-\dfrac{1}{T}$ 直线图,计算 $\Delta_v^g H_m(\mathrm{H_2O})$ 在实验温度范围内的平均值。

$$\ln(p/\mathrm{Pa})=-\frac{\Delta_v^g H_m}{R}\times\frac{1}{T}+C,\quad 1\,\mathrm{mmHg}=133.322\,\mathrm{Pa}。$$

(2)将水在不同温度下的蒸气压公认值(见表 2-32-2)与实验值在同一坐标系上作 $\ln(p/\mathrm{Pa})-\dfrac{1}{T}$ 图,由两直线的斜率差值求实验的百分误差,并进行误差讨论。

表 2-32-2 几种温度下水饱和蒸气压

$t/℃$	86.6	89.2	91.6	94.0	96.0	98.2	100.0
$p(\times 10^3\,\mathrm{Pa})$	61.541	67.994	74.464	81.446	87.675	94.979	101.325
$\ln(p/\mathrm{Pa})$	11.027	11.127	11.218	11.308	11.381	11.461	11.526
T/K	359.8	362.4	364.8	367.2	369.2	371.4	373.2
$1/T(\times 10^{-3}\,\mathrm{K}^{-1})$	2.779	2.759	2.741	2.723	2.709	2.693	2.680

六、思考题

(1)准确地测量液体的沸点是本实验的关键,实验中采取了哪些措施?

(2)克劳修斯-克拉贝龙方程在什么条件下才能应用?摩尔蒸发焓与温度有何关系?

一、实验目的

(1)掌握乙酸乙酯皂化反应速率常数及反应活化能的测定方法。

(2)了解二级反应的特点,学会用作图法求出二级反应的速率常数。

(3)熟悉电导率仪的使用。

二、实验原理

乙酸乙酯皂化是个典型的二级反应。设反应物初始浓度皆为 c_0,经时间 t 后产物的浓度为 x。

$$CH_3COOC_2H_5 + NaOH \longrightarrow CH_3COONa + C_2H_5OH$$

$t=0$	c_0	c_0	0	0
$t=t$	c_0-x	c_0-x	x	x
$t=\infty$	0	0	c_0	c_0

该反应的速率方程微分式为

$$\frac{dx}{dt} = k(c_0 - x)^2 \qquad (2-33-1)$$

积分得

$$\alpha_0 = F_{反} c_{A_0} \qquad (2-33-2)$$

$$kt = \frac{x}{c_0(c_0-x)} \qquad (2-33-3)$$

本实验采用电导率仪测定反应进程中电导率 κ 随时间 t 的变化,从而达到跟踪反应物浓度随时间变化的目的。用电导法测量 x 的依据:反应在稀的水溶液中进行,故可假定 CH_3COONa 全部电离,参加导电的离子有 Na^+、OH^- 和 CH_3COO^-,其中 Na^+ 在反应前后浓度不会发生变化,而溶液中 OH^- 的电导率比 CH_3COO^- 的电导率大得多,即反应物和生成物的电导率差别很大。因此,随着反应的进行,当溶液中 OH^- 逐渐被 CH_3COO^- 取代时,溶液的电导率将会逐渐减小,故可以通过反应体系的电导率的变化来度量反应的进程。

在稀溶液中,每种强电解质的电导率 κ 与其浓度成正比,溶液的总电导率等于组成溶液的各电解质的电导率之和。设 κ_0、κ_t、κ_∞ 分别代表时间为 0、t、∞(反应完毕)时溶液的电导率,则在稀溶液中有

$$\kappa_0 = \kappa_{Na^+,0} + \kappa_{OH^-,0}$$

$$\kappa_t \approx \kappa_{Na^+,0} + \kappa_{OH^-,(c_0-x)}$$

$$\kappa_\infty \approx \kappa_{Na^+,0}$$

故有

$$\kappa_0 - \kappa_\infty = \kappa_{OH^-,0} = Kc_0 \qquad (2-33-4)$$

$$\kappa_t - \kappa_\infty = \kappa_{OH^-,(c_0-x)} = K(c_0-x) \qquad (2-33-5)$$

$$\kappa_0 - \kappa_t = Kx \qquad (2-33-6)$$

式(2-33-4)~式(2-33-6)中 K 是与温度、溶剂、电解质性质相关的比例常数,从以上三式可求得

$$k = \frac{1}{tc_0} \times \frac{\kappa_0 - \kappa_t}{\kappa_t - \kappa_\infty} \qquad (2-33-7)$$

故有

$$\kappa_t = \frac{1}{kc_0} \times \frac{\kappa_0 - \kappa_t}{t} + \kappa_\infty \qquad (2-33-8)$$

将 κ_t 对 $\dfrac{\kappa_0 - \kappa_t}{t}$ 作图得一直线,斜率为 $\dfrac{1}{kc_0}$,由此可求出反应速率常数 k。

测定不同温度 T_1、T_2 时的 k_1、k_2,用阿伦尼乌斯公式 $\ln \dfrac{k_2}{k_1} = \dfrac{E_a(T_2-T_1)}{RT_1T_2}$ 求出反应的活化能 E_a。

三、仪器与试剂

实验仪器:DDS-307 型电导率仪、超级恒温槽、BKH-C 型气流干燥器、皂化反应器、碘量瓶、容量瓶、烧杯、移液管、试管、胶头滴管、洗瓶、洗耳球、秒表等。

液体试剂:乙酸乙酯、NaOH($0.0200\ \mathrm{mol \cdot L^{-1}}$)等。

四、实验步骤

(1)准备仪器(由实验室工作人员准备):洗涤试管、皂化反应器、碘量瓶,烘干备用。

(2)配制如下溶液。

① 配制 $0.0200\ \mathrm{mol \cdot L^{-1}}$ 乙酸乙酯溶液。配制与实验室提供的 NaOH 溶液相同浓度的 $100\ \mathrm{mL}$ 乙酸乙酯溶液。在 $100\ \mathrm{mL}$ 容量瓶中装 $2/3$ 体积的蒸馏水,用 $1\ \mathrm{mL}$ 移液管移取 $V_0\ \mathrm{mL}$ 的乙酸乙酯注入容量瓶中,稀释至刻度。

② 配制 0.0100 mol·L⁻¹ NaOH 溶液。用移液管分别移取 25 mL 的 0.0200 mol·L⁻¹ NaOH 溶液(实际浓度为实验室所提供 NaOH 溶液的标定后浓度)和 25 mL 蒸馏水,注入洗净烘干的 100 mL 碘量瓶中,摇匀即成 0.0100 mol/L NaOH 溶液。

(3)测量超级恒温槽内水温,以此温度作为第一个实验温度。

① 测定反应液的初始电导率 κ_0。用 0.0100 mol·L⁻¹ NaOH 溶液(100 mL 碘量瓶中)润洗试管并加入一半高度的 0.0100 mol·L⁻¹ NaOH 溶液,用胶头滴管吸取 0.0100 mol·L⁻¹ NaOH 溶液(100 mL 碘量瓶中)洗涤电极 3 次,将电极插入试管内(35 ℃实验时需要将试管放进超级恒温槽恒温 20 min),测量溶液初始电导率 κ_0,隔 2 min 再测一次 κ_0,取平均值。

② 测量 κ_t。向烘干的皂化反应器的 A 管(不带磨口)中注入 25 mL 的 0.0200 mol·L⁻¹ NaOH 溶液(500 mL 试剂瓶中),向 B 管(带磨口)中注入 25 mL 的 0.0200 mol·L⁻¹ 乙酸乙酯溶液(35 ℃实验时需要将皂化反应器置于超级恒温槽恒温 20 min)。用大洗耳球鼓空气从导气口进 B 管,使 B 管中乙酸乙酯溶液吹入 A 管,当乙酸乙酯溶液吹出一半时,启动秒表开始计时,作为反应的起始时间,继续将乙酸乙酯溶液全部吹入 A 管,再将 A 管内反应液抽回 B 管(提示:洗耳球的吹吸力度不宜太大,防止溶液飞溅或溢出)。来回 5 次,充分混合均匀,最后将反应液全部吹入 A 管或 B 管。将铂黑电极从试管中取出后放入装有反应液的管内。反应时间 10 min 记录第一个数据,之后每隔 5 min(提示:时间精确到秒,记录下读电导率数值时秒表时间,可掐点记录)测定一次溶液电导率 κ_t,直至50 min(提示:秒表显示时间即为反应时间,不可暂停或归零。)

(4)将恒温槽调至 35 ℃,仿照步骤(3)操作,测量 35 ℃时的 κ_0、κ_t。

(5)实验结束后,用蒸馏水淋洗电导率仪铂黑电极后将其浸泡于装有一半蒸馏水的硅胶套内。清洁实验所用皂化反应器、碘量瓶、容量瓶和试管,并将皂化反应器(控干弯管内部的水)和碘量瓶置于气流干燥器上烘干。整理实验桌面,打扫实验室卫生。

【注意事项】

(1)温度的变化会严重影响反应速率,因此一定要保证恒温。

(2)混合过程既要快速进行,又要小心谨慎,不要把溶液挤出反应器。

(3)测量结束后用蒸馏水冲洗电极 3 次,并将电极浸入蒸馏水中。

(4)配制乙酸乙酯溶液的浓度必须与该实验中实际用的 NaOH 溶液浓度相同。

五、数据记录与结果处理

本次实验的日期:_____,室温:_____,气压:_____。

(1)根据室温计算乙酸乙酯溶液的配制($M_{乙酸乙酯}$ =88.11 g·mol⁻¹)。

实验室提供的 NaOH 浓度:_____ mol·L⁻¹;参与反应的 NaOH 浓度:_____ mol·L⁻¹,乙酸乙酯浓度:_____ mol·L⁻¹;乙酸乙酯密度:$\rho=0.92454-1.168\times10^{-3}\times t-1.95\times10^{-6}\times t^2$ =_____ g·mL⁻¹,$V_0=\dfrac{m}{\rho}=\dfrac{cVM}{\rho}$ =_____ mL。

(2)将实验数据填在表 2-33-1 中,并作 κ_t - $\dfrac{\kappa_0-\kappa_t}{t}$ 直线,根据其斜率求皂化反应速率常数 k_1、k_2。

表 2-33-1　实验数据记录与处理

反应温度 1 $T_1=$ ___ K　$\kappa_0=$ ___ $\mu S \cdot cm^{-1}$			反应温度 2 $T_2=$ ___ K　$\kappa_0=$ ___ $\mu S \cdot cm^{-1}$		
t/min	$\kappa_t/$ $(\mu S \cdot cm^{-1})$	$\dfrac{\kappa_0-\kappa_t}{t}/$ $(\mu S \cdot cm^{-1} \cdot min^{-1})$	t/min	$\kappa_t/$ $(\mu S \cdot cm^{-1})$	$\dfrac{\kappa_0-\kappa_t}{t}/$ $(\mu S \cdot cm^{-1} \cdot min^{-1})$

（3）求该皂化反应的活化能 E_a。根据阿伦尼乌斯公式 $\kappa_t=\dfrac{1}{kc_0}\times\dfrac{\kappa_0-\kappa_t}{t}+\kappa_\infty$ 计算反应的活化能 E_a。相关实验数据填在表 2-33-2 中。

表 2-33-2　实验数据记录与处理

反应温度/K	$\kappa_t - \dfrac{\kappa_0-\kappa_t}{t}$方程	k（注意单位）
$T_1=$　　　K		
$T_2=$　　　K		
$E_a=\dfrac{RT_1T_2\times\ln\dfrac{k_2}{k_1}}{T_2-T_1}=$ ___ , 误差 $\eta=$ ___		

（4）误差讨论。乙酸乙酯 E_a 的理论值为 47.3 kJ $\cdot$ mol^{-1}。

六、思考题

（1）配制乙酸乙酯溶液时，为什么要在容量瓶中先加入部分蒸馏水？

（2）如何用实验结果来验证乙酸乙酯皂化反应为二级反应？

（3）如果 NaOH 溶液和 CH$_3$COOC$_2$H$_5$ 溶液起始浓度不相等，那么应怎样计算 k 值？

实验 34　溶液吸附法测定固体的比表面

一、实验目的

(1) 了解溶液吸附法测定比表面的基本原理。

(2) 掌握 722G 型分光光度计的原理并熟悉其使用方法。

(3) 掌握用亚甲基蓝水溶液测定颗粒活性炭比表面的方法。

二、实验原理

比表面是指单位质量(或单位体积)的物质所具有的表面积。

根据比耳光吸收定律($I = I_0 e^{-Kcl}$),当入射光为一定波长的单色光时,某溶液的吸光度 A 与溶液中有色物质的浓度 c 及液层的厚度 l 成正比。

$$T = I/I_0 \qquad\qquad (2-34-1)$$

$$A = \ln\left(\frac{I_0}{I}\right) = Kcl \qquad\qquad (2-34-2)$$

式(2-34-1)和式(2-34-2)中,T 为透过率;A 为吸光度;I_0 和 I 分别为入射光强度和透射光强度;K 为吸光系数;c 为溶液浓度;l 为液层厚度。

同一溶液在不同波长所测得的吸光度不同。将吸光度 A 对波长 λ 作图,可得到溶液的吸收曲线。为提高测量的灵敏度,工作波长一般选择在 A 值最大处。亚甲基蓝在可见光区有两个吸收峰:445 nm 和 665 nm。在 445 nm 处,活性炭吸附对吸收峰有很大干扰,故本实验选用 665 nm 为工作波长。

朗格缪尔吸附理论的基本假设:

(1) 吸附是单分子层吸附,吸附剂一旦被吸附质覆盖就不能再发生吸附,吸附质之间的相互作用可以忽略;

(2) 吸附平衡是动态平衡,即单位时间单位表面上吸附的分子数与脱附的分子数相等,吸附量维持不变;

(3) 固体表面是均匀的,且表面各个吸附位完全等价;

(4) 吸附速率与未被吸附表面积成正比,脱附速率与表面覆盖率成正比。

在一定浓度范围内,大多数固体对亚甲基蓝的吸附是单分子层吸附,即符合朗格缪尔型。若溶液浓度过高,则会出现多分子层吸附;若溶液浓度过低,则吸附不能饱和。

亚甲基蓝具有的矩形平面结构如下:

亚甲基蓝阳离子大小为 $17.0 \times 7.6 \times 3.25$ Å^3。亚甲基蓝的吸附有三种取向:平面吸附投影面积为 135 Å^2;侧面吸附投影面积为 75 Å^2;端基吸附投影面积为 29.5 Å^2。对于非石墨型的活性炭,亚甲基蓝可能不是平面吸附而是端基吸附。实验表明,在单分子层吸附的情况下,亚甲基蓝覆盖面积为 2.45×10^3 m$^2 \cdot$ g^{-1}。

溶液吸附法测定固体比表面,简便易行,但其测量误差较大,一般为 10% 左右。

三、仪器与试剂

实验仪器:722G 型分光光度计、容量瓶、烧杯、移液管、胶头滴管、洗瓶、洗耳球、坩埚、真空烘箱、马弗炉、干燥器、分析天平、烧杯等。

实验材料:滤纸片、擦镜纸、标签纸等。

固体试剂:颗粒状非石墨型活性炭、亚甲基蓝等。

四、实验步骤

1. 由实验室工作人员操作的准备步骤

(1)活化样品。将颗粒状非石墨型活性炭置于坩埚中,放在 300 ℃真空烘箱活化 1 h,或放入 500 ℃马弗炉活化 1 h,然后置于干燥器中。

(2)配制 0.0100% 亚甲基蓝标准溶液。用分析天平称取 0.2000 g 亚甲基蓝倒入 100 mL 烧杯中加少量蒸馏水溶解,再移入 2000 mL 容量瓶中,用蒸馏水荡洗烧杯数次,全部倒入上述容量瓶中,再用蒸馏水稀释至刻度,得到 0.0100% 亚甲基蓝溶液。

(3)配制 0.200% 亚甲基蓝原始溶液。用分析天平称取 4.000 g 亚甲基蓝,仿照上述操作,倒入 2000 mL 容量瓶稀释至刻度,得到 0.200% 亚甲基蓝溶液。

(4)溶液吸附。在分析天平上分别称取一份已活化的活性炭约 2.5 g(用称量瓶减量法称),倒入洗净并已烘干的 1000 mL 试剂瓶中,取 1000 mL 0.200% 的亚甲基蓝溶液,放入上述试剂瓶中,平衡一周后使用。将平衡一周后的溶液用玻璃漏斗过滤,滤液用洗净烘干的试剂瓶接收。

2. 由学生操作的操作步骤

(1)配制亚甲基蓝标准溶液。用 5 mL 移液管移取 0.0100% 亚甲基蓝溶液 1.00 mL、2.00 mL、3.00 mL、4.00 mL、5.00 mL 分别移入 5 个 100 mL 容量瓶中(贴上标签纸),用蒸馏水稀释至刻度,得到 1 ppm、2 ppm、3 ppm、4 ppm、5 ppm 五种浓度的标准溶液(1 ppm $= 10^{-6}$ g $\cdot$ mL^{-1})。

(2)选择工作波长。测定 1 ppm 标准溶液在波长 λ 为 600 nm、620 nm、640 nm、660 nm、665 nm、670 nm、680 nm 的吸光度 A。以 A 为纵坐标、λ 为横坐标作图,选取吸光度最大处的波长作为工作波长(一般在 665 nm)。

(3)作工作曲线。以蒸馏水为空白,在工作波长下分别测量 1 ppm、2 ppm、3 ppm、

4 ppm、5 ppm 五个标准溶液的吸光度 A，并作 $A-c$ 的工作曲线。

（4）原始溶液稀释。为了准确测量原始溶液浓度，用 1 mL 移液管移取 0.2 mL 0.200% 亚甲基蓝溶液，放入 100 mL 容量瓶中，并用蒸馏水稀释至刻度线。

（5）平衡溶液稀释。用 1 mL 移液管移取 2 份 0.2 mL 平衡溶液分别放入 2 支 100 mL 容量瓶中，并用蒸馏水稀释至刻度线。

（6）测定原始溶液与平衡溶液的吸光度。在工作波长下测定稀释后的原始溶液和 2 份稀释后平衡溶液的吸光度。

（7）实验结束后，整理实验桌面，打扫实验室卫生。

五、数据记录与结果处理

本次实验的日期：_____，室温：_____，气压：_____。

（1）工作波长选择。测定表 2-34-1 所列波长下的吸光度，并填入表 2-34-1 中。

表 2-34-1　工作波长的选择

波长 λ/nm	600	620	640	660	665	670	680
吸光度 A							

（2）作工作曲线。以 1 ppm、2 ppm、3 ppm、4 ppm、5 ppm 五个标准溶液的浓度对吸光度作图，得一直线即工作曲线。具体实验数据填在表 2-34-2 中。

表 2-34-2　工作曲线的绘制

浓度 c	1 ppm	2 ppm	3 ppm	4 ppm	5 ppm
吸光度 A					
$A-c$ 直线方程					

（3）测定原始溶液与平衡溶液的吸光度。由实验中测得的稀释后的原始溶液的吸光度计算得到原始溶液的浓度 c_0 和平衡溶液的浓度 c。具体实验数据填在表 2-34-3 中。

表 2-34-3　测定原始溶液与平衡溶液的吸光度

溶液	吸光度 A		浓度/($g \cdot mL^{-1}$)	活性炭 A_s
原始溶液			$c_0 =$	
平衡溶液 1		平均值：		
平衡溶液 2			$c =$	

（4）计算活性炭的比表面。利用公式 $A_s = \dfrac{(c_0 - c)V}{W} \times 2.45 \times 10^3 \times 500 \, (m^2 \cdot g^{-1})$ 计算活性炭的比表面。其中，A_s 为比表面，单位为 $m^2 \cdot g^{-1}$；c_0 为原始溶液浓度，单位为 $g \cdot mL^{-1}$；c 为平衡溶液的浓度，单位为 $g \cdot mL^{-1}$；V 为加入 0.2% 亚甲基蓝溶液的体积。本实验为 1000 mL；W 为活性炭的质量，本实验为 2.5 g；2.45×10^3 为 1 g 亚甲基蓝单分子

层吸附覆盖活性炭的面积,单位为 $m^2 \cdot g^{-1}$;500 为亚甲基蓝溶液稀释倍数。

六、思考题

(1)简述分光光度计在实验中的使用步骤。

(2)用分光光度计测亚甲基蓝溶液浓度时,为什么要将溶液浓度稀释到 ppm 级才能进行测量?

实验 35　二组分系统气液平衡相图的绘制

一、实验目的

(1)用沸点仪测定和绘制异丙醇和环己烷的二组分气液平衡相图。

(2)用阿贝折射仪测定系统液相与气相的折射率,并求出其组成,了解液体折射率的测量原理及方法。

二、实验原理

两种液态物质混合而成的二组分系统称为双液体系。双液体系中两液体若能按任意比例互相溶解,则称为完全互溶双液体系;若只能在一定比例范围内互相溶解,则称为部分互溶双液体系。例如,水-乙醇双液体系、苯-甲苯双液体系都是完全互溶双液体系,苯酚-水双液体系则是部分互溶双液体系。

液体的沸点是指液体的蒸气压和外界大气压相等时的温度。在一定的外压下,纯液体有确定的沸点。对于双液体系而言,沸点不仅与外压相关,而且还与双液体系的组成有关,即和双液体系中两种液体的相对含量有关。通常将双液体系的沸点对其气相、液相的组成作图,即得二组分气液平衡相图,它表示溶液在各个沸点时的液相组成和与之成平衡的气相组成的关系。

根据混合溶液各组分与拉乌尔定律($p = p_B^* \times \dfrac{n_B}{n_A + n_B}$,其中 p 为组分 B 在混合溶液的饱和蒸气压中的分压,p_B^* 为纯组分 B 的饱和蒸气压,n_A、n_B 分别为组分 A 和组分 B 的物质的量)的偏差关系,在恒压下,二组分完全互溶双液体系的沸点-组成图可分为以下三类。

(1)溶液的沸点介于两纯组分沸点之间,混合溶液为理想溶液或者各组分对拉乌尔定律偏差不大的体系,如苯-甲苯、邻二甲苯-间二甲苯等[见图 2-35-1(a)]。

(2)溶液有最高恒沸点,混合溶液因两纯组分相互影响,与拉乌尔定律有较大负偏差,如氯化氢-水、硝酸-水、丙酮-氯仿等[见图 2-35-1(b)]。

(3)溶液有最低恒沸点,混合溶液因两纯组分相互影响,与拉乌尔定律有较大正偏差,如水-乙醇、苯-乙醇、异丙醇-环己烷等[见图 2-35-1(c)]。

图 2-35-1 中,T_A^*、T_B^* 分别表示纯 A、纯 B 的沸点,图中上方曲线为气相线,其上方 G 区域代表气相区;下方曲线为液相线,其下方 L 区域为液相区;两曲线包围的 G+L 区域为气-液两相平衡共存区,C 点和 C' 点分别表示最高和最低恒沸混合物的沸点和组成。

绘制这类相图时,要求同时测定溶液的沸点及气液平衡时气液两相的组成。本实验用冷凝回流法测定环己烷-异丙醇溶液在不同组成时的沸点,所用沸点仪如图 2-35-2 所示,是一只带有直形回流冷凝管的长颈圆底烧瓶。冷凝管底部有一球形小室,用以收集冷

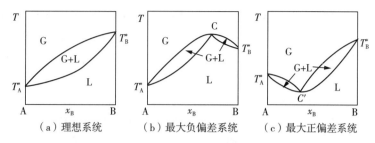

（a）理想系统　　　（b）最大负偏差系统　　　（c）最大正偏差系统

图 2-35-1　二组分气液平衡相图的三种类型

凝下来的气相样品,液相样品则通过烧瓶侧面的支管吸取。

溶液的组成通过测定其折射率来确定。折射率是物质的一个特性常数。溶液的折射率与组成有关,因此测得一系列已知浓度溶液的折射率,作出该溶液的折射率-浓度工作曲线,就可按内插法求得具有某折射率的溶液组成。

三、仪器与试剂

实验仪器:超级恒温槽、WAY 型阿贝折射仪、沸点仪、电热套、电吹风、温度计套管、温度计、量筒、移液管、胶头滴管、玻璃塞等。

实验材料:擦镜纸、沸石等。

液体试剂:异丙醇、环己烷等。

四、实验步骤

（1）将超级恒温槽的进出水管和 WAY 型阿贝折射仪的进出水管连接好,接通超级恒温槽电源,调节水温至 25 ℃。

（2）用阿贝折射仪测定异丙醇和环己烷的折射率,记录折射率数据。阿贝折射仪的使用方法见上篇 3.6.9 节。

（3）根据上述异丙醇和环己烷的折射率,推算得到工作曲线。

（4）在干燥洁净的沸点仪中加入 30 mL 异丙醇和适量沸石,按图 2-35-2 安装蒸馏装置。注意沸点仪需垂直稳定固定安装,检查温度计套管是否塞紧,温度计水银球稍浸入溶液内,加热用的电热套要靠近蒸馏瓶底,测温元件放置在蒸馏瓶与电热套之间。冷凝管下进上出通入冷水后,接通电热套电源,设定温度为 110 ℃左右,使溶液缓缓加热,待液体沸腾后,读取精密温度计 2 的读数,按照精密温度计的露出校正调节辅助温度计 3 的位置,10 s 后读取辅助温度计 3 的读数并记录数据。校正后温度即异丙醇的沸点。

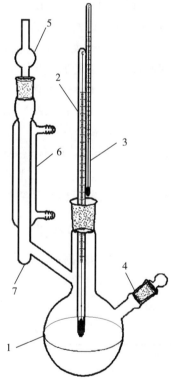

1—蒸馏瓶;2—精密温度计;
3—辅助温度计;4—液相取样口。
5—球干燥管;6—直形回流冷凝管;
7—小球。
图 2-35-2　沸点仪

(5)关闭加热套电源停止加热,将沸点仪抬高离开加热套,用气相取样管(1 mL 移液管)迅速吸取小球 7 中的冷凝液,测量气相的折射率。用液相取样管(胶头滴管)从液相取液口 4 处吸取少量溶液,测量液相的折射率。测量折射率时多余的溶液需退回到蒸馏瓶 1 中。

(6)用 10 mL 移液管吸取 3.0 mL 的环己烷从液相取液口 4 处加入蒸馏瓶 1 中,将沸点仪降低到加热套中,开启加热套电源继续加热。加热溶液到沸腾,用气相取样管吸取小球 7 中的冷凝液放回到蒸馏瓶 1 中,使新的冷凝液不断淋洗并填满小球 7,保持沸腾约 2 min,读取精密温度计 2 的读数 t_r,按照温度计的露出校正调节辅助温度计 3 的位置,10 s 后读取辅助温度计 3 的读数 t_s 并记录数据。校正后温度即为气液平衡时溶液的沸点。

(7)关闭加热套电源停止加热。将沸点仪抬高离开加热套,用气相取样管(1 mL 移液管)迅速吸取小球 7 处的冷凝液,测定气相折射率。从液相取液口 4 处用液相取样管(胶头滴管)吸取少量蒸馏瓶内溶液,测定液相的折射率。取样管要清洁干燥,在样品转移、测量过程中要迅速而仔细,每次使用阿贝折射仪前要用擦镜纸擦净测量棱镜面,再滴加 2～3 滴样品进行测定,多余的溶液需退回到蒸馏瓶 1 中。

(8)再依次加入 4.5 mL、5.5 mL、7.0 mL、10.0 mL 的环己烷,按实验步骤(6)和步骤(7)测定气液平衡时溶液的沸点和气液两相的折射率。

(9)上述实验结束后,将沸点仪中的溶液倒入指定容器中回收,塞紧玻璃塞并用电吹风从中间瓶口吹 20 s 直至沸点仪干燥,更换新的沸石。在干燥洁净的沸点仪中加入 30 mL 环己烷,重复步骤(4)～步骤(8),测定环己烷的沸点和气液两相的折射率;再依次加入 0.5 mL、1.0 mL、1.5 mL、2.0 mL、3.0 mL 的异丙醇,分别测定气液平衡时溶液的沸点和气液两相的折射率。

(10)实验结束后,关闭电热套电源、恒温槽电源,关闭冷凝水,将沸点仪中的溶液倒入指定容器中回收,用电吹风吹干沸点仪,回收沸石,用擦镜纸清洁阿贝折射仪样品台、光源入口和数字显示温度计,整理实验桌面,打扫实验室卫生。

五、数据记录与结果处理

将本实验中的数据记录在表 2-35-1 和表 2-35-2 中。

本次实验的日期:_____,室温:_____,气压:_____,精密温度计 t_n:

_____,$n_{异丙醇}$ = _____,$n_{环己烷}$ = _____。

表 2-35-1　30 mL 异丙醇中加入环己烷

加量 V/mL	总量 V/mL	沸点温度				气相		液相	
		t_r/℃	n/℃	t_s/℃	校正 t/℃	n（折射率）	x（摩尔分数）	n（折射率）	x（摩尔分数）
0	0								
3.0	3.0								
4.5	7.5								
5.5	13.0								

加量 V/mL	总量 V/mL	沸点温度				气相		液相	
		t_r/℃	n/℃	t_s/℃	校正 t/℃	n（折射率）	x（摩尔分数）	n（折射率）	x（摩尔分数）
7.0	20.0								
10.0	30.0								

表 2-35-2　30 mL 环己烷中加入异丙醇

加量 V/mL	总量 V/mL	沸点温度				气相		液相	
		t_r/℃	n/℃	t_s/℃	校正 t/℃	n（折射率）	x（摩尔分数）	n（折射率）	x（摩尔分数）
0	0								
0.5	0.5								
1.0	1.5								
1.5	3.0								
2.0	5.0								
3.0	8.0								

(1)根据各样品的折射率由折射率-组成的工作曲线求得相应组成。

工作曲线：_____

(2)作异丙醇-环己烷的气液平衡相图并判断相图类型。

相图类型：_____

例如，工作曲线为 $n = -0.0481x + 1.4245$，其中 n 为气液相折射率，-0.0481 为学生实际测量异丙醇（最小值）与环己烷（最大值）折射率之差，x 为异丙醇的摩尔分数，1.4245 为学生实际测量纯环己烷（最大值）的折射率。不同阿贝折射仪的工作曲线不同。根据实验测量的气液两相的折射率，结合工作曲线，计算出对应的异丙醇的摩尔分数 x。再以 x 为横坐标，温度为纵坐标，将所有的气相点和液相点（不同标识符号，注意区分）拟合成光滑曲线，其中液相线为一条光滑曲线，气相线以恒沸点为界，左右分别为两段光滑曲线，判断相图类型。

六、思考题

(1)结合拉乌尔定律详细解释实验作出的相图形状的生成原理。

(2)沸点仪中小球 7 的体积过大或过小，对测量有何影响？

(3)在测量时若产生过热现象，将会使相图发生什么变化？

实验 36　溶液表面张力的测定

一、实验目的

(1)测定不同浓度乙醇溶液在一定温度下的表面张力,计算溶质的表面吸附量。

(2)了解表面张力、表面 Gibbs 函数的意义,以及表面张力、溶液浓度与溶质表面吸附量的关系。

(3)掌握最大气泡压力法测定溶液表面张力的原理和实验技术。

二、实验原理

从热力学观点看,液体表面缩小是一个自发过程,它使系统总的吉布斯(Gibbs)函数减小,若欲使液体产生新的表面 ΔA,则需对其做功。做功大小应与 ΔA 成正比:

$$W' = \sigma \Delta A \qquad (2-36-1)$$

式中,σ 为比表面 Gibbs 函数,常用单位为 $J \cdot m^{-2}$。

从力的角度看,σ 的物理意义为表面层的分子垂直作用在单位长度的线段或边界上且与表面平行或相切的紧缩力,通常称为表面张力,常用单位为 $N \cdot m^{-1}$。

对于纯物质,其表面层的组成与内部的组成相同,纯物质液体降低表面 Gibbs 函数的唯一途径是尽可能缩小其表面积。在定温下纯物质液体的表面张力为定值。但溶液的情况却不同,加入溶质形成溶液后,表面张力发生变化是自发过程,其变化的大小取决于溶质的性质和加入量,因此可以通过调节溶质在溶液表面层的浓度来降低表面自由能。根据能量最低原则,当溶液表面层中溶质的浓度比溶液内部大时,溶质能降低溶剂的表面张力;反之,当溶液表面层中溶质的浓度比溶液内部小时,溶质能增大溶剂的表面张力。这种表面层浓度与溶液内浓度不同的现象叫作溶液的表面吸附。吉布斯用热力学方法推导出等温条件下溶质表面吸附量与溶液表面张力及溶液浓度间的关系:

$$\Gamma = -\frac{c}{RT} \times \left(\frac{d\sigma}{dc}\right)_T \qquad (2-36-2)$$

式中,Γ 为溶质表面吸附量,单位为 $mol \cdot m^{-2}$;σ 为表面张力,单位为 $J \cdot m^{-2}$;T 为绝对温度,单位为 K;c 为溶液摩尔浓度,单位为 $mol \cdot L^{-1}$;R 为气体常数。式(2-36-2)称为吉布斯吸附等温方程。

当 $d\sigma/dc < 0$ 时,$\Gamma > 0$,这时称为正吸附,即溶液表面张力随着溶液浓度的增加而降低。

当 $d\sigma/dc > 0$ 时,$\Gamma < 0$,这时称为负吸附,即溶液表面张力随着溶液浓度的增加而增加。

如果测定处在某一温度下各种不同浓度溶液的表面张力 σ 值,那么可画出 $\sigma - c$ 曲线

[见图 2-36-1(a)]，求出曲线上某一浓度 c 的斜率 $d\sigma/dc$。将求得的斜率代入吉布斯吸附等温方程式中，即可求出该浓度对应的溶质表面吸附量，再由各种浓度时的吸附量便可作出 $\Gamma-c$ 曲线[见图 2-36-1(b)]。

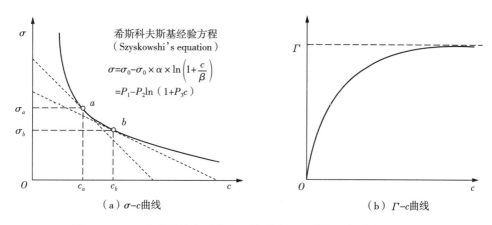

图 2-36-1 乙醇溶液表面张力 σ、溶质表面吸附量 Γ 与浓度 c 的关系

测量表面张力的方法很多，本实验采用最大气泡法。测定表面张力的实验装置如图 2-36-2 所示。图 2-36-2 中，5 为充满水的减压瓶；2 为表面张力仪；中间有一个毛细玻璃管 1，其下端接有一段直径很小的毛细管；3 为数字式微压差计；表面张力仪放置于恒温水槽内；6 为控压旋塞，通过放水来控制减压瓶内的压强；4 为放空夹。

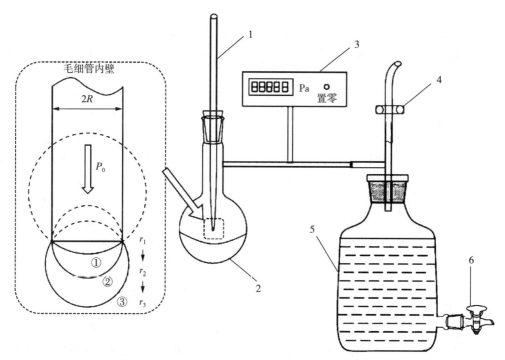

1—毛细玻璃管；2—表面张力仪；3—数字式微压差计；4—放空夹；5—减压瓶；6—控压旋塞。

图 2-36-2 测定表面张力的实验装置

将待测表面张力的液体装入洁净的表面张力仪中,使毛细玻璃管的管口与液面相切,液面即沿毛细管上升,打开减压瓶活塞进行缓慢的减压,此时表面张力仪中的压力 p_R 逐渐减小,毛细管中大气压 p_0 就逐渐把管中液面压至管口,形成曲率半径最小(等于毛细管半径 R)的气泡,根据拉普拉斯公式,此时压力差最大,压力差为

$$\Delta p_{max} = p_0 - p_R = \frac{2\sigma}{R} = \frac{\sigma}{k} \qquad (2-36-3)$$

在实验中,对于同一套表面张力仪和数字式微压差计,k 值为一常数(称为仪器常数)。若用已知表面张力的液体(本实验采用蒸馏水)通过实验测得 Δp_{max},则可求出 k 值。然后测定待测溶液的 Δp_{max} 值,即可求得其表面张力 σ 值。

三、仪器与试剂

实验仪器:超级恒温槽、WAY 型阿贝折射仪、表面张力仪、DMP-2C 数字式微压差计、减压瓶、升降台、烧杯、容量瓶、移液管、T 型管、滴管、洗耳球等。

实验材料:擦镜纸等。

液体试剂:乙醇(95%)等。

四、实验内容及步骤

(1)清洗表面张力仪并计算 7 种不同浓度的乙醇溶液所需乙醇的体积。调节超级恒温槽水温为 25 ℃。表面张力仪内部用洗液浸泡数分钟,再用自来水及蒸馏水洗净(包括旋塞与毛细管)。要求:玻璃壁上不允许挂有水珠。

本实验采取动态添加乙醇来控制乙醇溶液的浓度。根据表面张力仪所需溶液的体积,按照下列浓度计算所需乙醇的体积,填写在数据表格第一列中(本实验以 140 mL 为例)。乙醇溶液的浓度分别为 0.05 mol·L^{-1}、0.1 mol·L^{-1}、0.2 mol·L^{-1}、0.4 mol·L^{-1}、0.6 mol·L^{-1}、1.0 mol·L^{-1}、1.5 mol·L^{-1}。实验中乙醇溶液的浓度不必精确量取、配制,亦可根据实验条件需要进行调整,其准确浓度是经由工作曲线来计算推定的。

(2)仪器常数 k 的测定。在已清洁的表面张力仪内装入少量蒸馏水,装好毛细玻璃管,调节蒸馏水的量,使毛细管口刚好与液面相切,仪器按图 2-36-2 垂直稳固安装好。将表面张力仪放入超级恒温槽中,恒温 20 min 后,打开放空夹,并调节数字式微压差计的读数为 0(表示设定大气压 p_0=0 Pa),实验中,数字式微压差计的读数为表面张力仪中的压力 p_R,压力差 $\Delta p = p_0 - p_R = |p_R|$。然后缓慢夹上放空夹,打开减压瓶(装满水的)下部的控压活塞少许,使水缓慢滴出,并使气泡从毛细管口尽可能地缓慢形成,控制气泡逸出速度为每分钟 10~15 个。记录数字式微压差计最大读数(绝对值)3 次,求出其平均值,得 $\Delta p_{水 max}$,再查阅该温度下水的表面张力(25 ℃ 时水的表面张力 $\sigma_{水}$ = 71.97×10^{-3} N·m^{-1}),即可求得仪器常数 k($k = \sigma_{水} / \Delta p_{水 max}$)。

(3)测定乙醇溶液的表面张力。小心取下毛细管,按照步骤(1)计算的乙醇所需体积,加入适量乙醇,充分混合均匀,润洗毛细管后,经由毛细管取出适量溶液,调节溶液的量,使毛细管口刚好与液面相切。按照步骤(2)测定乙醇溶液的表面张力,读得各 Δp_{max} 值,用公式 $\sigma = k\Delta p_{max}$ 求出各个不同浓度溶液的 σ 值。

乙醇溶液的准确浓度测定方法:用阿贝折射仪测出各溶液的折射率,然后通过乙醇溶液的折射率与溶液浓度的工作曲线求得(提示:当读出一种溶液的 Δp_{max} 值后,紧接着就从表面张力仪内取出少许该溶液,放入折射仪中测出其折射率)。每种溶液的折射率测 2 次,取其平均值。

(4)实验结束后,关闭仪器电源,用蒸馏水清洗表面张力仪,整理实验桌面,打扫实验室卫生。

【注意事项】

(1)测定表面张力时,毛细管口与液面相切,防止毛细管口插入溶液表面之下。

(2)用阿贝折射仪测定溶液折射率,滴加溶液时,玻璃滴管口不允许碰到样品台。测完一种溶液后,必须用擦镜纸将样品台上的溶液擦干,以便测量另一种浓度的溶液。

五、数据记录与结果处理

将本实验中的数据记录在表 2-36-1 和表 2-36-2 中。

本次实验的日期:_____室温:_____实验温度:_____气压:_____。

表 2-36-1　测定仪器常数 k 的实验数据记录与处理

乙醇约		$\Delta p_{max}/Pa$				折射率 n		
mol·L^{-1}	mL	1	2	3	平均	1	2	平均
0.00	0(纯水)							
0.05								
0.1								
0.2								
0.4								
0.6								
1.0								
1.5								

表 2-36-2　测定乙醇溶液表面张力的实验数据记录与处理

乙醇约/ (mol·L^{-1})	$\Delta p_{max}/Pa$	折射率 n	浓度 $c/$ (mol·L^{-1})	$\sigma/$ ($\times 10^{-3}$ N·m^{-1})	$\dfrac{d\sigma}{dc} \times 10^3$	$\Gamma/$ ($\times 10^{-6}$ mol·m^{-2})
0.00			0	71.97	—	—
0.05						
0.1						
0.2						
0.4						

(续表)

乙醇约/ (mol·L⁻¹)	Δp_{max}/Pa	折射率 n	浓度 c/ (mol·L⁻¹)	σ/ ($\times 10^{-3}$N·m⁻¹)	$\dfrac{d\sigma}{dc}\times 10^3$	Γ/ ($\times 10^{-6}$mol·m⁻²)
0.6						
1.0						
1.5						

(1)根据乙醇溶液的折射率与浓度的工作曲线计算折射率 n，$n=mc+n_水=$ _____，由不同浓度溶液的折射率 n 推算出对应溶液的浓度 c。

(2)计算纯水的仪器常数 k，$k=\sigma_水/\Delta p_{水\,max}=$ _____。

(3)计算出不同浓度溶液的压力差 Δp_{max}，根据公式 $\sigma=k\Delta p_{max}$ 计算出对应的表面张力。

(4)用软件作 $\sigma-c$ 点图，根据希斯科夫斯基经验方程用软件拟合出 $\sigma-c$ 曲线，再求出 $\sigma-c$ 图中各溶液在其浓度值的斜率 $d\sigma/dc$，并求出各相应浓度下的溶质表面吸附量 Γ 值，作出 $\Gamma-c$ 的吸附等温线。

六、思考题

(1)什么是溶液表面吸附？什么是溶质表面吸附量？

(2)为什么需要仔细清洁表面张力仪？若毛细管不清洁，则对测定结果有何影响？

(3)测表面张力时，如果毛细管口插入液面下，那么读到的 Δp_{max} 数值比实际偏大还是偏小？

一.实验目的

(1)测定用酸作催化剂时丙酮碘化反应的速率常数。

(2)了解用化学方法测定反应速率常数的特点。

(3)通过本实验加深对复杂反应特征的理解,初步认识复杂反应机理。

二、实验原理

只有少数化学反应是由一个基元反应组成的简单反应。大多数化学反应都是由若干个基元反应组成的复杂反应。丙酮碘化反应就是一个复杂反应,它是酸催化过程,因反应过程中有 H^+ 生成,故它又是自动催化过程。

在极性溶剂中,丙酮碘化反应速率与丙酮浓度呈一级反应,而与碘浓度呈零级反应,故可用下列反应方程式表示:

$$I_2 + CH_3—\underset{\underset{O}{\|}}{C}—CH_3 \xrightarrow{H^+} I^- + \underset{\underset{I}{|}}{CH_2}—\underset{\underset{O}{\|}}{C}—CH_3 + H^+ \tag{1}$$

$t=0$		$c_{I_2}^0$	$c_丙^0$	0	0	$c_{H^+}^0$
$t=t$		$c_{I_2}^0 - c_x$	$c_丙^0 - c_x$	c_x	c_x	$c_{H^+}^0 + c_x$

由于丙酮碘化反应速率与碘浓度呈零级反应,因此碘化过程必须在速率控制步骤之后。其反应机理为

$$CH_3—\underset{\underset{O}{\|}}{C}—CH_3 + H^+ \underset{快}{\rightleftharpoons} \left[CH_3—\underset{\underset{OH}{|}}{\overset{\oplus}{C}}—CH_3 \right] \underset{慢}{\rightleftharpoons} CH_2 = \underset{\underset{OH}{|}}{C}—CH_3 + H^+ \tag{2}$$

$$CH_2 = \underset{\underset{OH}{|}}{C}—CH_3 + I_2 \underset{快}{\longrightarrow} \underset{\underset{I}{|}}{CH_2}—\underset{\underset{OH}{|}}{\overset{\oplus}{C}}—CH_3 + I^-$$

$$\overset{快}{\longrightarrow} CH_2I—\underset{\underset{O}{\|}}{C}—CH_3 + H^+ + I^- \tag{3}$$

由上面机理可知,反应(2)是丙酮的烯醇化反应,这是一个可逆反应,其中第二步反应

为丙酮碘化速率的控制步骤。反应(3)是丙酮的碘化反应,它是一个快速且趋于进行到底的反应。反应(2)中,因为第一步反应是快的,所以丙烯醇浓度可用第二步反应(丙酮碘化反应速率的控制步骤)的平衡常数、丙酮浓度和 H^+ 浓度来表示,结合反应(3)中 H^+ 浓度变化可知,丙酮碘化反应速率方程如下:

$$-\frac{\mathrm{d}(c_{丙}^0-c_x)}{\mathrm{d}t}=k(c_{丙}^0-c_x)(c_{H^+}^0+c_x) \qquad (2-37-1)$$

积分得

$$\ln\frac{c_{H^+}^0+c_x}{c_{丙}^0-c_x}=(c_{丙}^0+c_{H^+}^0)kt-\ln\frac{c_{丙}^0}{c_{H^+}^0} \qquad (2-37-2)$$

式(2-37-2)中,$c_{H^+}^0$ 为 H^+ 在反应开始浓度;$c_{丙}^0$ 为丙酮在反应开始时的浓度;c_x 为 t 时刻消耗掉的丙酮浓度,也是消耗掉的 I_2 浓度。

本实验采用分析化学方法结合作图来测定丙酮碘化反应速率常数。根据丙酮碘化反应体系的特点,选取标准浓度的 $Na_2S_2O_3$ 溶液与反应液中 I_2 进行滴定反应,以淀粉溶液作为指示剂,计算反应液中 I_2 的含量。用 $Na_2S_2O_3$ 滴定碘溶液时发生的反应如下:

$$2Na_2S_2O_3+I_2\longrightarrow Na_2S_4O_6+2Na^++2I^- \qquad (4)$$

此反应需要在中性或者弱酸性条件才能发生,在其他 pH 环境时,反应物 $Na_2S_2O_3$ 与 I_2 的反应比例会发生改变,影响实验的准确性。最初反应液呈红棕色,用标准 $Na_2S_2O_3$ 溶液滴定至反应液变为淡金黄色,再加 10 滴 1% 的淀粉溶液作为指示剂,此时反应液变为深蓝色,继续仔细滴定至蓝色恰好消失且 30 s 内不变色,即达到滴定终点。

根据反应(4)可用标准 $Na_2S_2O_3$ 溶液的浓度和消耗体积计算反应液中 I_2 的含量。再结合反应(1),可计算丙酮碘化反应的反应量 c_x,并进一步计算作图得到反应速率常数、速率方程。

三、仪器与试剂

实验仪器:超级恒温槽、锥形瓶、容量瓶、量筒、移液管、碱式滴定管、洗瓶、滴管、秒表、洗耳球等。

液体试剂:丙酮、HCl(1 mol·L^{-1})、碘溶液(0.050 mol·L^{-1})、NaHCO$_3$(0.4 mol·L^{-1})、Na$_2$S$_2$O$_3$(0.010 mol·L^{-1})、淀粉(1%)等。

四、实验步骤

(1)调节超级恒温槽水温为 30 ℃。

(2)配制溶液步骤如下。

① 用移液管准确移取 25 mL 0.05 mol·L^{-1}碘溶液和 25 mL 1 mol·L^{-1} HCl 溶液到 250 mL 容量瓶中,再加入约 100 mL 蒸馏水,塞紧瓶塞,将其置于超级恒温槽中恒温。

② 用 10 mL 移液管准确移取 10 mL 0.050 mol·L^{-1}碘溶液到 100 mL 容量瓶中,用蒸馏水稀释至刻度线下约 1 cm 处,塞紧瓶塞,将其置于超级恒温槽中恒温。

③ 配制 1 mol/L 的丙酮溶液。用 5 mL 移液管准确移取 3.8 mL 丙酮到已装有适量

蒸馏水的 50 mL 容量瓶中,再用蒸馏水稀释至刻度线下约 1 cm 处,塞紧瓶塞,将其置于超级恒温槽中恒温。

④ 另取一洁净锥形瓶,内装约 150 mL 蒸馏水,置于超级恒温槽中恒温(30 ℃),恒温约 20 min 后,用该恒温的蒸馏水将步骤②的容量瓶和步骤③的容量瓶稀释至刻度线,塞紧瓶塞,迅速用力摇匀,再放入超级恒温槽内继续恒温 5 min。

(3)用移液管准确移取 25 mL 丙酮水溶液(50 mL 容量瓶中)注入 250 mL 的容量瓶中(其中已装有碘溶液和 HCl 溶液)。当丙酮水溶液流出一半时(大约为液面下降到 20 ℃ 字样位置处),启动秒表开始计时,并作为反应起始时间,然后迅速用 30 ℃ 蒸馏水将 250 mL 容量瓶定容至刻度线,塞紧瓶塞,取出容量瓶用力摇匀后,再将其置于超级恒温槽中(提示:秒表显示时间即为反应时间,不可暂停或归零)。

当反应时间达到 9 min 时,从 250 mL 的容量瓶(不允许拿出超级恒温槽)中准确移取 25 mL 混合反应液,注入已装有 10 mL 0.4 mol·L⁻¹ NaHCO₃ 溶液的 250 mL 锥形瓶中,当溶液流出一半时,记录秒表读数(提示:时间精确到秒),作为该点反应的终止时间,然后用 0.010 mol/L Na₂S₂O₃ 溶液进行滴定,以 10 滴 1% 的淀粉溶液作为指示剂,记录所消耗 Na₂S₂O₃ 溶液的体积。仿照此操作,每隔 10 min 一次,共操作 6 次,记录反应终止时间和 Na₂S₂O₃ 溶液的消耗体积,以便求出不同反应时间时反应液中碘的含量。

(4)V_0 的测定。用 25 mL 移液管准确移取 25 mL 稀释碘溶液(100 mL 容量瓶中)注入一洁净锥形瓶中,用 0.010 mol/L 的 Na₂S₂O₃ 标准溶液滴定,以 10 滴 1% 的淀粉溶液作为指示剂,记录所消耗 Na₂S₂O₃ 溶液的体积。操作 2 次,取其平均值作为 V_0。

(5)实验结束后,关闭超级恒温槽电源,回收未反应的含有 I₂ 的溶液(250 mL 容量瓶和 100 mL 容量瓶)到指定容器,清洁实验所用容量瓶、锥形瓶,整理实验桌面,打扫实验室卫生。

五、数据记录与结果处理

将本次实验中的数据记录在表 2-37-1 中。

本次实验的日期:_____,室温:_____,实验温度:_____,气压:_____。

参与反应 $c_{H^+}^0$:_____ mol·L⁻¹,$c_丙^0$:_____ mol·L⁻¹,V_0:_____ mL。

表 2-37-1　实验数据记录与处理

反应时间 t/min	消耗 Na₂S₂O₃ 量 V_t/mL			c_x/(mol·L⁻¹)	$\dfrac{c_{H^+}^0+c_x}{c_丙^0-c_x}$	$\ln\dfrac{c_{H^+}^0+c_x}{c_丙^0-c_x}/(\times 10^{-3})$
	V 始	V 末	V_t			

反应时间	消耗 $Na_2S_2O_3$ 量 V_t/mL			c_x/(mol·L^{-1})	$\dfrac{c_{H^+}^0 + c_x}{c_{丙}^0 - c_x}$	$\ln\dfrac{c_{H^+}^0 + c_x}{c_{丙}^0 - c_x}$/($\times 10^{-3}$)
t/min	V 始	V 末	V_t			
V_0				\multicolumn{3}{c}{$V_0 = $ _____（取平均值）}		

(1)列表报告反应经过 t_i 时,相应滴定所消耗 $Na_2S_2O_3$ 的用量 V_t 及 $c_{H^+}^0$、$c_{丙}^0$、c_x 等,其中

$$c_x = \frac{V_0 - V_t}{25} \times \frac{c}{2}$$

式中,c_x 为 t 时刻消耗掉的 I_2 浓度,单位为 mol·L^{-1};c 为标准 $Na_2S_2O_3$ 溶液的体积摩尔浓度,单位为 0.010 mol·L^{-1};V_0 是步骤(4)中滴定 25 mL 稀释碘溶液所用的 $Na_2S_2O_3$ 溶液的体积,单位为 mL;V_t 是反应为 t 时刻,滴定 25 mL 反应液所用的 $Na_2S_2O_3$ 溶液的体积,单位为 mL。

(2)作 $\ln\dfrac{c_{H^+}^0 + c_x}{c_{丙}^0 - c_x} - t$ 图,从直线斜率 m 求出反应速率常数 k(写出数值及单位)。

$\ln\dfrac{c_{H^+}^0 + c_x}{c_{丙}^0 - c_x} = (c_{丙}^0 + c_{H^+}^0)kt - \ln\dfrac{c_{丙}^0}{c_{H^+}^0}$ 计算 k,$k = m/(c_{丙}^0 + c_{H^+}^0) = $ _____。

(3)计算误差。利用下式计算 η,$\eta = \dfrac{|k_实 - k_理|}{k_理} \times 100\% = $ _____。 式中,$k_理 = 5.02 \times 10^{-5}$ L·mol^{-1}·s^{-1} = 3.012×10^{-3} L·mol^{-1}·min^{-1}。

(4)误差讨论。

六、思考题

(1)本实验应该记录哪些数据?

(2)本实验中,加 HCl 溶液起何作用? 为什么每次取样之前要在干净的锥形瓶中先放好 10 mL 0.4 mol·L^{-1} NaHCO$_3$ 溶液?

(3)用 $Na_2S_2O_3$ 溶液滴定 I_2 时,如果滴定一开始就加入淀粉指示剂,会产生什么影响?

实验 38 化学平衡常数与分配系数的测定

一、实验目的

(1)测定碘与碘离子反应的平衡常数。

(2)测定碘在 CCl_4 与 H_2O 中的分配系数。

二、实验原理

定温定压下,水溶液中碘与碘离子建立如下平衡:

$$I^- + I_2 \rightleftharpoons I_3^- \tag{1}$$

$$K_c = \frac{c(I_3^-)}{c(I^-)c(I_2)} \tag{2-38-1}$$

为了分别测得 I_2 和 I_3^- 的浓度,在含碘水溶液中加入 CCl_4,然后充分摇动,使 H_2O 层内的上述化学反应建立平衡,同时建立 I_2 在 CCl_4 层与 H_2O 层间的分配平衡,整个体系达到复相平衡状态。I_3^- 和 I^- 均不溶于 CCl_4,若测得 CCl_4 层中 I_2 浓度,则可根据分配系数求得 H_2O 层中 I_2 浓度。

为测定该平衡常数,应在不扰动平衡常态下测定平衡组成。反应达平衡时,若用 $Na_2S_2O_3$ 标准溶液滴定 H_2O 层中 I_2,以淀粉溶液作为指示剂,则随着 I_2 的消耗,平衡向左移动,I_3^- 不断分解,最终测得的是溶液中 I_2 和 I_3^- 的总量。

$$2Na_2S_2O_3 + I_2 \longrightarrow Na_2S_4O_6 + 2Na^+ + 2I^- \tag{2}$$

假设 H_2O 层中 I_2 浓度为 a,I_3^- 和 I_2 的总浓度为 b;CCl_4 层中 I_2 浓度为 a_1;I^- 的初始浓度为 c;I_2 在 H_2O 层与 CCl_4 层的分配系数为 K_d。实验可测得分配系数 K_d、a_1 和 b,当浓度较小时,可忽略浓度与活度间的差异,根据 $K_d = a_1/a$ 求得 a,并与已知 c 求出反应(1)的平衡常数 K_c,即

$$K_c = \frac{b-a}{a[c-(b-a)]} \tag{2-38-2}$$

三、仪器与试剂

实验仪器:THZ-82/SHA-C 型恒温振荡器、碘量瓶、锥形瓶、移液管、碱式滴定管、洗耳球、洗瓶、滴管等。

液体试剂:I_2 的 CCl_4 饱和溶液、CCl_4、KI($0.05\ mol \cdot L^{-1}$)、$Na_2S_2O_3$($0.01\ mol \cdot L^{-1}$)、淀粉溶液(1%)等。

四、实验内容及步骤

（1）按表 2-38-1 中所列数据，用移液管将溶液配制于各碘量瓶中并标记编号。

（2）将配好的溶液置于 25 ℃的恒温振荡器内，碘量瓶的瓶塞需要塞紧，碘量瓶间注意间距，取放碘量瓶注意力度，防止碘量瓶破碎污染恒温振荡器。经过大约 30 min 振荡后，按表 2-38-1 中数据取样进行分析。

（3）分析 H_2O 层时，先用 0.01 mol·L^{-1} $Na_2S_2O_3$ 标准溶液滴定至淡金黄色，再加入 1 mL 1% 的淀粉溶液作为指示剂，然后继续滴定至蓝色恰好消失。

（4）分析 CCl_4 层时，锥形瓶中先加入 20 mL 蒸馏水，1 mL 1% 淀粉溶液，5 mL 0.05 mol·L^{-1} KI 标准溶液，再取 5 mL CCl_4 层样品。取样时，用洗耳球使移液管尖缓慢鼓泡通过 H_2O 层后进入 CCl_4 层，以免水进入移液管中。用 0.01 mol·L^{-1} $Na_2S_2O_3$ 标准溶液滴定至水层蓝色恰好消失，CCl_4 层不再显紫红色。滴定后剩余的 CCl_4 层应倒入指定容器进行回收。（提示：滴定 CCl_4 层中 I_2 时，一定要用力摇动锥形瓶，促使反应充分，防止滴定过量。滴定反应实际发生在水层中，为加快 CCl_4 层中的 I_2 进入水层中，可加入适量 KI 溶液。）

（5）实验结束后，关闭恒温振荡器电源，清洁实验所用锥形瓶、碘量瓶和碱式滴定管，整理实验桌面，打扫实验室卫生。

五、数据记录与结果处理

将本实验中的数据记录在表 2-38-1 中。

本次实验的日期：_____，室温：_____，气压：_____，$Na_2S_2O_3$ 标准溶液浓度：_____。

表 2-38-1　实验数据记录与处理

实验编号			1	2	3
混合液组成/mL	H_2O		200	50	0
	I_2 的 CCl_4 饱和溶液		25	25	25
	KI 溶液		0	50	100
分析取样体积/mL	CCl_4 层		1	2.5	2.5
	H_2O 层		50	10	10
测定时消耗的 $Na_2S_2O_3$ 标准溶液体积/mL	CCl_4 层	1			
		2			
		平均	$V_1=$	$V_3=$	$V_5=$
	H_2O 层	1			
		2			
		平均	$V_2=$	$V_4=$	$V_6=$

实验编号	1	2	3
分配系数和平衡常数	$K_d =$	$K_{c1} =$	$K_{c2} =$
		$K_c =$	

注:25 ℃时,K_d(理论值)$=85.4$;K_c(理论值)$=9.52 \times 10^2$。

第1号瓶:$a_1 = $ _____ ,$a = $ _____ ,$K_d = $ _____ 。

第2号瓶:$a_1 = $ _____ ,$a = $ _____ ,$b = $ _____ ,$c = $ _____ ,$K_{c1} = $ _____ 。

第3号瓶:$a_1 = $ _____ ,$a = $ _____ ,$b = $ _____ ,$c = $ _____ ,$K_{c2} = $ _____ 。

结果处理:

(1)计算 25 ℃时,I_2 在 CCl_4 层和 H_2O 层的分配系数。

(2)计算 25 ℃时,反应(1)的平衡常数。

六、思考题

(1)测定 H_2O 层中反应(1)的平衡常数,为何不能直接在 H_2O 层中测量?

(2)测定 CCl_4 层中 I_2 浓度时,应注意什么?

(3)配制第 1、2、3 号溶液的目的是什么?

实验 39 电动势法测定化学反应的热力学函数

一、实验目的

(1)掌握补偿法测定电动势的原理。

(2)熟练掌握 UJ25 型电位差计的正确使用方法。

(3)学会用电动势法求化学反应的 $\Delta_r G_m$、$\Delta_r H_m$、$\Delta_r S_m$ 等热力学函数。

二、实验原理

化学反应的 $\Delta_r G_m$、$\Delta_r H_m$、$\Delta_r S_m$ 等数据可采用多种实验方法进行测定。由于电化学法准确性高,因此许多化学反应的热力学函数数据是通过电化学法测定的。

原电池是由两个"半电池"(正、负电极)及能与电极建立电化学反应平衡的相应电解质组成。任何化学反应都可设计成可逆电池。恒压恒温条件下,可逆电池电动势与热力学函数满足下述关系:

$$\Delta_r G_m = -zFE \qquad\qquad (2-39-1)$$

$$\Delta_r S_m = zF\left(\frac{\partial E}{\partial T}\right)_P \qquad\qquad (2-39-2)$$

$$\Delta_r H_m = -zFE + zFT\left(\frac{\partial E}{\partial T}\right)_P \qquad\qquad (2-39-3)$$

式(2-39-1)~式(2-39-3)中,$\Delta_r G_m$ 为电池反应的吉布斯自由能增量;z 为电极反应的电子得失数;F 为法拉第常数,$F = 96485$ C·mol^{-1};E 为可逆电池的电动势;$\left(\frac{\partial E}{\partial T}\right)_P$ 为电动势的温度系数。

只有可逆电池的电动势才有热力学上的价值。可逆电池应满足:电池反应本身是可逆的,即电池的电极反应可逆,并且不存在不可逆的液接界;电池必须在可逆条件下工作,即充、放电过程都必须在准平衡状态下进行,并且只允许有无限小的电流通过电池。为了使电池反应在接近热力学可逆条件下进行,一般采用电位差计测量电池的电动势。

对于反应:

$$Zn + 2AgCl(s) \Longrightarrow ZnCl_2(0.100\ mol/L) + 2Ag$$

对应的可逆电池为

$$(-)Zn\,|\,ZnCl_2(0.100\ mol·L^{-1})\,|\,AgCl(s)\,|\,Ag(+)$$

在不同温度 T 下测出不同电动势 E,便可依式(2-39-1)~式(2-39-3)计算出 $\Delta_r G_m$、$\Delta_r H_m$、$\Delta_r S_m$。

电动势的测量要求在热力学可逆条件下进行,即测定时应使通过电池的电流接近零,为此采用补偿法测量电动势,补偿法测量原理和 UJ25 型电位差计使用方法见上篇 3.6.12 节。检流计和恒电位仪的使用方法见上篇 3.6.10 节和 3.6.11 节。

三、仪器与试剂

实验仪器:UJ25 型电位差计,超级恒温槽,AC15/2 型检流计,BC9a 型标准电池,YJ83－2型直流稳压电源,待测原电池,红黑导线等。

四.实验内容及步骤

(1)组装待测电池Zn｜ZnCl$_2$(0.100 mol・L^{-1})｜AgCl(s)｜Ag(此步由实验室工作人员准备)。具体步骤如下:制备 Ag－AgCl 电极,并于 1.0 mol・L^{-1} KCl 溶液中静置 24 h,备用;制备 Zn 电极,使表面形成一层锌汞齐,防止表面生成 ZnO 薄膜而引起钝化;洗净、烘干一支广口瓶,向其中注入适量 0.100 mol・L^{-1} ZnCl$_2$ 溶液,分别插入制备好的 Ag－AgCl 电极和 Zn 电极,组成待测电池,其中 Zn 电极为负极。

(2)将待测电池置于超级恒温槽中,调节温度比室温约高 1 ℃。

(3)按图 2－39－1 连接测量线路,E_N、E_X、E_W 均保留一端待接,经指导老师检查后再接通。接通后调节直流稳压电源 E_W 为 3 V。

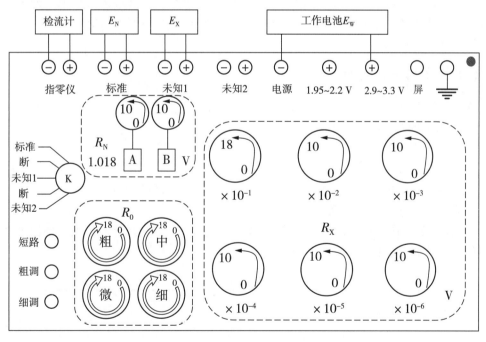

图 2－39－1　UJ25 型电位差计面板图

(4)计算实验室温度下标准电池的电动势,计算过程记录到表 2－39－1 中。调整标准电池温度补偿 R_N 的 A、B 两个旋钮,使盘上读数等于标准电池电动势,调整后不可再变动。

(5)检流计的调零。电路不接通的情况下,调节右下角的"零点调节"旋钮和刻度盘上位置旋钮,使得光标线稳定停留在零刻度线位置处。

(6)电流标准化过程。将选择旋钮 K 置于"标准"处,按下"粗调"键,"粗调"键按下时间宜短,检流计受电流冲击时,迅速松键。检流计的灵敏度选择为"×0.01"挡,短按"粗调"键,观察检流计光标变化,自高位向低位逐步调节控制变阻 R_0 的 4 个旋钮,使检流计的指示为零。再短按"细调"键,观察检流计光标变化,调节控制变阻 R_0,反复调节直到检流计的指示为零。依次改变检流计的灵敏度为"×0.1"挡和"×1"挡,分别在按"粗调"和"细调"键的情况下反复调节 R_0 变阻器,使检流计(从低到高不同灵敏度)的指示为零。此过程为电流的标准化过程。

(7)测定待测电池的电动势。将选择旋钮 K 置于"未知 1"处,检流计灵敏度选择为"×0.01"档,短按"粗调"键,观察检流计光标变化,自高位向低位逐步调节 R_X 的 6 个旋钮,使检流计的指示为零,再短按"细调"键,观察检流计光标变化,调节 R_X 的 6 个旋钮,反复调节直到检流计的指示为零。依次改变检流计的灵敏度为"×0.1"挡和"×1"挡,分别在按"粗调"和"细调"键的情况下反复调节 R_X 的 6 个旋钮,使检流计(从低到高不同灵敏度)的指示为零。待测电池的电动势为 R_X 的 6 个旋钮显示读数总和。

(8)重复步骤(6),检流计的灵敏度选择"×1"挡,在"标准"下重新调节 R_0 变阻器,使检流计的指示为零。再重复步骤(7),在"未知 1"下调节 R_X 的 6 个旋钮,使检流计的指示为零。每个温度下共测 4 次。调节超级恒温槽温度,相邻温度之间的温差维持在 1~2 ℃,测量电动势 E_X,共测 4 个温度,注意每次改变温度,电池均应恒温 10 min 后再测电动势。

(9)实验结束后,关闭所有仪器开关并拔掉插座,断掉每个仪器接线柱上的插片导线,将待测原电池的 $ZnCl_2$ 溶液倒到指定回收瓶中,原电池放至教师指定的位置。整理实验桌面,打扫实验室卫生。

五、数据记录与结果处理

本次实验的日期:_____,室温:_____,气压:_____。

1. 标准电池的电动势温度补偿计算

利用下式计算 E,$E = E_{20℃} - \{39.94 \times (t-20) + 0.929 \times (t-20)^2 - 0.0090 \times (t-20)^3 + 0.00006 \times (t-20)^4\} \times 10^{-6}$ (V) = _____。其中,$E_{20℃}$ 为标准电池在 20 ℃时的电动势,单位为 V;t 为标准电池所处环境的温度,单位为℃。

2. 测定待测电池的电动势

(1)以温度为横坐标、电动势平均值为纵坐标,作 E-T 图,并求出该电池的温度系数。具体的实验数据记录在表 2-39-1 中。

表 2-39-1　电动势-温度数据记录

实验温度 T/K	电动势 E/V				
	1	2	3	4	平均值

(2)计算各温度时电池反应的 $\Delta_r G_m$、$\Delta_r H_m$ 和 $\Delta_r S_m$，具体的实验数据记录在表 2-39-2 中。

表 2-39-2　原电池热力学函数的计算

实验温度 T/K	电动势 E/V	$\left(\dfrac{\partial E}{\partial T}\right)_P/(V \cdot K^{-1})$	$\Delta_r G_m/$ $(kJ \cdot mol^{-1})$	$\Delta_r S_m/$ $(J \cdot mol^{-1} \cdot K^{-1})$	$\Delta_r H_m/(kJ \cdot mol^{-1})$
T 的直线方程：_____					

六、思考题

(1)简述补偿法测量电动势的原理。

(2)"粗调"键按钮为何不能锁定？

(3)为何标准电池温度补偿调整好后不可再变动？

(4)使用标准电池时应注意些什么？

实验 40　指示剂解离平衡常数的测定

一、实验目的

(1)掌握甲基红解离平衡常数的测定原理和方法。

(2)掌握分光光度计和 pH 计的使用方法。

二、实验原理

1. 甲基红在溶液中的电离反应

甲基红(对二甲氨基-邻羧基偶氮苯)是一种弱酸性的染料指示剂,具有酸(HMR)和碱(MR⁻)两种形式,它在溶液中部分电离,在碱性溶液中呈黄色,在酸性溶液中呈红色。本实验测定甲基红的解离平衡常数,是依据甲基红在电离前后具有不同颜色和对单色光有不同的吸收特性,并借助于分光光度法的原理进行的。甲基红在溶液中的电离可表示为

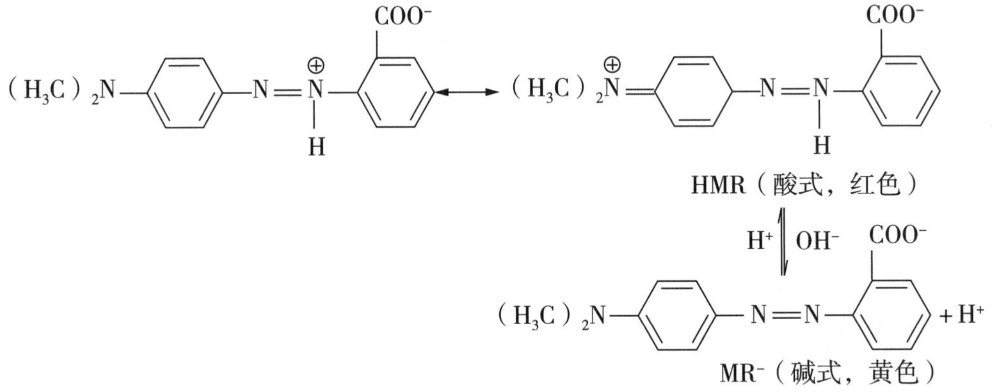

HMR（酸式，红色）

MR⁻（碱式，黄色）

简写为

$$HMR \rightleftharpoons H^+ + MR^-$$

其解离平衡常数表示为

$$K = \frac{[H^+][MR^-]}{[HMR]} \qquad (2-40-1)$$

$$pK = pH - \lg\left(\frac{[MR^-]}{[HMR]}\right) \qquad (2-40-2)$$

其中,甲基红的 pH 可以用酸度计测定,只要测定平衡时[MR⁻]和[HMR]的比值,就

可求得 pK,从而得到甲基红的解离平衡常数。

2. 利用分光光度法测定 HMR 和 MR⁻ 的相对浓度

本实验是用分光光度法测定甲基红的解离平衡常数。因为甲基红本身带有颜色,而且在有机溶剂中电离度很小,所以用一般的化学分析法或其他物理化学方法进行浓度测定都比较困难,但用分光光度法可不必将其分离,就能同时测定两种组分的浓度。

HMR 和 MR⁻ 在可见光范围内具有强的吸收峰,溶液离子强度的变化对它的解离平衡常数没有显著的影响,而且在简单的 $CH_3COOH - CH_3COONa$ 缓冲体系中很容易使颜色在 pH 为 4~6 改变,因此 $\dfrac{[MR^-]}{[HMR]}$ 比值可用分光光度法测定。

溶液对单色光的吸收遵守朗伯比尔定律:

$$A = \lg \dfrac{I_0}{I} = \lg \dfrac{1}{T} = \varepsilon l c \qquad (2-40-3)$$

式中,I_0 为入射光强度;I 为透射光强度;A 为吸光度;T 为透过率。

若测定物质的浓度 c 的单位采用 $mol \cdot L^{-1}$,样品池中液层厚度 l 的单位采用 cm,ε 则称为摩尔吸光系数,单位为 $L \cdot mol^{-1} \cdot cm^{-1}$。

在分光光度分析中,将每一种单色光分别依次地通过某一溶液,测定溶液对每一种光波的吸光度,以吸光度 A 对波长 λ 作图,就可以得到该物质的吸光度-波长关系曲线,或称为吸收光谱曲线。甲基红酸式和碱式的分光光度曲线如图 2-40-1 所示。由图 2-40-1 可知,酸式和碱式的分光光度曲线在某一波长有一个最大的吸收峰,用这一波长的入射光通过该溶液测定吸光度会有最佳的灵敏度。

从式(2-40-3)可看出,甲基红酸式和碱式的分光光度曲线相重叠,则可在两波长 λ_A 和 λ_B(λ_A、λ_B 是酸式和碱式单独存在时吸收曲线中最大吸收峰的波长)时测定其总吸光度,即

$$A_A = \varepsilon_{A,HMR} d[HMR] + \varepsilon_{A,MR^-} d[MR^-] \qquad (2-40-4)$$

$$A_B = \varepsilon_{B,HMR} d[HMR] + \varepsilon_{B,MR^-} d[MR^-] \qquad (2-40-5)$$

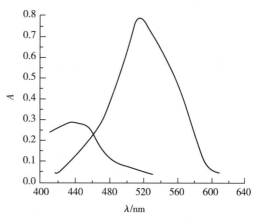

图 2-40-1　甲基红酸式和
碱式的分光光度曲线

式(2-40-4)和式(2-40-5)中,A_A 是在 HMR 的最大吸收波长 λ_A 处所测得的总吸光度;A_B 是在 MR⁻ 的最大吸收波长 λ_B 处所测得的总吸光度;$\varepsilon_{A,HMR}$ 是在波长 λ_A 处 HMR 的摩尔吸收系数;ε_{A,MR^-} 是在波长 λ_A 处 MR⁻ 的摩尔吸收系数;$\varepsilon_{B,HMR}$ 是在波长 λ_B 处 HMR 的摩尔吸收系数;ε_{B,MR^-} 是在波长 λ_B 处 MR⁻ 的摩尔吸收系数。

对于指定的浓度,由式(2-40-4)和式(2-40-5)可得

$$\frac{[MR^-]}{[HMR]} = \frac{A_B\varepsilon_{A,HMR} - A_A\varepsilon_{B,HMR}}{A_A\varepsilon_{B,MR^-} - A_B\varepsilon_{A,MR^-}}$$

三、仪器与试剂

实验仪器：722G 型分光光度计、pH 酸度计、玻璃电极、饱和甘汞电极、容量瓶、移液管、温度计(0~100 ℃)、玻璃棒、量筒等。

液体试剂：标准缓冲溶液(pH＝6.84)、NaAc(0.01 mol · L^{-1},0.04 mol · L^{-1})、HAc (0.02 mol · L^{-1})、HCl(0.01 mol · L^{-1},0.1 mol · L^{-1})、乙醇(95％)等。

固体试剂：甲基红等。

四、实验步骤

1. 制备溶液

(1)制备甲基红储备液。将 0.5 g 甲基红溶于 300 mL 95％乙醇中,转移至容量瓶中,用蒸馏水稀释至 500 mL。

(2)制备标准甲基红溶液。取 8 mL 甲基红储备液溶解于 50 mL 95％乙醇中,转移至容量瓶中,用蒸馏水稀释至 100 mL。

(3)制备 A 溶液。取 10 mL 标准甲基红溶液,溶解于 10 mL 0.1 mol · L^{-1} HCl 溶液中,转移至容量瓶中,用蒸馏水稀释至 100 mL。此溶液的 pH 大约为 2,这时甲基红完全以 HMR 形式存在。

(4)制备 B 溶液。取 10 mL 标准甲基红溶液,溶解于 25 mL 0.04 mol · L^{-1} NaAc 溶液中,转移至容量瓶中,用蒸馏水稀释至 100 mL。此溶液的 pH 大约为 8,这时甲基红完全以 MR$^-$ 形式存在。

2. 测定甲基红酸式(HMR)和碱式(MR$^-$)的最大吸收波长

(1)接通电源,预热 722G 型分光光度计。

(2)取适量 A 溶液和 B 溶液分别放入 2 个 1 cm 比色皿中,在波长为 350~600 nm 每隔 10 nm 分别测定 A、B 两溶液相对于蒸馏水的吸光度。由吸光度对波长作图,找出最大吸收波长 λ_A 和 λ_B。

3. 测定 A 溶液和 B 溶液的摩尔吸收系数

A 溶液：用移液管分别吸取 5 mL、10 mL、15 mL、20 mL、25 mL A 溶液到 25 mL 的容量瓶中,再用 0.01 mol · L^{-1} HCl 溶液稀释至刻度,分别在波长 λ_A 和 λ_B 下测定这些溶液相对于蒸馏水的吸光度。由吸光度-波长作图,求得摩尔吸收系数 $\varepsilon_{A,HMR}$ 和 $\varepsilon_{B,HMR}$。

B 溶液：用移液管分别吸取 5 mL、10 mL、15 mL、20 mL、25 mL B 溶液到 25 mL 的容量瓶中,再用 0.01 mol · L^{-1} NaAc 溶液稀释至刻度,分别在波长 λ_A 和 λ_B 下测定这些溶液相对于蒸馏水的吸光度。由吸光度-波长作图,求得摩尔吸收系数 ε_{A,MR^-} 和 ε_{B,MR^-}。

4. 测定混合溶液的总吸光度及其 pH

(1)在容量瓶中分别配制以下 4 种混合液,用蒸馏水定容至 100 mL。

① 10 mL 标准甲基红溶液＋25 mL 0.04 mol · L^{-1} NaAc＋5 mL 0.02 mol · L^{-1} HAc。

② 10 mL 标准甲基红溶液＋25 mL 0.04 mol · L^{-1} NaAc＋10 mL 0.02 mol · L^{-1} HAc。

③ 10 mL 标准甲基红溶液＋25 mL 0.04 mol·L^{-1} NaAc＋25 mL 0.02 mol·L^{-1} HAc。

④ 10 mL 标准甲基红溶液＋25 mL 0.04 mol·L^{-1} NaAc＋50 mL 0.02 mol·L^{-1} HAc。

(2)分别在 λ_A 和 λ_B 处测定这 4 种混合溶液的吸光度。

(3)用酸度计测定这四种混合溶液的 pH。

(4)实验结束后,清洁实验所用容量瓶和比色皿,整理实验桌面,打扫实验室卫生。

五、数据记录与结果处理

本次实验的日期: _____ ,室温: _____ ,气压: _____ 。

(1)将实验步骤"2. 测定甲基红酸式(HMR)和碱式(MR$^-$)的最大吸收波长"中不同波长下的吸光度数据记录在表 2 - 40 - 1 中,由吸光度对波长作图,找到 A 溶液和 B 溶液的最大吸收波长 λ_A 和 λ_B。

表 2 - 40 - 1 吸光度-波长实验数据记录

波长/nm	吸光度		波长/nm	吸光度	
	A_A	A_B		A_A	A_B
350			480		
360			490		
370			500		
380			510		
390			520		
400			530		
410			540		
420			550		
430			560		
440			570		
450			580		
460			590		
470			600		

(2)将实验步骤"3. 测定 A 溶液和 B 溶液的摩尔吸收系数"中测定的数据记录在表 2 - 40 - 2 中。

表 2 - 40 - 2 摩尔吸收系数实验数据记录

编号	1	2	3	4	5
A 溶液/mL	5.00	10.00	15.00	20.00	25.00
HCl(0.01 mol·L^{-1})/mL	20.00	15.00	10.00	5.00	0.00
A 溶液的相对浓度	0.20	0.40	0.60	0.80	1.00

编号	1	2	3	4	5
$A_A(\lambda_A)$					
$A_B(\lambda_B)$					
B 溶液/mL	5.00	10.00	15.00	20.00	25.00
NaAc(0.01 mol·L^{-1})/mL	20.00	15.00	10.00	5.00	0.00
B 溶液的相对浓度	0.20	0.40	0.60	0.80	1.00
$A_A(\lambda_A)$					
$A_B(\lambda_B)$					

由吸光度 A 对浓度 c 作图,根据 $A = \varepsilon cd$,由直线的斜率求得摩尔吸光系数。

(3)将实验步骤"4. 测定混合溶液的总吸光度及其 pH"中测定的数据记录在表 2 - 40 - 3 中。

表 2 - 40 - 3 混合溶液的总吸光度及其 pH 值数据记录

溶液编号	A_A	A_B	pH	$\dfrac{[MR^-]}{[HMR]}$	$\lg\dfrac{[MR^-]}{[HMR]}$	pK	K
1							
2							
3							
4							

注:在 25~30 ℃时,文献值为 $\lambda_A = (520 \pm 10)$nm;$\lambda_B = (425 \pm 10)$nm

六、思考题

(1)在测定吸光度时,为什么每个波长都要用空白溶液校正零点?理论上应该用什么溶液?本实验中用的是什么溶液?

(2)实验中,温度对实验结果有何影响?采取哪些措施可以减少由此而引起的实验误差?

实验 41 黏度法测定高聚物的相对分子质量

一、实验目的

(1)测定聚乙烯醇的平均相对分子质量。

(2)掌握用乌氏黏度计测定高聚物分子质量的基本原理。

(3)了解溶剂、浓度和温度对黏度的影响。

二、实验原理

1. 黏度的定义

黏度是指液体对流动所表现的阻力,这种阻力反抗液体中相邻部分的相对移动,可看作由液体内部分子间的内摩擦而产生。图 2-41-1 为液体流动示意。相距为 $\mathrm{d}s$ 的两液层以不同速率(v 和 $v+\mathrm{d}v$)移动时,产生的流速梯度为 $\dfrac{\mathrm{d}v}{\mathrm{d}s}$。建立平稳流动时,维持一定流速所需要的力 f' 与液层接触面积 A 及流速梯度成正比:

$$f' = \eta \times A \times \left(\frac{\mathrm{d}v}{\mathrm{d}s}\right) \tag{2-41-1}$$

单位面积液体的黏滞阻力用 f 表示,$f = \dfrac{f'}{A}$,则有

$$f = \eta \times \left(\frac{\mathrm{d}v}{\mathrm{d}s}\right) \tag{2-41-2}$$

式(2-41-2)称为牛顿黏度定律表达式,比例常数 η 称为黏度系数,简称黏度,单位为 Pa·s。

2. 黏度的几种表示方法

高聚物稀溶液在流动过程中的内摩擦主要包括溶剂分子之间的内摩擦、高聚物分子与溶剂分子之间的内摩擦及高聚物分子之间的内摩擦。三种内摩擦的总和称为高聚物溶液黏度,记作 η。其中溶剂分子之间的内摩擦又称为纯溶剂的黏度,记作 η_0。在同一温度下,高聚物溶液的黏度一般要比纯溶剂的黏度大,即 $\eta > \eta_0$。

(1)相对黏度。溶液黏度与纯溶剂黏度的比值称为相对黏度,记作 η_r,即

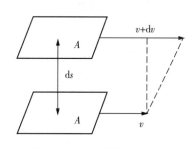

图 2-41-1 液体流动示意

$$\eta_r = \frac{\eta}{\eta_0} \qquad\qquad (2-41-3)$$

(2)增比黏度。溶液相对于纯溶剂,其黏度增加的分数称为增比黏度,记作 η_{sp},即

$$\eta_{sp} = \frac{\eta - \eta_0}{\eta_0} = \frac{\eta}{\eta_0} - 1 = \eta_r - 1 \qquad\qquad (2-41-4)$$

式中,η_r 为整个溶液的黏度行为;η_{sp} 为已扣除了溶剂分子之间的内摩擦效应。

(3)比浓黏度。对于高分子溶液,增比黏度 η_{sp} 往往随溶液浓度 c 的增加而增加,为了便于比较,将单位浓度下所显示出来的增比黏度,即 $\frac{\eta_{sp}}{c}$ 称为比浓黏度,$\frac{\ln \eta_r}{c}$ 称为比浓对数黏度。增比黏度与相对黏度均为无量纲量。

(4)特性黏度。为了进一步消除高聚物分子之间的内摩擦效应,必须将溶液浓度无限稀释,使得每个高聚物分子彼此远离,其相互干扰可以忽略不计。这时溶液所呈现出的黏度行为最能反映高聚物分子与溶剂分子之间的内摩擦。因而这一理论上定义的极限黏度称为特性黏度,记作 $[\eta]$。

$$\lim_{c \to 0} \frac{\eta_{sp}}{c} = \lim_{c \to 0} \frac{\eta_r}{c} = [\eta] \qquad\qquad (2-41-5)$$

式中,$[\eta]$ 为特性黏度,其值与浓度无关;c 为溶液浓度,单位为 $g \cdot mL^{-1}$。

3. 高聚物溶液黏度的测定方法

液体黏度的测定方法有三类:落球法、转筒法和毛细管法。前两种方法适用于高、中黏度的测定,毛细管法适用于较低黏度的测定。本实验采用毛细管法,用乌氏黏度计(见图 2-41-2)进行测定。当液体在重力作用下流经毛细管时,遵守泊肃叶(Poiseuille)定律:

$$\frac{\eta}{\rho} = \frac{\pi h g r^4 t}{8LV} - m\frac{V}{8\pi Lt} \qquad\qquad (2-41-6)$$

式中,η 为液体的黏度;ρ 为液体的密度;L 为毛细管的长度;r 为毛细管的半径;t 为流出的时间;h 为流过毛细管液体的平均液柱高度;V 为流过毛细管液体的体积;m 为毛细管末端校正的参数,在 $r/L \ll 1$ 时,可以取 $m=1$。

对于某一指定的黏度计而言,令 $A = \frac{\pi h g r^4}{8LV}$,$B = m\frac{V}{8\pi L}$,则式(2-41-6)可以写成:

$$\frac{\eta}{\rho} = At - \frac{B}{t} \qquad\qquad (2-41-7)$$

式中,$B < 1$,当流出的时间 t 大于 100 s 时,该项可以忽略。如果测定的溶液是稀溶液($c < 1 \times 10^{-2}$ g $\cdot$ cm^{-3}),溶液的密度 ρ 和溶剂的密度 ρ_0 可看作近似相等,因此可将 η_r 写成:

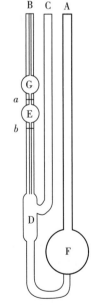

图 2-41-2 乌氏黏度计
示意

$$\eta_r = \frac{\eta}{\eta_0} = \frac{t}{t_0} \qquad\qquad (2-41-8)$$

式中, t 为溶液的流出时间; t_0 为纯溶剂的流出时间。所以通过溶剂和溶液在毛细管中的留出时间,从式(2—41—8)中即可求得 η_r,进而可计算得到 η_{sp}、$\dfrac{\eta_{sp}}{c}$ 和 $\dfrac{\ln\eta_r}{c}$ 值。

根据实验在足够稀的高聚物溶液中有

$$\frac{\eta_{sp}}{c} = [\eta] + \kappa'[\eta]^2 c \qquad\qquad (2-41-9)$$

$$\frac{\ln\eta_r}{c} = [\eta] - \beta[\eta]^2 c \qquad\qquad (2-41-10)$$

式(2—41—9)和式(2—41—10)中, κ' 和 β 分别称为 Huggins 常数和 Kramer 常数。这是两个直线方程,通过 $\dfrac{\eta_{sp}}{c}$ 对 c、$\dfrac{\ln\eta_r}{c}$ 对 c 作图,外推至 $c \to 0$ 时所得的截距即为 $[\eta]$。显然,对于同一高聚物,由以上两个线性方程作图外推所得截距应交于同一点(见图 2—41—3)。

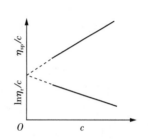

图 2-41-3 外推法求特性黏度

4. 高聚物平均摩尔质量的计算

实验证明,当聚合物、溶剂与温度确定后,$[\eta]$ 的数值只与高聚物的平均摩尔质量 M 有关,它们之间的关系可用马克-霍温克(Mark - Houwink)方程表示:

$$[\eta] = K\overline{M}^{\alpha} \qquad\qquad (2-41-11)$$

式中, $\overline{M}$ 为相对平均分子质量; K 为比例常数; α 是与分子形状有关的经验参数。K 和 α 的数值与温度、聚合物、溶剂性质有关,在一定的相对分子质量范围内与分子质量无关。K 与 α 的数值可通过其他绝对方法确定,如渗透压法、光散射法等。

三、仪器与试剂

实验仪器:超级恒温槽、超声波清洗仪、乌氏黏度计、水泵、烧杯、容量瓶、移液管、注射器、秒表、洗耳球、砂芯漏斗(3 号)、橡胶管等。

液体试剂:正丁醇等。

固体试剂:聚乙烯醇等。

四、实验步骤

(1)高聚物溶液的配制。称取 2 g 聚乙烯醇放入 100 mL 烧杯中、加入约 60 mL 蒸馏水,稍加热使之溶解。待冷却至室温加入 2 滴正丁醇(去泡剂),并转移至 100 mL 容量瓶中,加蒸馏水稀释至刻度。然后用 3 号砂芯漏斗过滤后待用。

(2)黏度计的洗涤。先将黏度计放入超声波清洗仪的蒸馏水中,让蒸馏水灌满黏度计,打开电源清洗 5 min。拿出后用热的蒸馏水冲洗,同时用水泵抽滤毛细管使蒸馏水反复流过毛细管部分。容量瓶和移液管也需要仔细清洗。

(3)溶剂流出时间 t_0 的测定。调节超级恒温槽温度为(25.0 ± 0.1)℃,开启回流。先在黏度计的 B 管和 C 管上套上橡胶管,然后将其垂直放入超级恒温槽,使水面完全浸没 G 球。将盛有蒸馏水和聚乙烯醇溶液的容量瓶也置于超级恒温槽中恒温。

用移液管准确移取已恒温的蒸馏水 10 mL,由 A 管注入黏度计中。夹紧 C 管上方的橡胶管,将 B 管上的橡胶管连上注射器,慢慢抽气,使液面达到 G 球一半位置,打开 C 管上的橡胶管,G 球液面开始下降,当液面流经 a 刻度时,立即按秒表开始记时,当液面下降至 b 刻度时,停止记录时间,测得刻度 a、b 之间的液体流经毛细管所需时间,重复 3 次,每次测量相差不超过 0.2 s,取其平均值,即为 t_0。

(4)溶液流出时间 t_1 的测定。用移液管分别吸取已知浓度的聚乙烯醇溶液 5 mL,由 A 管注入黏度计中,在 C 管出口用注射器打气,使溶液混合均匀,浓度记为 c_1,恒温 10 min 后,按上述方法进行测定,重复 3 次,平均值即为 t_1。

然后依次由 A 管取 5 mL、5 mL、5 mL、10 mL、10 mL 蒸馏水,将溶液稀释,稀释后溶液浓度分别记为 c_2、c_3、c_4、c_5、c_6,用同样的方法测定每种溶液的留出时间,分别记为 t_2、t_3、t_4、t_5、t_6。测量时注意每次加入蒸馏水后,要将溶液充分混合均匀,并冲洗黏度计的 E 球和 G 球,使黏度计内各处的溶液浓度相等。

(5)实验结束后,清洁烧杯、容量瓶和黏度计,尤其是毛细管部分,如果残留高聚物溶液,很容易堵塞毛细管,然后用洁净的蒸馏水浸泡或倒置使其晾干,整理实验桌面,打扫实验室卫生。

五、数据记录与结果处理

将本实验中的数据记录在表 2-41-1 中。

本次实验的日期:_____,室温:_____,气压:_____,原始溶液浓度 c_0:_____。

表 2-41-1　实验数据记录与处理

被测溶液	流出时间 t/s				$[\eta]$	$\ln\eta_r$	η_{sp}	$\dfrac{\eta_{sp}}{c}$	$\dfrac{\ln\eta_r}{c}$
	1	2	3	平均					
溶剂 c_0									
溶液 1									
溶液 2									
溶液 3									
溶液 4									
溶液 5									
溶液 6									

(1)作 $\dfrac{\eta_{sp}}{c}-c$ 图 $\dfrac{\ln\eta_r}{c}-c$,并外推到 $c\to0$ 由截距求出 $[\eta]$。

(2)将 $[\eta]$ 代入式(2-41-11),计算聚乙烯醇的相对分子量。

(3)聚乙烯醇溶液相关参数:25 ℃时,$K = 2 \times 10^{-2}\,cm^3 \cdot g^{-1}$,$\alpha = 0.76$;30 ℃时,$K = 6.66 \times 10^{-2}\,cm^3 \cdot g^{-1}$,$\alpha = 0.64$。

六、思考题

(1)测量时为什么乌氏黏度计需要垂直放置?

(2)乌氏黏度计中 C 管的作用是什么?除去 C 管是否仍可测得黏度?

(3)乌氏黏度计中的毛细管太粗或太细有什么缺点?

下　篇

综合型实验

实验 1　有机化合物紫外吸收光谱及溶剂性质对吸收光谱的影响

一、实验目的

(1)掌握利用紫外分子吸收光谱进行定性和定量分析。

(2)掌握 756 型单光束紫外-可见(UV－VIS)分光光度计的使用。

二、实验原理

具有不饱和结构的有机化合物(如芳香族化合物)在紫外区(200～400 nm)有特征吸收,这为有机化合物的鉴定提供了有用的信息。

紫外吸收光谱定性的方法是比较未知物与已知纯样品在相同条件下绘制的吸收光谱,或将绘制的未知物吸收光谱与标准谱图相比较,若两光谱图的 λ_{max} 和 κ_{max} 相同,表明它们是同一有机化合物。极性溶剂对有机物的紫外吸收光谱的吸收峰波长、强度及形状有一定的影响。溶剂极性增加,使 $n \rightarrow \pi^*$ 跃迁产生的吸收带蓝移,使 $\pi \rightarrow \pi^*$ 跃迁产生的吸收带红移。

三、仪器和试剂

实验仪器:756 型紫外-可见分光光度计、石英比色皿(1 cm)、容量瓶、吸量管、玻璃棒等。

液体试剂:苯、环己烷等。

四、实验步骤与数据记录

1. 准备

(1)通电之前检查样品室,样品室除比色皿架外,不应有其他物体。

(2)打开电源(开关位于仪器右侧下方),仪器自动进入初始化。约等 10 min,初始化完毕,波长显示 220 nm,并打印出"UV － VIS SPECTROPHOTOMETER MODEL 756MC",方可进行测量操作。

2. 未知物的光谱图扫描

(1)参数的设定("→"表示键入;若是键入错误要清除,则按"CE"键)。"MODE"→"1"(选择波长扫描方式)→"ENTER"→[　](选择扫描步长)→"ENTER"→"/A"→"1"(选择 T 方式)→"ENTER"→"λ RANGE"(设置横坐标范围)→"190"(起始波长为 190 nm)→"ENTER"→"300"(终止波长为 300 nm)→"ENTER"→"T/A RANGE"[置纵坐标(T/A)范围]→"ENTER"→"ENTER"→"FUNC"(进行功能设置)→"81"(存储功能:0 不存储,1 为存储)→"0"→"ENTER"→"FUNC"→"83"(扫描速度 1～4)→"ENTER"→"3"→"ENTER"→把样品移入光路→"START/STOP"。仪器进入波谱扫描,并打印出相应的

谱图。

（2）分析谱图。选择合适的波长为下步骤测定浓度用，其波长为＿＿＿＿＿＿＿＿＿＿（nm）。

3. 浓度的测量

（1）配制苯标准样品。取 4 个 10 mL 的容量瓶，用吸量管分别取 0 mL、0.5 mL、1.0 mL、2.0 mL 的苯，用环己烷定容至刻度。

（2）仪器的操作过程（"→"表示键入，若是键入错误要清除，则按"CE 键"）。"MODE"→"2"→"ENTER"→"T/A"→"3"→"ENTER"→"2"→"ENTER"→"4"（作工作曲线所用标样数）→"ENTER"→"0"（第一个标样的浓度为 0）→"ENTER"→［ ］（第二个标样的浓度）→"ENTER"→［ ］（第三个标样的浓度）→"ENTER"→［ ］（第四个标样的浓度）→"ENTER"→"GOTO λ"（设置进行分析的波长）→［ ］（上面所选的波长）→"ENTER"→"ABS0/T％100"（调零或调百，此时参比溶液应位于光路中）→将第一个标样移入光路、稳定→"START/STOP"→"ABS0/T％100"（调零或调百，此时参比溶液应位于光路中）→将第二个标样移入光路、稳定→"START/STOP"→"ABS0/T％100"（调零或调百，此时参比溶液应位于光路中）→将第三个标样移入光路、稳定→"START/STOP"→"ABS0/T％100"（调零或调百，此时应用参比溶液位于光路中）→将第四个标样移入光路、稳定→"START/STOP"（待打印完毕）→"0"（存储数据功能：0 否，1 是）→将待测样品一移入光路、稳定→"START/STOP"→将待测样品二移入光路、稳定→"START/STOP"。

（3）从打印机上取下谱图、数据供分析用。

（4）仪器的模式退出到 T 方式，清洗干净石英比色皿并放回原处。关闭电源，整理实验室。

4. 数据处理

根据所打印的数据和谱图进行分析，并计算出被测试样苯的浓度，以 mol·L⁻¹ 表示（苯的相对分子质量为 78.11，比重为 0.88）。

【注意事项】

（1）石英比色皿每换一种溶液或溶剂必须清洗干净，并用被测溶液或参比液荡洗 3 次。

（2）本实验所用试剂均应为光谱纯或经提纯处理。

五、讨论

联系实验中的问题，结合自己的体会加以讨论。

六、思考题

（1）分子中哪类电子跃迁会产生紫外吸收光谱？

（2）为什么极性溶剂有助于 n→π* 跃迁向短波方向移动？而 π→π* 跃迁向长波方向移动？

实验 2　气相色谱法测定白酒中的醇含量

一、实验目的

(1)了解气相色谱分离的基本原理及其规律。

(2)掌握气相色谱法最常用的定性定量方法及其应用。

(3)熟悉安捷伦 7820 气相色谱仪的构造,并掌握其基本操作。

二、实验原理

1. 基本原理

由于食用酒精都是由粮食发酵酿造而成,发酵过程中因各种酶的作用不同,不可能只朝着单一的乙醇方向进行,必将产生一些其他的醇类,如甲醇、异丙醇、丁醇、异戊醇等。这些醇类的存在,在一定范围内,会给酒添加不同的风味,而且这些醇类含量过多还会对人体造成伤害。因此,对白酒中的这类杂醇的分析检测,对人们了解酒的品质、保障身体健康具有非常重要的意义。本实验采用比较保留值的方法对含有的各种醇进行定性分析,用内标法和外标法对各种醇的含量进行定量分析。

2. 气相色谱仪简介

气相色谱就是用气体作为流动相的色谱方法,其一般是用惰性气体将汽化后的试样带进色谱柱,并携带分子通过固定相,从而达到分离的目的。这种惰性气体我们一般称为载气,最常用的载气是氮气,有时候根据特殊情况,也可能会选用氦气作为载气,但氦气的价格比较昂贵。

气相色谱根据固定相的不同又可以分为气固色谱和气液色谱。气固色谱一般是用多孔性固体作为固定相,通过物理吸附保留试样分子,分离的对象主要是一些气体或低沸点化合物。气固色谱可以选择的固定相种类很少,分离的对象也不多,而且色谱峰容易产生拖尾现象,所以实际应用并不多。气液色谱一般是用高沸点的有机物涂布在载体上作为固定相,利用分子两相的分配系数的不同而分离试样,分离的试样可以是较高沸点和蒸汽压较低的有机和无机物。气液色谱可以选择的固定液种类很多,能分离的物质种类也很多,实际应用比较广泛。

气相色谱分析系统如图 3-2-1 所示,试样从进样口注入色谱的进样器,再由经减压和纯化后的载气携带进入色谱柱,在色谱柱上实现成分分离以后进入检测器,检测器通过信号采集和放大得到样品信息,最后由电脑实施数据记录和分析。因此对于一个完整的气相色谱分析系统来说,它至少应包含进样器、色谱柱和检测器这三大部件。气相色谱通常采用微量注射器或六通阀进行定量进样,其中微量注射器多用于液体样品,六通阀则多用于气体样品。

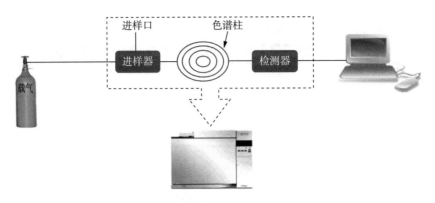

图 3-2-1　气相色谱分析系统

对于气相色谱分析来说,色谱柱的选择至关重要,常见的色谱柱有填充柱和毛细管柱两大类。填充柱一般采用直径 3～6 mm 的不锈钢管或者玻璃等制成,长度通常在 2～6 m,并根据分析的要求在管内填充合适的固定相(如硅胶、分子筛、高分子微球等)。相比于毛细管柱,填充柱的优点是方便、廉价且进样量大,但通常填充柱的柱效较低、分离效果较差。

毛细管柱的发明和应用起始于 1957 年,其后随着色谱应用范围的扩大和固定液种类的不断开发,商品化毛细管柱的种类已非常多,应用领域也非常广泛。目前常用的气液固定相主要有两大类,分别是聚硅氧烷和聚乙二醇,其中聚硅氧烷因用途广泛、性能稳定,是目前最常用的气液固定相。标准的聚硅氧烷是由许多单个的硅氧烷连接而成,每个硅原子与两个功能基团相连,常见的功能基团有甲基、苯基、三氟丙基等,这些功能基团的种类和数量决定了固定相的性质。聚硅氧烷类固定相的牌号有很多,如常见的 SE－30、HP－5、DB－1 等。聚乙二醇类固定相的应用也很广泛,通常又称为"WAX"或"FFAP"。虽然聚乙二醇的稳定性和使用温度范围稍逊于聚硅氧烷、色谱柱寿命较短、容易受温度和环境的影响,但它的极性较强,对极性物质的分离效果较好,因此仍然得到了广泛的应用。其常见的色谱柱型号有 HP－WAX、Carbowax－10、DB－FFAP 等。

3. 气相色谱分离条件的选择

对于特定体系分离条件的选择,首先需要考虑的就是色谱柱的种类和型号,并且还要选择合适的柱长和内径。根据色谱分离理论,分离度正比于柱长的平方根,因此柱长越长,分离效果越好,但也会使分离时间大大延长。通常在满足一定分离度的条件下,应尽可能选用短的柱子。对于毛细管柱来说,通常使用的是 30 m 左右的中长柱,但若要分离大于 50 个组分或者包含有难以分离的物质对的复杂样品,则要考虑采用柱长大于 50 m 的长柱。柱内径通常影响柱效和负荷量,内径越小,柱效越高,但负荷量也越小。对于毛细管柱来说,0.25 mm 是最常用的内径规格。毛细管柱具有较高的柱效,但负荷量较低,因此通常采用分流进样。内径为 0.20 mm 的毛细管柱柱效高、流失小,适合与质谱等灵敏检测器联用。

对于固定相的选择,可以首先从极性的角度来考虑,一般极性柱用来分离极性化合物,非极性柱用来分离非极性化合物,但并不总是如此。固定相种类太多,不可能一个一个去尝试,因此查询谱图库和从文献中寻找相关信息就显得非常重要。

在操作参数方面,柱温是最重要的,它直接影响分离效能和分析速度。首先,柱温不能高于该柱子的最高使用温度;其次,某些柱子还有最低操作温度,如 Carbowax 20M 和 FFAP。一般来说,操作温度必须高于固定液的熔点,以使其有效地发挥作用。降低柱温可使色谱柱的选择性增大,但大大延长分析时间,降低柱效能。因此在实际工作中,一般需要根据试样的沸点和分离情况进行多次尝试才能得到最佳的柱温。对于宽沸程混合物,往往还需要采用程序升温法来进行分析,因为采用单一的低温,虽然低沸点物质可以得到很好的分离,但高沸点物质出峰时间太长、峰形太宽,甚至不出峰;而采用单一的高温,低沸点组分会在很短的时间内完成出峰,从而相互交叠甚至重合,无法达到分离的效果。

进样器和检测器的温度虽然与柱效无关,但如果设置不当,也会严重影响分析结果。温度设置过高,可能会导致试样的分解,使色谱峰无法归属。温度设置过低,可能会导致部分高沸点试样凝结,使分析结果重复性差。

三、仪器与试剂

实验仪器:气相色谱仪(安捷伦 GC7820,使用 PEG - 20M 30 m×0.32 mm×0.25 μm 极性色谱柱,FID 检测器)、进样针(Hamilton,10 μL)等。

液体试剂:乙醇、正丙醇、异丙醇、正丁醇、异丁醇、乙酸乙酯、市售白酒等。

四、实验步骤与数据记录

(1)开机:打开氮气、氢气、空气钢瓶,3 min 后打开气相色谱仪。

(2)打开电脑中的工作站,选择相应的仪器,调用本次实验用的方法,并上载到气相色谱中。

(3)待仪器完成初始化且 FID 检测器信号值稳定后,即可开始进样分析。

(4)分别吸取乙醇、正丙醇、异丙醇、正丁醇、异丁醇、乙酸乙酯标准溶液 1 μL 进行测定,并记录下其保留时间和峰面积,填入表 3 - 2 - 1 中。

表 3 - 2 - 1 各种标准溶液的保留时间和峰面积

	乙醇	正丙醇	异丙醇	正丁醇	异丁醇	乙酸乙酯
t_i						
A_i						

进样应注意的问题:气相色谱实验中手动进样技术的熟练与否,直接影响分析结果的好坏。正确的进样手法:取样后,一手持进样针(防止气化室的高气压将针芯吹出),另一只手保护针尖(防止插入隔垫时弯曲);先小心地将进样针穿过隔垫,随即快速将进样针插到底,并将样品轻轻注入气化室(提示:不要用力过猛使针芯弯曲),随即快速拔出进样针,然后按下"Start"键。进样所用时间及进样针在气化室中停留的时间越短越好。另外,在进多个不同样品时,每次进样前都要将进样针润洗干净,确保洗针溶剂不干扰样品检测。

(5)在相同条件下测定市售白酒样品。将所测得各峰的保留时间填在表 3 - 2 - 2 中,并与表 3 - 2 - 1 中的标准值相对照,初步估算相应醇的含量。

	白酒 1	白酒 2
t_i		
A_i		
含量/%		

(6)精确量取 10 mL 白酒 1 和白酒 2，向其中加入杂醇各 1 μL，再进行气相色谱测定，将测定结果填入表 3－2－3 中。

表 3－2－3　配制白酒中各峰的保留时间和峰面积

	配制白酒 1	配制白酒 2
t_i		
A_i		
白酒含量/%		

(7)数据处理。根据配制白酒中各种醇的精确浓度和峰面积及市售白酒中各醇的峰面积再次计算市售白酒中各醇的含量。

五、讨论

联系实验中的问题，结合自己的体会加以讨论。

六、思考题

(1)色谱定性方法有哪几种？本实验中使用的是什么定性方法？

(2)色谱定量方法有哪几种？本实验采用了哪几种方法？

(3)可以通过哪些途径实现色谱分离条件的优化？

(4)讨论极性色谱柱不同化合物的出峰顺序。

实验 3　高效液相色谱仪在基础有机化学实验产物分析中的应用

一、实验目的

(1)了解高效液相色谱仪的原理、结构及其各部分的功能。

(2)学习安捷伦 1220 高效液相色谱仪的结构和操作流程。

(3)利用安捷伦 1220 高效液相色谱仪对基础有机化学实验中所得产物进行分析。

二、实验原理

液相色谱法是吸附色谱法的一种。经典液相色谱法是用大直径的玻璃管柱在室温和常压下用液位差输送流动相,此方法柱效低、时间长。高效液相色谱法(High performance Liquid Chromatography,HPLC)是在经典液相色谱法的基础上,于 20 世纪 60 年代后期引入了气相色谱理论而迅速发展起来的。高效液相色谱是以高柱效、小颗粒填料为载体,以高压泵为流动相驱动力,对物质进行快速分离和分析的方法。

安捷伦 1220 高效液相色谱仪主要由储液瓶、高压泵(包括泵头、脱气机和混合器)、进样器(六通阀)、色谱柱和紫外检测器和色谱工作站六个部分组成。这六个部分的作用分别为流动相的储存和脱气、提供压力、进样、样品分析、样品检测,以及数据采集和分析。安捷伦 1220 高效液相色谱仪可以用于分析具有紫外吸收特性的化合物,包括各种纯度分析和定量分析等。

三、仪器与试剂

实验仪器:安捷伦 1220 高效液相色谱仪、EZChrom Elite 色谱工作站、进样针、针头式过滤器、样品瓶等。

液体试剂:色谱级甲醇、测试标准品、基础有机化学实验合成得到的产物等。

四、实验步骤与数据记录

1. 样品制备

(1)标准品的制备:称(量)取一定量的标准品(如咖啡因或苯甲醇)溶于 50 mL 双蒸水中,针头式过滤器过滤后备用。

(2)测试品的制备:取少量化合物(有机化学实验合成产物),溶于一定体积的蒸馏水或色谱级甲醇,针头式过滤器过滤后,在样品瓶中备用。

2. 安捷伦 1220 高效液相色谱仪开机

先开硬件再开软件。先打开液相色谱仪电源,再打开电脑桌面的数据采集软件(色谱工作站 EZChrom Elite)。

3. 设置测试方法

根据经验或已有文献设置测试方法,包括流动相(甲醇和蒸馏水)洗脱梯度的设置(流动相比例和相应的洗脱时间)、检测器检测波长的选择。

4. 基线调整

重新设置检测波长后需要对基线进行校正,运行基线调整程序,使基线恢复到 0 点。

5. 准备进样

将进样器状态调整到"Load"位置后用进样针取待测样品并插入进样器,准备进样。

6. 样品信息设置

点击"单次运行",根据对话框设置样品的名称及存放位置。设置完毕后,点击"开始"运行本次实验。

7. 进样

"开始"进行实验后,注意右下方状态栏的提示,出现"等待进样"后,将样品注入进样器,同时将进样器调整到"Inject"位置。此时样品进入色谱柱,开始分析。

8. 数据采集

根据"在线信号"实时监测样品分析进度。

9. 结果分析和输出

通过"离线模式"打开 EZChrom Elite 工作站,对数据进行分析和输出。

10. 实验结果

实验结果包含以下内容:

(1)测试样品名称,如咖啡因、苯甲醇等;

(2)测试方法,包括溶剂比例以及变化时间的设置和检测波长的选择,如表 3-3-1 的色谱测试相关参数设置;

表 3-3-1 色谱测试相关参数设置

	时间/min	溶剂 A(甲醇,%)	溶剂 B(蒸馏水,%)
高压泵设置	0	50	50
	10	100	0
	15	50	50
检测器设置	254 nm		

(3)测试结果(测试结果打印后,贴在此处或按表 3-3-2 填写)。

表 3-3-2 色谱测试数据记录表

色谱峰编号[a]	保留时间/min	峰面积	峰含量/%[b]	化合物名称[c]
1				
2				
3				
……				

注:(1)a 表示按照色谱峰出现的先后顺序填写。

(2)b 表示每个峰的面积与所有峰的总面积的比值。

(3)c 表示相同实验方法下,与标准品(保留时间)对比获得。

五、讨论

与小组内其他同学的实验结果进行比较,并结合基础有机实验内容和步骤,对自己的实验结果进行分析(如色谱溶剂的比例和时间对样品的出峰时间和峰形的影响,自己合成样品的纯度、可能的杂质及杂质的来源等)。

六、思考题

(1)高效液相色谱法与经典液相色谱法有什么区别?

(2)紫外检测器的原理是什么?为什么它具有灵敏度高的优点?

(3)高效液相色谱法定性分析的原理是什么?

(4)以三聚氰胺的检测为例,谈谈如何使用高效液相色谱进行定量分析?

实验 4　原子吸收法测定溶液中未知铜离子的浓度

一、实验目的

(1)掌握原子吸收法的基本原理。

(2)熟悉原子吸收法的结构、特点及使用方法。

(3)了解原子吸收法技术定量测定物质含量的方法。

二、实验原理

原子吸收分光光度法简称原子吸收法。该方法通过测量试样的基态自由原子蒸气对待测元素特征谱线辐射的吸收,来测定试样中该元素的含量。

自由状态的原子的外层处于最低能态时称为基态原子(E_0)。在热能、电能或光能作用下,原子中处于基态或低能态的电子被激发上升到较高的能态,此时的原子称为激发态原子(E_q)。激发态原子很不稳定,一般 $8\sim10$ s 后就要返回基态或较低激发态(E_p)。此时,原子若以光辐射形式释放出多余的能量,则称为原子发射光谱。其辐射的能量大小可用下列公式表示:

$$E=E_q-E_0(\text{或 } E_p)=h\nu=hc/\lambda \tag{3-4-1}$$

式中,h 为普朗克常数,$h=6.6234\times10^{27}$ erg・s;c 为光速,$c=3\times10^8$ m・s^{-1};ν 和 λ 分别为从 E_q 跃迁至 E_0(或 E_p)能态时所发射的光谱频率和波长。

电子从基态激发到最低激发态,称为共振激发,完成这种激发所需的能量,称为共振激发能。

原子吸收和分子光谱的分光光度法基本原理相似,原子吸收与原子浓度的关系也符合朗伯-比尔(Lambert - Beer)定律。

$$A=\lg(I_0/I)=KLN_0 \tag{3-4-2}$$

式中,A 为吸光度;I_0 为入射光强度;I 为经原子蒸气吸收后的透射光强度;K 为吸收系数;L 为辐射光穿过原子蒸气的光程长度;N_0 为基态原子密度。

当试样原子化,火焰的绝对温度低于 3000 K 时,可以认为原子蒸气中基态原子的数目实际上接近原子总数。在固定的实验条件下,原子总数与试样浓度 c 的比例是恒定的,则式(3-4-2)可记为

$$A=K'c \tag{3-4-3}$$

式(3-4-3)就是原子吸收法定量分析的基本关系式。

三、仪器与试剂

实验仪器:WFX-120B 原子吸收分光光度计、容量瓶、移液管、烧杯、玻璃棒等。

液体试剂:去离子水等。

固体试剂:$CuSO_4 \cdot 5H_2O$ 等。

四、实验步骤与数据记录

1. 试样制备

(1)精确称量一定量的 $CuSO_4 \cdot 5H_2O$ 粉末状晶体,溶解于 40 mL 烧杯中,再将溶液转移至 250 mL 大容量瓶中,配制 1000 mg·L^{-1} 的铜标准溶液,用去离子水定容至刻度,摇匀;再取一个 5.0 mL 移液管和 50 mL 容量瓶,精确量取 5.0 mL 浓度为 1000 mg·L^{-1} 的铜标准溶液,稀释至 100 mg·L^{-1},定容,摇匀,即得 100 mg·L^{-1} 的铜溶液。

(2)取 5 个 100 mL 容量瓶,分别移取 0.5 mL、1.0 mL、2.0 mL、3.0 mL、5.0 mL 浓度为 100 mg·L^{-1} 的铜溶液,定容,摇匀,依次得到浓度为 0.5 mg·L^{-1}、1.0 mg·L^{-1}、2.0 mg·L^{-1}、3.0 mg·L^{-1}、5.0 mg·L^{-1} 的铜溶液。

2. 仪器操作

(1)打开电脑软件,双击快捷方式进入 BRAIC 应用程序。

(2)编辑分析方法。点击菜单项"操作"→"编辑分析方法(M)",出现"操作说明"对话框。①分析光源:本仪器可做火焰原子吸收分析、石墨炉原子吸收分析、火焰原子发射分析;②操作:可用于创建新方法、修改已有的方法、删除已有的方法。

3. 分析条件的选择

(1)仪器条件的选择。点击"仪器条件",选择仪器条件。①分析波长:分析波长即为所选择元素的主灵敏线,如果想改用次灵敏线,可自行输入;②元素灯;③元素灯位置;④狭缝、灯电流:根据不同元素的分析选择不同的狭缝光谱带度和输入不同的灯电流;⑤背景校正器;⑥预热灯电流。

(2)标准工作曲线的建立。①方程:可选择拟合一次方程、二次方程;②浓度单位;③进样体积;④浓度:S1、S2、S3……S10 可以依次输入十个标准样品点;⑤测量次数及空白测量次数;⑥标准空白。

(3)火焰条件的设置。①火焰类型;②燃气流量、空气流量、氧气流量、燃烧头高度。

(4)修改已有的方法:点击"操作"→"编辑分析方法",选择"继续",弹出页面,如果想修改其中任意一个方法,双击使其变蓝,然后点击"确定",又回到"仪器条件的选择",可以依次进行"仪器条件""测量条件"等的设置。

(5)删除已有的方法。

(6)选择分析方法。

(7)火焰法标准曲线的绘制及未知样品的测量:打开空气压缩机和乙炔气,在安全情况下点燃火焰,将吸液管放入空白蒸馏水中,点击"调零"进行调零,然后把吸液管放入标准空白中,点击"读数"按此操作,把吸液管再依次放入 0.5 mg·L^{-1}、1.0 mg·L^{-1}、2.0 mg·L^{-1}、3.0 mg·L^{-1}、5.0 mg·L^{-1} 溶液中。标准系列溶液测定完成后若想查看标准曲线,则可点击"工作曲线"。"屏蔽"键的作用:用来隐蔽某一标准点,可使相关系数得到提高。使用"屏蔽"键的具体方法:用鼠标选择影响曲线拟合的某一标准点,然后点击"屏蔽"键。如果想恢复原曲线,那么再点击"屏蔽"键即可,如果想继续对未知样品进行测量,则用鼠标点回"测量"键进行测量。

五、讨论

联系实验中的问题,结合自己的体会加以讨论。

六、思考题

(1)原子吸收法的基本原理。

(2)原子吸收法为什么要使用空心阴极灯?

(3)什么是共振线?

(4)原子吸收法的特点和局限性。

(5)分析化学中基准物质必须满足哪几个条件?

实验 5　非水溶液中 I_3^-/I^- 氧化还原行为的分析

一、实验目的

(1)掌握利用超微电极测量非水溶液中 I_3^-/I^- 表观扩散系数的方法。

(2)掌握利用电化学阻抗谱分析 I_3^-/I^- 在电极表面的氧化还原行为。

(3)学会利用 ZView 软件解析电化学阻抗谱数据的方法。

二、实验原理

1. 非水溶液超微电极电化学

(1)超微电极的特点。在电化学和电分析化学中,常见的电极形状分别有圆盘电极、球形电极、柱形电极、条形电极、圆环电极等。若这些电极的半径或宽度(简称一维尺寸)属于毫米级,则称为常规电极或微电极,也可统称为常规微电极。常规微电极上的电化学理论主要建立在线性扩散的基础之上。

超微电极是指电极的一维尺寸为微米或纳米级的一类电极,它的电化学理论建立在多维扩散基础之上。当电极的一维尺寸从毫米级降至微米级时,表现出常规微电极无法比拟的许多优良的电化学特性。在理论上超微电极比常规微电极更适用于电化学反应过程中热力学和动力学研究。

(2)超微电极表面的清洗和预处理。使用超微电极进行电化学实验前,为了能获得良好的伏安曲线,必须对超微电极表面进行清洗和预处理。

对于超微圆盘电极,先用蒸馏水在光洁的玻璃板或其他软质材料上进行抛光,再用稀 HNO_3 清洗,有时还需用 95% 的乙醇及超声波洗涤;对于其他形式的超微电极,宜用化学洗涤或超声波清洗。显然,对超微电极进行最后一次抛光时不应选择难以被清洗除去的抛光材料。由于碳纤维电极表面物理性能和化学性质的复杂性,清洗工作尤应注意。

超微电极的预处理十分重要和必要,对于铂或金电极,一般可以在 $-0.1\sim+1.0$ V (vs. SCE)进行循环扫描使残余电流降至最小而又稳定的数值;也可以再在 $+0.2$ V 保持数秒钟。

(3)超微圆盘电极的稳态伏安法。由于超微圆盘电极上极化电流随时间而衰减的速度很快,迅速达到稳态,即电流不再随时间而变化。稳态电流常用 is 表示,讨论 is 与 E 关系的方法称为稳态伏安法。

设有下列反应:

$$Re - ne^- = Ox$$

根据超微圆盘电极上的扩散方程式,若 Re 和 Ox 的浓度分别以 c_{Re} 和 c_{Ox} 表示,则在稳态情况下，$\dfrac{\mathrm{d}c}{\mathrm{d}t}=0$，于是得到稳态扩散方程：

$$\frac{\partial^2 c_{\mathrm{Re}}}{\partial z^2}+\frac{\partial^2 c_{\mathrm{Re}}}{\partial r^2}+\frac{1}{r}\frac{\partial c_{\mathrm{Re}}}{\partial r}=0 \tag{3-5-1}$$

解这一方程的初始和边界条件如下：$t=0,z,r$ 为任意值，$C_{\mathrm{Re}}=C_{\mathrm{Re}}^*,C_{\mathrm{Ox}}=C_{\mathrm{Ox}}^*=0$；$t>0$，$z=0,r\leqslant r_{\mathrm{Ox}}$ 时，$C_{\mathrm{Re}}=C_{\mathrm{Re}}^0$；$t>0,z=0,r\leqslant r_{\mathrm{Ox}}$ 时，$\dfrac{\partial C_{\mathrm{Re}}}{\partial z}=0$；$t>0,r$ 为任意值，$z\to\infty$ 时，$C_{\mathrm{Re}}=C_{\mathrm{Re}}^*$；$t>0,z$ 为任意值，$r\to\infty$ 时，$C_{\mathrm{Re}}=C_{\mathrm{Re}}^*$。其中，$c_{\mathrm{Re}}^0$ 和 c_{Re}^* 表示 Re 在电极表面和溶液本体中的浓度；c_{Re} 和 c_{Ox} 依次为 Re 和 Ox 的浓度；c_{Ox}^* 为 Ox 在溶液本体中的浓度，在初始时假定其值为零；r_{Ox} 为电极的半径。

根据初始和边界条件，求解稳态扩散方程，得到通过扩散作用到达电极表面 Re 的总量 f_{T} 为

$$f_{\mathrm{T}}=\frac{2}{\pi}(C_{\mathrm{Re}}^*-C_{\mathrm{Re}}^0)D_{\mathrm{Re}}\int_{\mathrm{Re}}^{r_0}\frac{2\pi r}{(r_{\mathrm{Ox}}^2-r)^{\frac{1}{2}}}\mathrm{d}r=4D_{\mathrm{Re}}r_{\mathrm{Ox}}(C_{\mathrm{Re}}^*-C_{\mathrm{Re}}^0)$$

由此可得超微圆盘电极上稳态氧化电流 $(i_\mathrm{a})_\mathrm{s}$ 的方程式为

$$(i_\mathrm{a})_\mathrm{s}=-nFf_{\mathrm{T}}=-4nFD_{\mathrm{Re}}r_{\mathrm{Ox}}(C_{\mathrm{Re}}^*-C_{\mathrm{Re}}^0)$$

当 $c_{\mathrm{Re}}^0=0$ 时，得到的稳态极限电流方程式为

$$(i_\mathrm{a})_{\mathrm{L,s}}=-4nFD_{\mathrm{Re}}r_{\mathrm{Ox}}C_{\mathrm{Re}}^*$$

同理，可得超微圆盘电极上稳态还原电流 $(i_\mathrm{c})_\mathrm{s}$ 的方程式为

$$(i_\mathrm{c})_\mathrm{s}=4nFD_{\mathrm{Ox}}r_{\mathrm{Ox}}(C_{\mathrm{Ox}}^*-C_{\mathrm{Ox}}^0)$$

当 $c_{\mathrm{Ox}}^0=0$ 时，得到的稳态极限电流方程式为

$$(i_\mathrm{c})_{L,\mathrm{s}}=4nFD_{\mathrm{Ox}}r_{\mathrm{Ox}}C_\mathrm{o}^*$$

2. 电化学阻抗谱

(1)电化学阻抗谱的特点。电化学阻抗谱(Electrochemical Impedance Spectroscopy，EIS)在早期的电化学文献中称为交流阻抗(AC Impedance)。阻抗测量原本是电学中研究线性电路网络频率响应特性的一种方法，把它用到研究电极过程中，就发展成为电化学研究中的一种实验方法。

电化学阻抗谱方法是一种以小振幅的正弦波电位(或电流)为扰动信号的电化学测量方法。以小振幅的电信号对体系扰动，一方面可避免对体系产生大的影响，另一方面也使得扰动与体系的响应之间近似呈线性关系。这就使测量结果的数学处理变得简单。同时，电化学阻抗谱方法又是一种频率域的测量方法，它以测量得到的频率范围很宽的阻抗谱来研究电极系统，因而能比其他常规的电化学方法得到更多的动力学信息及电极界面结构的信息。例如，可以从阻抗谱中含有的时间常数个数及其数值大小推测影响电极过程状态变量的情况，可以从阻抗谱观察电极过程中有无传质过程的影响等。即使对于简单的电极系统，也可以从测得的时间常数的阻抗谱中，得到不同频率范围有关从参比电极到工作电极

之间的溶液电阻、电双层电容及电极反应电阻的信息。

（2）基本概念。

① 阻抗与导纳（总称为阻纳）：对于一个稳定的线性系统 M，若以一个角频率为 ω 的正弦波电信号（电压或电流）X 为激励信号（在电化学术语中亦称作扰动信号）输入该系统，则相应地从该系统输出一个角频率也是 ω 的正弦波电信号（电流或电压）Y，Y 即是响应信号。Y 与 X 之间的关系可用下式来表示：

$$Y = G(\omega) \cdot X \qquad (3-5-2)$$

式中，G 为频率的函数，称为频响函数，它反映系统 M 的频响特性，是由 M 的内部结构所决定的。

因此，人们可以从 G 随 X 与 Y 的频率 f 或角频率 ω（$\omega = 2\pi f$）的变化情况来获得线性系统内部结构的有用信息。若扰动信号 X 为正弦波电流信号，而 Y 为正弦波电压信号，则称 G 为系统 M 的阻抗（Impedance）。若扰动信号 X 为正弦波电压信号，而 Y 为正弦波电流信号，则称 G 为系统 M 的导纳（Admittance）。若在频响函数中只局限于讨论阻抗或导纳，则可以将 G 总称为阻纳（Immittance）。阻抗一般用 Z 表示，导纳一般用 Y 表示，阻抗与导纳互为倒数关系，即 $Z = 1/Y$。

阻抗与导纳是一个随频率变化的矢量，用变量为频率 f 或其角频率 ω 的复变函数表示，即

$$Z = Z' + jZ''$$

式中，Z' 为阻抗的实部；Z'' 为阻抗的虚部；$j = \sqrt{-1}$；$Y = Y' + jY''$，Y' 与 Y'' 分别称为导纳的实部与虚部。

由于阻抗与导纳互为倒数关系，故有

$$Z = \frac{1}{Y} = \frac{Y'}{Y'^2 + Y''^2} + j \frac{-Y''}{Y'^2 + Y''^2}$$

② 阻抗与导纳的模值 $|Z|$ 和 $|Y|$ 分别为

$$|Z| = \sqrt{Z'^2 + Z''^2}$$

$$|Y| = \sqrt{Y'^2 + Y''^2}$$

③ 阻抗与导纳的相位角（辐角）为

$$\tan\varphi_Z = \frac{-Z''}{Z'} = \frac{Y''}{Y'} = \tan\varphi_Y$$

④ 阻抗与导纳的图谱表述。阻抗与导纳是一个矢量，用其实部为横轴，虚部为纵轴来绘图，以表示体系频谱特征的阻抗平面图或导纳平面图，称之为阻抗或导纳的复平面图，即为奈奎斯特（Nyquist）图。在电化学阻抗谱中，习惯上以 $-Z''$ 为纵轴，以 Z' 为横轴的坐标系统来表示阻抗平面。另一种表示阻抗与导纳频谱特征的是以 $\log f$ 为横坐标，分别以 $\log |Z|$（或 $\log |Y|$）和相位角 φ 为纵坐标绘成两条曲线，这种图叫作波特（Bode）图。

Nyquist 图和 Bode 图都能反映出被测系统的阻纳频谱特征，从这两种谱图中就可以对

系统的阻纳进行分析。

(3)电化学阻抗谱中的等效元件。

① 等效电阻 R。在电化学中,等效电阻若为正值,则与电学元件的纯电阻相同。但在电化学中有时可以遇到负值的等效电阻。

与电学元件电阻一样,R 表示等效电阻,同时 R 也表示等效电阻的参数值。因为在电化学阻抗谱中都是按单位电极面积(单位为 cm^2)来计算等效元件的参数值的,所以作为等效元件,R 的量纲为 $Ohm \cdot cm^{-2}$。

等效电阻的阻抗为

$$Z_R = R = Z'_R$$

$$Z''_R = 0$$

等效电阻的阻纳都只有实部,没有虚部,且阻纳的数值与频率无关。在阻抗复平面或导纳复平面上,它只能用实轴(横坐标轴)上一个点来表示。在以 $\log|Z|$ 对 $\log f$ 作的 Bode 图上,它用一条与横坐标平行的直线表示。等效电阻阻纳的虚部总是为零,故当等效电阻为正值时它的相位角 φ 为零,当等效电阻为负值时它的相位角 $\varphi = \pi$,这两种情况相位角都与频率无关。

在金属从活化状态转入钝化状态时,阳极曲线上有一个区间,在这个区间内阳极电流不是随电位升高而增大,而是随着电位的升高而降低。在这一区间测得的电化学阻抗谱的等效电路中,就包含有负值的等效电阻。

② 等效电容 C。电化学中的等效电容与电学中的纯电容相同,通常 C 也作为等效电容的标志,同时 C 也代表等效电容的参数值,即电容值,量纲为 $F \cdot cm^{-2}$。

等效电容的阻抗为

$$Z_C = -j\frac{1}{\omega C}$$

$$Z'_C = 0$$

$$Z''_C = -\frac{1}{\omega C}$$

它们只有虚部而没有实部。在阻抗复平面图上和导纳复平面图上,等效电容是以第 1 象限中与纵轴($-Z''$ 或 Y'')重合的一条直线。在 Bode 图上,等效电容是以 $\log|Z|$ 对 $\log f$ 作图得到的一条斜率为 -1 的直线。阻纳的实部为零,故 $\tan\varphi = \infty$,相位角 $\varphi = \pi/2$,相位角与频率无关。

③ 等效电感 L。电化学中的等效电感与电学中的纯电感相同,通常用 L 作为等效电感的标志,同时 L 也代表等效电感的参数值,即电感值,量纲为 $H \cdot cm^{-2}$。

等效电感的阻抗与纯电感一样,为

$$Z_L = j\omega L$$

$$Z'_L = 0$$

$$Z''_L = \omega L$$

在阻抗复平面图(以 $-Z''$ 为纵轴)上,等效电感是在第 4 象限与纵轴重合的一条直线。在 Bode 图上,等效电感是以 $\log|Z|$ 对 $\log f$ 作图得到的一条斜率为 $+1$ 的直线。阻纳的实部为零,故 $\tan\varphi=-\infty$,相位角 $\varphi=-\pi/2$,相位角与频率无关。

④ 常相位角元件(CPE)Q。电极与溶液之间界面的电双层,一般等效于一个电容器,称为电双层电容。但实验中发现,固体电极的电双层电容的频响特性与纯电容并不一致,而有或大或小的偏离,这种现象一般称为弥散效应。在测量固体电介质的介电常数时,也有类似现象。由此而形成的等效元件称为常相位角元件(Constant Phase Angle Element),用 Q 表示,其阻抗为

$$Z_Q = \frac{1}{Y} \cdot (j\omega) - n, 0 < n < 1$$

$$Z'_Q = \frac{\omega^{-n}}{Y_0}\cos\left(\frac{n\pi}{2}\right), 0 < n < 1$$

$$Z''_Q = \frac{\omega^{-n}}{Y_0}\sin\left(\frac{n\pi}{2}\right), 0 < n < 1$$

常相位角元件有两个参数:一个参数是 Y_0,由于 Y_0 是用来描述电容 C 的参数发生偏离时的物理量,因此 Y_0 总取正值;另一个参数是 n,n 是无量纲的指数。

根据欧拉(Euler)公式: $j^{\pm n} = \exp\left(\pm j\frac{n\pi}{2}\right) = \cos\left(\frac{n\pi}{2}\right) \pm j\sin\left(\frac{n\pi}{2}\right)$ 可得到常相位角元件相位角的正切为 $\tan\varphi = \tan\left(\frac{n\pi}{2}\right)$,$\varphi = \frac{n\pi}{2}$。

可以看出,相位角与频率无关。在 Bode 图上,常相位角元件是以 $\log|Z|$ 对 $\log f$ 作图得到的斜率为 $-n$ 的直线。

应当注意,将参数 n 的取值范围定为 $0 < n < 1$。但从常相位角元件的阻抗和导纳式中可见,当 $n=0$ 时,常相位角元件还原为 R;当 $n=1$ 时,常相位角元件变为 C;当 $n=-1$ 时,常相位角元件实为 L。

⑤ 平面电极的半无限扩散阻抗(等效元件 W)。半无限扩散是指依靠扩散而传质途径的长度可以近似地认为是无限长。不流动(包括没有对流)的溶液层称为"滞流层"(Stagnant Layer)。半无限扩散也就是指在厚度可以近似地认为是无限大的滞流层中的扩散过程。实际上不存在无限厚的滞流层,但相对于扩散的分子或离子的大小来说,在恒温下静置溶液中的扩散过程可以近似地认为是半无限扩散。

对于半无限扩散,其边界条件是 $x=\infty$,$\Delta c=0$,因此可得到平面电极的半无限扩散阻抗为

$$Z_d = \frac{Z_F^0 \gamma |I_F|}{nFC_s\sqrt{\omega D}}j^{-\frac{1}{2}}$$

利用欧拉(Euler)公式可得

$$Z_d = \frac{Z_F^0 \gamma |I_F|}{nFC_s\sqrt{2\omega D}}(1-j)$$

这个阻抗的虚部和实部的数值完全一样,故在阻抗复平面图上的图形是一条倾斜角为π/4 的直线。这个阻抗一般被称为瓦尔塞(Warburg)阻抗,常用 Z_W 表示,作为等效元件常用符号 W 表示。

⑥ 平面电极的有限层扩散阻抗(等效元件 O)。有限层扩散是指滞流层的厚度为有限值,即当离开电极表面的距离为 $x=1$ 时,$\Delta c=0$,此处 l 为有限值。因此可以将平面电极有限层扩散阻抗表示为

$$Z_d = Z_0 (j\omega)^{-\frac{1}{2}} \tanh(B\sqrt{j\omega})$$

由于上式中的实部和虚部没有分开,应用欧拉(Euler)公式将实部与虚部分开,因此可得到平面电极的有限层扩散阻抗为

$$Z_d = \frac{Z_F^0 \gamma |I_F|}{nFC_s \sqrt{2\omega D}} \left(\frac{\sinh z + \sin z}{\cosh z + \cos z} - j \frac{\sinh z - \sin z}{\cosh z + \cos z} \right)$$

若除 E 和 C_s 外没有其他状态变量,则其辐角的正切为 $\tan\varphi = \frac{\sinh z - \sin z}{\sinh z + \sin z}$。相应于有限层扩散阻抗的等效元件常用符号 O 表示。

一般来说,若除了电极电位 E 和电极表面附近反应物的浓度外,没有其他表面状态变量影响电极系统的法拉第阻抗行为,则在频率比较高时,平面电极的有限层扩散阻抗行为与其半无限扩散阻抗行为的差别不大;在频率很低时,平面电极有限层扩散的阻抗行为相当于由一个电阻和一个电容并联组成的电路的阻抗行为。

⑦ 平面电极的阻挡层扩散阻抗(等效元件 T)。如果在离电极表面距离为 l 处有一个壁垒阻挡扩散的物质流入,那么扩散过程只能在厚度为 l 的溶液层中进行,这种扩散过程就称为阻挡层扩散。

阻挡层扩散的阻抗为

$$Z_d = Z_0 (j\omega)^{-\frac{1}{2}} \coth(B\sqrt{j\omega})$$

将实部与虚部分开,阻挡层扩散的阻抗可变为

$$Z_d = \frac{Z_F^0 \gamma |I_F|}{nFC_s \sqrt{2\omega D}} \left(\frac{\sinh z - \sin z}{\cosh z - \cos z} - j \frac{\sinh z + \sin z}{\cosh z - \cos z} \right)$$

为简单起见,假定 $Z_F^0 = R_t$,此时阻挡层扩散阻抗的辐角的正切为 $\tan\varphi = \frac{\sinh z + \sin z}{\sinh z - \sin z}$。

相应于阻挡层扩散阻抗的等效元件常用符号 T 表示。

一般来说,当频率比较高时,且在 $Z_F^0 = R_t$ 的情况下,平面电极的阻挡层扩散阻抗行为就相当于瓦尔塞(Warburg)阻抗行为;当频率的数值足够小时,平面电极的阻挡层扩散阻抗行为就相当于等效电阻 R 与等效电容 C 串联组成的电路的阻抗行为。

(4)电化学阻抗谱的等效电路与数据解析。对于测出的一个电极系统的电化学阻抗谱,如果能够另外用一些电学元件和电化学元件来构成一个电路,使得这个电路的阻纳频谱与测得的电极系统的电化学阻抗谱相同,那么就称这一电路为该电极系统或电极过程的等效电路,用来构成等效电路的元件称为等效元件。

电化学阻抗谱数据处理与解析的途径:先建立一个合理的数学模型或等效电路,然后通过计算或使用 ZView 等解析软件确定数学模型中有关参数或等效电路中有关元件的参数值,再结合其他的电化学方法推测电极系统中包含的动力学过程及其机理。

3. 非水溶液中 I_3^-/I^- 氧化还原行为的分析

图 3-5-1 为以铂超微圆盘电极为工作电极、铂圆盘电极为对电极和参比电极所测得的非水溶液中 I_3^- 和 I^- 的稳态循环伏安曲线。从曲线上可得到 I_3^- 和 I^- 的稳态极限扩散电流,通过公式 $i_s = 4nFDr_0c$,即可计算出 I_3^- 和 I^- 在该溶液中的表观扩散系数 D 分别为 1.127×10^{-7} cm$^2 \cdot$ s^{-1} 和 1.78×10^{-6} cm$^2 \cdot$ s^{-1}。公式中,n 为 I_3^- 和 I^- 在电极反应中的电子转移数,F 为法拉第常数,r_0 为超微电极的半径,c 为溶液中 I_3^- 和 I^- 浓度。

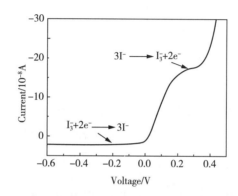

图 3-5-1　非水溶液中 I_3^- 和 I^- 的稳态循环伏安曲线

图 3-5-2 为使用铂黑电导电极测得的非水溶液中 I_3^- 和 I^- 的电化学阻抗谱及其相应的等效电路,其中点表示实测数据,线表示拟合结果。按照相应的等效电路进行数据拟合后,R_s 反映溶液的电阻,界面传输电阻 R_{ct} 反映 I_3^- 和 I^- 扩散到铂黑电极上得失电子的难易程度,常相位角元件(CPE)反映电解池界面的双电层电容。常相位角元件导纳 Y_Q 的表达式为 $Y_Q = Y_0(j\omega)^n$。其中,Y_0 的数值反映铂黑与电解质溶液界面的双电层电容;$n(0 \leqslant n \leqslant 1)$ 是无量纲的指数,反映铂黑电极表面的粗糙程度。其拟合结果为 $R_s = 81.12$ Ω,$R_{ct} = 28.4$ Ω,$Y_0 = 27.5$ μF $\cdot$ s^{n-1},$n = 0.88$。

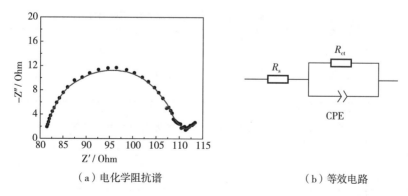

（a）电化学阻抗谱　　　　　　　　　　（b）等效电路

图 3-5-2　非水溶液中 I_3^- 和 I^- 的电化学阻抗谱及其相应的等效电路

三、仪器与试剂

实验仪器:电化学工作站(CHI660B,上海辰华仪器公司)、铂超微圆盘电极(CHI107, $r=5~\mu m$)、铂圆盘电极($r=1~mm$)、铂黑电导电极(DJS-1C)等。

液体试剂:乙腈等。

固体试剂:I_2、NaI 等。

四、实验步骤与数据记录

1. 溶液的配制

计算并配制二种乙腈溶液:

(1)$c(I_2)=0.05~mol \cdot dm^{-3}$,$c(NaI)=0.40~mol \cdot dm^{-3}$。

(2)$c(I_2)=0.10~mol \cdot dm^{-3}$,$c(NaI)=0.40~mol \cdot dm^{-3}$。

2. 循环伏安测量

在电化学工作站上,采用三电极体系,以半径为 $5~\mu m$ 的铂超微圆盘电极为工作电极,半径为 $1~mm$ 的铂圆盘电极为对电极和参比电极,采用慢扫描速率为 $5~mV \cdot s^{-1}$,起始电压为 $0~V$,扫描范围为 $-0.8 \sim 0.5~V$,分别对上述两种乙腈溶液进行测量,获得稳态循环伏安曲线。

3. 电化学阻抗谱测量

电化学阻抗谱测量由铂黑电导电极构成测量池,测量的频率范围为 $1~Hz \sim 10~kHz$,偏压为 $0~V$,正弦振幅为 $\pm 10~mV$。

4. 实验数据处理

(1)分析 I_3^- / I^- 的循环伏安曲线,得到 I_3^- 和 I^- 的稳态扩散电流,计算 I_3^- 和 I^- 的表观扩散系数。

(2)利用电化学工作站操作软件将电化学阻抗谱原始数据导出并转换成文本文件,利用 ZView 软件和相应的等效电路进行数据拟合与解析,得到相关参数。

(3)利用 Origin 软件绘制循环伏安图和电化学阻抗谱的 Nyquist 图(含实测数据和拟合数据)各一幅,多条同类曲线应叠加,并将结果填入表 3-5-1 和表 3-5-2。

表 3-5-1　I_3^- / I^- 在溶液中的表观扩散系数(D)

$c(I_2)/(mol \cdot dm^{-3})$	i_s(阳极)/A	$D(I^-)/(cm^2 \cdot s^{-1})$	i_s(阴极)/A	$D(I_3^-)/(cm^2 \cdot s^{-1})$
0.05				
0.01				

表 3-5-2　用等效电路拟合电化学阻抗谱所得的参数

$c(I_2)/(mol \cdot dm^{-3})$	R_s/Ω	R_{ct}/Ω	$Y_0/(\mu F \cdot s^{n-1})$	n
0.05				
0.01				

五、讨论

联系实验中的问题,结合自己的体会加以讨论。

六、思考题

(1)在进行循环伏安扫描时为何要采用慢扫描速率?

(2)请阐述电化学阻抗谱中 R_{ct}、R_s、Y_0 和 n 所代表的物理意义?

(3)为加快溶液中的离子扩散过程,可采用的措施有哪些?

实验6　氨基甲酸铵分解反应平衡常数的测定

一、实验目的

(1)熟悉用等压法测定固体分解反应的平衡压力,了解温度对反应平衡常数的影响。

(2)进一步掌握低真空实验技术。

(3)测定不同温度下氨基甲酸铵的分解压力,计算分解反应平衡常数及有关热力学函数。

二、实验原理

氨基甲酸铵(NH_2COONH_4)是合成尿素的中间产物,白色固体,不稳定,加热易发生如下的分解反应:

$$NH_2COONH_4(s) \rightleftharpoons 2NH_3(g) + CO_2(g)$$

该反应是可逆的多相反应,在封闭系统中很容易达到平衡,若将气体视为理想气体,则在常压下其标准平衡常数 $K^\ominus$ 可表示为

$$K^\ominus = \left(\frac{p_{NH_3}}{p^\ominus}\right)^2 \left(\frac{p_{CO_2}}{p^\ominus}\right) \quad (3-6-1)$$

式中,p_{NH_3} 和 p_{CO_2} 分别为反应温度下 NH_3 和 CO_2 的平衡分压;$p^\ominus$ 为标准压力。

在压力不大时,气体的逸度近似为1,纯固体物质的活度为1,系统的总压 $p_{总}$ 等于 p_{NH_3} 和 p_{CO_2} 之和,从化学反应计量方程式可知:$p_{NH_3} = \frac{1}{3}p_{总}$,$p_{CO_2} = \frac{2}{3}p_{总}$,代入式(3-6-1)得

$$K^\ominus = \left(\frac{2}{3}\frac{p_{总}}{p^\ominus}\right)^2 \left(\frac{1}{3}\frac{p_{总}}{p^\ominus}\right) = \frac{4}{27}\left(\frac{p_{总}}{p^\ominus}\right) \quad (3-6-2)$$

当系统在一定的温度下达到平衡时,压力总是一定的,此时称为氨基甲酸铵的分解压力。测量其总压 $p_{总}$ 即可计算出标准平衡常数 $K^\ominus$。

温度对平衡常数的影响可表示为

$$\frac{d\ln K^\ominus}{dT} = \frac{\Delta_r H_m^\ominus}{RT^2} \quad (3-6-3)$$

式中,T 为热力学温度;$\Delta_r H_m^\ominus$ 为该反应的标准摩尔反应焓变;R 为摩尔气体常数。

氨基甲酸铵分解反应是一个热效应较大的吸热反应,当温度变化范围不太大时,$\Delta_r H_m^\ominus$ 可视为常数,将式(3-6-3)积分后得

$$\ln K^{\ominus} = -\frac{\Delta_r H_m^{\ominus}}{RT} + C \tag{3-6-4}$$

式中，C 为积分常数。以 $\ln K^{\ominus}$ 对 $\frac{1}{T}$ 作图，应为一条直线，从斜率即可求得 $\Delta_r H_m^{\ominus}$，反应的标准摩尔吉布斯自由能变化 $\Delta_r G_m^{\ominus}$ 与标准平衡常数 $K^{\ominus}$ 的关系为

$$\Delta_r G_m^{\ominus} = -RT\ln K^{\ominus}$$

用 $\Delta_r H_m^{\ominus}$ 和 $\Delta_r G_m^{\ominus}$ 可近似计算该温度下的标准摩尔熵变 $\Delta_r S_m^{\ominus}$，即

$$\Delta_r S_m^{\ominus} = \frac{\Delta_r H_m^{\ominus} - \Delta_r G_m^{\ominus}}{T}$$

因此，由实验测出一定温度范围内不同温度 T 时氨基甲酸铵的分解压力（平衡总压），即可求出标准平衡常数 $K^{\ominus}$ 及热力学函数 $\Delta_r H_m^{\ominus}$、$\Delta_r G_m^{\ominus}$ 和 $\Delta_r S_m^{\ominus}$。

等压法测定氨基甲酸铵分解压力装置如图 3-6-1 所示。

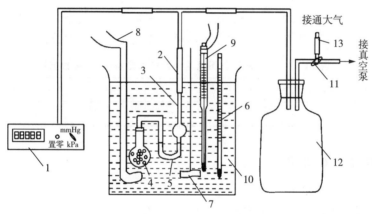

1—数字式低真空压力计；2—真空胶管；3—等压计；4—小球泡；5—封闭液；6—水银温度计；7—搅拌器；
8—电加热器；9—接触温度计；10—玻璃水槽；11—三通活塞；12—缓冲瓶；13—毛细管放空阀。

图 3-6-1　等压法测定氨基甲酸铵分解压力装置

等压计中的封闭液通常选用硅油、邻苯二甲酸二壬酯或液状石蜡等蒸气压小且不与系统中任何物质发生化学反应的液体。数字式低真空压力计用于测量系统的总压。

三、仪器与试剂

实验仪器：等压法测定分解压力装置，恒温槽，数字式低真空压力计，真空泵、漏斗、吸管、金属丝等。

液体试剂：硅油或邻苯二甲酸二壬酯等。

固体试剂：乙氨基甲酸铵等。

四、实验步骤

（1）检漏。将烘干的小球泡（装氨基甲酸铵用）与真空胶管接好，检查旋塞位置并使系统与真空泵相连接，开启真空泵，几分钟后，关闭旋塞停止抽气，检查系统是否漏气，待

10 min后,若数字式低真空压力计读数没有变化,则表示系统不漏气,否则需仔细检查各接口处,重复上述操作,直至不漏气。

(2)装样品。将系统与大气连通,然后取下小球泡,用漏斗将氨基甲酸铵粉末装入其中,并将硅油或邻苯二甲酸二壬酯用吸管注入等压计中,使之形成液封,然后用真空胶管连接小球泡和等压计,并用金属丝扎紧真空胶管两端。

(3)测量。将等压计与真空泵连接好,并固定在恒温槽中,调节恒温槽的温度为$(25\pm0.1)℃$,开启真空泵,将系统中的空气抽出,约 15 min 后关闭旋塞停止抽气。缓慢开启旋塞接通毛细管,小心地将空气缓慢放进系统中,直到等压计两边封闭液液面齐平。立即关闭旋塞,观察封闭液液面,直到 5 min 内保持不动,即可读取压力计读数。

重复上述步骤再次测量,如果两次测定结果相差小于 240 Pa,那么方可进行下一步实验。

(4)升温测量。调节恒温槽的温度为$(30\pm0.1)℃$,在升温过程中逐渐从毛细管缓慢放入空气,使分解的气体不会倒灌形成负压。恒温 20 min,重复步骤(3)的操作,记录该温度下的实验数据,依次测量 35 ℃、40 ℃、45 ℃和 50 ℃下的分解压力。

(5)复原。实验结束后,将空气慢慢放入系统,使系统解除真空,关闭压力计,整理实验桌面,打扫实验室卫生。氨基甲酸铵的分解压可参考表 3-6-1 中数据。

表 3-6-1　不同温度下氨基甲酸铵的分解压(参考数据)

恒温温度/℃	25	30	35	40	45	50
$p_总$/kPa	11.73	17.07	23.80	32.93	45.33	62.93

五、数据记录与结果处理

将本实验中的数据记录在表 3-6-2 中。

本次实验的日期:_____,室温:_____,气压:_____。

表 3-6-2　实验数据记录与处理

实验温度 T/℃	压力 p/Pa			
	1	2	3	平均值
25				
30				
35				
40				
45				
50				

六、思考题

(1)在实验装置中安装缓冲瓶的作用是什么?

(2)如何判断氨基甲酸铵分解已达平衡?

实验 7　二氧化钛的制备、表征和模拟染料废水的光催化降解

一、实验目的

(1) 掌握半导体二氧化钛的制备方法。

(2) 掌握 X 射线多晶粉末衍射仪测试的原理，初步了解透射电镜在催化剂表征中的应用。

(3) 了解影响二氧化钛光活性的主要因素。

(4) 了解半导体光催化的模型及光催化氧化法在降解有机有毒污水中的应用。

二、实验原理

二氧化钛(TiO_2)是多相光催化反应中最常用的半导体催化剂，它具有无毒、催化性高、氧化能力强、稳定性好等优点。纳米 TiO_2 对紫外线具有很强的吸收能力，并具有很高的光催化活性。

半导体光催化的基本原理如图 3-7-1 所示。在一定波长的紫外光照射下（紫外光能量大于 TiO_2 的禁带宽度，即 $h\nu > E_g$），半导体的价带电子会受光激发而跃迁到导带，这样在价带位置留下光生空穴（带正电荷），而在导带位置上停留有光生电子（带负电荷），即形成电子-空穴对。空穴具有氧化能力，而电子具有还原能力。在半导体电场的作用下，电子-空穴对开始由体相向表面迁移。在迁移过程中，一部分电子-空穴对可能发生复合，而以热的形式释放能量；而迁移到表面的电子和空穴，就可以与催化剂表面的吸附物质发生氧化还原反应。光激发产生的这些含氧小分子活性物质（如·OH、H_2O_2、O_2 等），能把催化剂表面的有机污染物（如染料、含氧碳氢化合物、表面活性剂和农药等）氧化降解，直至完全矿化为 CO_2 和 H_2O，同时，还可以进行光催化还原重金属离子和光催化杀菌。

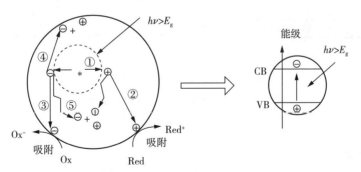

①—受光激发电子-空穴对分离；②—空穴氧化电子给体；
③—电子受体的还原；④—电子-空穴的表面复合；⑤—电子-空穴的体相复合。

图 3-7-1　半导体光催化的基本原理

常见的 TiO_2 晶型有两种:锐钛矿和金红石。锐钛矿型 TiO_2 和金红石型 TiO_2 都是由相互连接的 TiO_6 八面体组成的,其差别在于八面体的畸变程度和相互连接的方式不同。结构上的差别导致了两种晶型具有不同的密度和电子能带结构(锐钛矿型 TiO_2 的 E_g 为 3.2 eV,金红石型 TiO_2 的 E_g 为 3.0 eV),进而导致光活性的差异。催化剂晶粒大小,也是影响 TiO_2 光活性的重要因素。刚制备出来的样品,因晶粒较小而活性较差。经高温焙烧后,催化剂晶粒长大而变得完整,活性较高。

TiO_2 的晶型可由 X 射线衍射仪(XRD)表征确定。锐钛矿型 TiO_2 的特征衍射峰位置在 2θ 为 $25.3°$ 处,而金红石型 TiO_2 的特征衍射峰位置在 2θ 为 $27.5°$ 处。

本实验通过合成并表征 TiO_2 的结构,测定 TiO_2 对活性艳红 X-3B 的光解活性。其中,图 3-7-2 为 X-3B 的结构分子及其可见紫外光谱,图 3-7-3 为光催化反应装置。

在光催化反应装置中,光源为 500 W 碘钨灯,外置玻璃冷阱通水

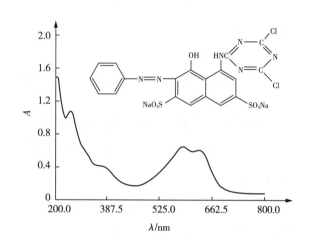

图 3-7-2 X-3B 的结构分子及其可见紫外光谱

冷却。距离光源左右 10 cm 处各有一个 100 mL 派热克斯玻璃反应器,并采用磁力搅拌。

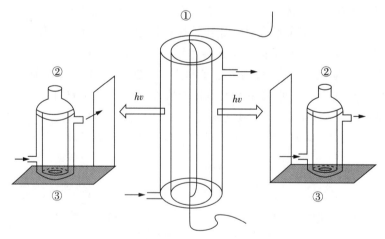

①—碘钨灯;②—派热克斯玻璃反应器;③—磁力搅拌器。

图 3-7-3 光催化反应装置

三、仪器与试剂

实验仪器:X 射线衍射仪、透射电子显微镜、UV-Vis 光谱仪、循环水真空泵、磁力搅拌器、超声波清洗仪、调速振荡器、电动离心机、移液枪、水热反应釜、光催化反应装置等。

固体试剂:HNO_3、$AgNO_3$、$TiCl_4$、$Ti(SO_4)_2$、$BaCl_2$、染料活性艳红 X-3B 等。

四、实验步骤

(1)采用水热法合成 TiO_2。在内衬耐腐蚀材料的密闭高压釜中,加入制备纳米 TiO_2 的前驱物[如 $TiCl_4$、$Ti(SO_4)_2$ 等],按照一定的升温速率加热,达到预定温度后,恒温一段时间取出,冷却后经过滤、洗涤、干燥即可得到纳米 TiO_2 粉体。

此法能直接制得结晶良好且纯度高的粉体,不需要高温灼烧处理,避免了粉体的硬团聚,而且通过改变工艺条件,可实现对粉体粒径、晶型等特性的控制。

(2)分析不同晶型(锐钛矿型和金红石型)对 TiO_2 光活性的影响。

(3)考察热处理对 TiO_2 光活性的影响。

五、数据记录与结果处理

根据实际情况记录实验数据。

(1)根据 X 射线衍射图,确定样品晶型和计算 TiO_2 晶粒大小。

(2)计算透射电子显微镜照片,比较锐钛矿型 TiO_2 和金红石型 TiO_2 的形貌差异和高温焙烧对 TiO_2 颗粒尺寸的影响。

(3)通过一级动力学方程拟合,分别计算 TiO_2 在上述几种情况下对活性艳红 X-3B 降解的速率常数。

(4)通过比较计算出的几个速率常数的大小,评价催化剂的光活性,并分析影响光活性的主要因素。

六、思考题

(1)影响 TiO_2 光活性的因素有哪些?

(2)TiO_2 光催化技术可以在环保领域的哪些方面得到应用?

一、实验目的

(1)掌握用气相色谱法测定物质的无限稀溶液的活度系数。
(2)了解气相色谱仪的基本构造及原理,并初步掌握色谱仪的使用方法。

二、实验原理

气相色谱仪主要由四部分组成:流动相,即载气,如 He、N_2、H_2;固定相,固体吸附剂或以薄膜状态涂覆在载体上的固定液,如甘油、液体石蜡等;进样器,通常为微量注射器;检测器,用以检出从色谱柱中流出的组分,通过信号放大及处理,绘制出相应的色谱图。

在气相色谱法中,载气作为流动相将被气化的样品带进色谱柱,样品中的各组分在色谱柱中被逐一分离,分离出的单一组分被载气推动依次流经检测器,其时间与相对浓度之间的关系如图 3-8-1 所示。

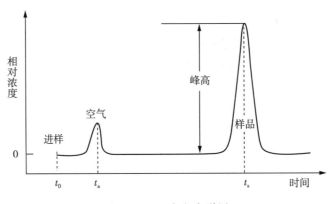

图 3-8-1　气相色谱图

从进样到空气峰顶的时间为死时间(记为 t_a),从进样到样品峰顶的时间为组分的保留时间(记为 t_s),则组分的校正保留时间为

$$t_s' = t_s - t_a \tag{3-8-1}$$

组分的校正保留体积为

$$V_s' = t_s' \overline{F} \tag{3-8-2}$$

式中,$\overline{F}$ 为柱温柱压下载气的平均流速。

组分的校正保留积 V_s' 与液相体积 V_1 的关系为

$$V_1 c_i^l = V_s' c_i^g \tag{3-8-3}$$

式中,c_i^l 为组分 i 在液相中的浓度;c_i^g 为组分 i 在气相中的浓度。

若气相符合理想气体,则

$$c_i^g = \frac{p_i}{RT_c} \tag{3-8-4}$$

$$c_i^l = \frac{\rho x_i}{M} \tag{3-8-5}$$

式中,p_i 为组分 i 的分压;ρ 为纯液体的密度;M 为纯液体的摩尔质量;x_i 为组分 i 的摩尔质量;T_c 为柱温。

当气液两相达到平衡时,有

$$p_i = p_i^* \gamma_i x_i \tag{3-8-6}$$

式中,p_i^* 为组分 i 的饱和蒸气压;γ_i 为组分 i 的活度因子。将式(3-8-4)~式(3-8-6)代入式(3-8-3)得

$$V_s' = \frac{V_i \rho R T_c}{M p_i^* \gamma_i} = \frac{WRT_c}{M p_i^* \gamma_i} \tag{3-8-7}$$

$$\gamma_i = \frac{WRT_c}{M p_i^* V_s'} = \frac{WRT_c}{M p_i^* t_s' \overline{F}} \tag{3-8-8}$$

式中,W 为固定液的准确质量;M 为固定液的摩尔质量。

由式(3-8-8)可知,只要把一定质量的溶剂作为固定液涂渍在载体上,装入色谱柱中,用被测物质作为气相进样,测得式(3-8-8)中右边各参数,即可计算组分 i 在溶剂中的活度因子 γ_i。因为加入的溶质的量很少,与固定液构成了无限稀溶液,所以测得的 γ_i 为无限稀溶液的活度因子 γ_i^{∞}。其中,载气的平均流速 $\overline{F}$ 为

$$\overline{F} = \frac{3}{2} \left[\frac{(p_b/p_0)^2 - 1}{(p_b/p_0)^3 - 1} \right] \left(\frac{p_0 - p_w}{p_0} \times \frac{T_c}{T_s} \times F \right) \tag{3-8-9}$$

式中,p_b 为柱前压力;p_0 为柱后压力(通常是大气压);p_w 为 T_a(室温)时水的饱和蒸气压;T_c 为柱温;T_a 为环境温度(通常是室温);F 为载气柱后流速。

三、实验步骤

(1)利用气相色谱仪测定不同试样(如苯、环己烷、环乙烯、氯仿等)在邻苯二甲酸二壬酯中的相关数据。

(2)计算各柱温下(如 40 ℃、45 ℃、50 ℃、55 ℃)各试样在邻苯二甲酸二壬酯中的 γ_i^{∞}。

四、思考题

(1)为什么本实验所测得的是组分 i 在无限稀溶液中的活度因子?

(2)气相色谱法测定无限稀溶液的活度因子,是否对一切溶液都适用?

实验 9 　铁氰化钾和亚铁氰化钾的循环伏安行为研究

一、实验目的

(1)掌握循环伏安法测定电极反应参数的基本原理。

(2)掌握固体表面的处理方法。

(3)熟悉伏安法测定的实验操作技术。

二、实验原理

在电极反应的动力学研究中,循环伏安法是一种有效的手段,称为电化学光谱。循环伏安法是将循环变化的电压施加于工作电极和参比电极之间,记录工作电极上得到的电流与施加电压的关系曲线。

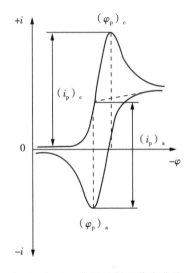

图 3-9-1　典型的循环伏安曲线

当工作电极被施加的扫描电压激发时,电极会产生响应电流,以电流对电位作图,即为循环伏安图。图 3-9-1 为典型的循环伏安曲线。阳极的峰电位和峰电流分别为 $(i_p)_a$ 和 $(\varphi_p)_a$,阴极的峰电位和峰电流分别为 $(i_p)_c$ 和 $(\varphi_p)_c$。

设电极反应为

$$Ox + ne^- \rightarrow Re$$

式中,Ox 表示反应物的氧化态;Re 表示反应物的还原态。

当电极反应完成可逆时,在 25 ℃下,峰值电流为

$$i_p = 269n^{3/2}AD^{1/2}v^{1/2}c \qquad (3-9-1)$$

式中,i_p 为峰值电流,单位为 $A \cdot cm^{-2}$;n 为电子转移数;A 为工作电极的表面积,单位为 cm^2;D 为反应物的扩散系数,单位为 $cm^2 \cdot s^{-1}$;v 为扫描速率,单位为 $V \cdot s^{-1}$;c 为反应物的浓度,单位为 $mol \cdot mL^{-1}$。

当电极反应完全可逆时,符合能斯特方程,则有

$$\frac{i_{pc}}{i_{pa}} = 1 \qquad (3-9-2)$$

在 25 ℃时,$\Delta E_p = E_{pc} - E_{pa} = \dfrac{56 \sim 63}{n}$(mV),表明此时的峰值电势差为 $\dfrac{57}{n} \sim \dfrac{63}{n}$ mV。

峰值电势与标准电极电势之间的关系为

$$E_{Ox/Re}^{\theta} = \frac{E_{pc} + E_{pa}}{2} + \frac{0.029}{n} \lg \frac{D_{Ox}}{D_{Re}} \qquad (3-9-3)$$

根据式($3-9-1$)可知,i_p 与 $v^{1/2}$ 和 c 都是直线关系,这对研究电极反应过程具有重要意义。

三、实验步骤

(1)选用电化学工作站并设置相关参数。

(2)将电极表面活化。在 $1\ mol \cdot L^{-1}$ H_2SO_4 溶液中,将工作电极与对电极进行电解,每隔 $30\ s$ 变换一次电极的极性,如此反复 10 次,使电极表面活化。

(3)选择典型的铁氰化钾电对,配制系列浓度的 $K_3Fe(CN)_6$ + $K_4Fe(CN)_6$ + $0.5\ mol \cdot L^{-1}$ KCl 溶液。

(4)分别以不同的扫描速率对铁氰化钾溶液进行循环伏安研究。

(5)对不同浓度的铁氰化钾溶液进行循环伏安研究。

四、思考题

(1)写出选取的铁氰化钾电对间发生的氧化还原反应方程式。

(2)探讨扫描速率对实验结果的影响。

附　录

附录 1 国际单位制基本单位

量		单位	
名称	符号	名称	符号
长度	l	米	m
质量	m	千克	kg
时间	t	秒	s
电流	I	安[培]	A
热力学温度	T	开[尔文]	K
物质的量	n	摩[尔]	mol
发光强度	I_v	坎[德拉]	cd

附录 2　有专用名称和符号的国际单位导出单位

量的名称	单位名称	单位符号	其他表示示例
频率	赫[兹]	Hz	s^{-1}
力;重力	牛[顿]	N	$kg \cdot m \cdot s^{-2}$
压力;压强;应力	帕[斯卡]	Pa	$N \cdot m^{-2}$
能量;功;热	焦[耳]	J	$N \cdot m$
功率;辐射通量	瓦[特]	W	$J \cdot s^{-1}$
电荷量	库[仑]	C	$A \cdot s$
电位;电压;电动势	伏[特]	V	$W \cdot A^{-1}$
电容	法[拉]	F	$C \cdot V^{-1}$
电阻	欧[姆]	Ω	$V \cdot A^{-1}$
电导	西[门子]	S	$A \cdot V^{-1}$
磁通量	韦[伯]	Wb	$V \cdot s$
磁通量密度 磁感应强度	特[斯拉]	T	$Wb \cdot m^{-2}$
电感	亨[利]	H	$Wb \cdot A^{-1}$
摄氏温度	摄氏度	℃	K
光通量	流[明]	lm	cdsr
光照度	勒[克斯]	lx	$lm \cdot m^{-2}$
放射性活度	贝可[勒尔]	Bq	s^{-1}
吸收剂量	戈[瑞]	Gy	$J^{-1} kg^{-1}$
剂量当量	希[沃特]	Sv	$J \cdot kg^{-1}$

能量单位	尔格 erg	焦耳 J	千克力米 kgf·m	千瓦小时 kW·h	千卡 kcal	升大气压 L·atm
1 erg	1	10^{-7}	1.02×10^{-8}	2.778×10^{-14}	2.39×10^{-11}	9.869×10^{-10}
1 J	10^{7}	1	0.102	2.778×10^{-7}	2.39×10^{-4}	9.869×10^{-3}
1 kgf·m	9.807×10^{7}	9.807	1	2.724×10^{-6}	2.342×10^{-3}	9.679×10^{-2}
1 kW·h	3.6×10^{13}	3.6×10^{6}	3.671×10^{5}	1	859.845	3.553×10^{4}
1 kcal	4.187×10^{10}	4186.8	426.935	1.163×10^{-3}	1	41.29
1 L·atm	1.013×10^{9}	101.3	10.33	2.814×10^{-5}	0.024218	1

压力单位	帕斯卡 Pa	工程大气压 kgf·cm^{-2}	毫米水柱 mmH$_2$O	标准大气压 atm	毫米汞柱 mmHg
1 Pa	1	1.02×10^{-5}	0.102	9.9×10^{-6}	0.0075
1 kgf·cm^{-2}	98067	1	10^4	0.9678	735.6
1 mmH$_2$O	9.807	0.0001	1	9.678×10^{-5}	0.0736
1 atm	101325	1.033	10332	1	760
1 mmHg	133.32	0.00036	13.6	0.00132	1

注：(1)ρ_{Hg}=13.5931 g/cm^3,g=9.80665 m/s^2。

(2)0 ℃:1 mm Hg=1/760 atm。

附录 5　**相对原子质量表**

原子序数	元素名称	符号	相对原子质量	原子序数	元素名称	符号	相对原子质量	原子序数	元素名称	符号	相对原子质量
1	氢	H	1.00794(7)	25	锰	Mn	54.938049(9)	49	铟	In	114.818(3)
2	氦	He	4.002602(2)	26	铁	Fe	55.845(2)	50	锡	Sn	118.710(7)
3	锂	Li	6.941(2)	27	钴	Co	58.933200(9)	51	锑	Sb	121.760(1)
4	铍	Be	9.012182(3)	28	镍	Ni	58.6934(2)	52	碲	Te	127.60(3)
5	硼	B	10.811(7)	29	铜	Cu	63.546(3)	53	碘	I	126.90447(3)
6	碳	C	12.017(8)	30	锌	Zn	65.409(4)	54	氙	Xe	131.293(6)
7	氮	N	14.0067(2)	31	镓	Ga	69.723(1)	55	铯	Cs	132.90545(2)
8	氧	O	15.9994(3)	32	锗	Ge	72.64(1)	56	钡	Ba	137.327(7)
9	氟	F	18.9984032(5)	33	砷	As	74.92160(2)	57	镧	La	138.9055(2)
10	氖	Ne	20.1797(6)	34	硒	Se	78.96(3)	58	铈	Ce	140.116(1)
11	钠	Na	22.989770(2)	35	溴	Br	79.904(1)	59	镨	Pr	140.90765(2)
12	镁	Mg	24.3050(6)	36	氪	Kr	83.798(2)	60	钕	Nd	144.24(3)
13	铝	Al	26.981538(2)	37	铷	Rb	85.4678(3)	61	钷*	Pm	144.91
14	硅	Si	28.0855(3)	38	锶	Sr	87.62(1)	62	钐	Sm	150.36(3)
15	磷	P	30.973761(2)	39	钇	Y	88.90585(2)	63	铕	Eu	151.964(1)
16	硫	S	32.065(5)	40	锆	Zr	91.224(2)	64	钆	Gd	157.25(3)
17	氯	Cl	35.453(2)	41	铌	Nb	92.90638(2)	65	铽	Tb	158.92534(2)
18	氩	Ar	39.948(1)	42	钼	Mo	95.94(2)	66	镝	Dy	162.500(1)
19	钾	K	39.0983(1)	43	锝*	Tc	97.9072	67	钬	Ho	164.93032(2)
20	钙	Ca	40.078(4)	44	钌	Ru	101.07(2)	68	铒	Er	167.259(3)
21	钪	Sc	44.955910(8)	45	铑	Rh	102.90550(2)	69	铥	Tm	168.93421(2)
22	钛	Ti	47.867(1)	46	钯	Pd	106.42(1)	70	镱	Yb	173.04(3)
23	钒	V	50.9415(1)	47	银	Ag	107.8682(2)	71	镥	Lu	174.967(1)
24	铬	Cr	51.9961(6)	48	镉	Cd	112.411(8)	72	铪	Hf	178.49(2)

原子序数	元素名称	元素符号	相对原子质量	原子序数	元素名称	元素符号	相对原子质量	原子序数	元素名称	元素符号	相对原子质量
73	钽	Ta	180.9479(1)	89	锕	Ac	227.03	105	钅杜*	Db	262.11
74	钨	W	183.84(1)	90	钍	Th	232.038(1)	106	𬭳*	Sg	263.12
75	铼	Re	186.207(1)	91	镤	Pa	231.03588(2)	107	𬭛*	Bh	264.12
76	锇	Os	190.23(3)	92	铀	U	238.02891(3)	108	𬭴*	Hs	265.13
77	铱	Ir	192.217(3)	93	镎	Np	237.05	109	𬭶*	Mt	266.13
78	铂	Pt	195.078(2)	94	钚	Pu	244.06	110	𫟼*	Ds	269
79	金	Au	196.96655(2)	95	镅*	Am	243.06	111	𬬭	Rg	(272)
80	汞	Hg	200.59(2)	96	锔*	Cm	247.07	112	鎶	Cn	(277)
81	铊	Tl	204.3833(2)	97	锫*	Bk	247.07	113	*	Uut	(278)
82	铅	Pb	207.2(1)	98	锎*	Cf	251.08	114	𫓧	Fl	(289)
83	铋	Bi	208.98038(2)	99	锿*	Es	252.08	115	*	Uup	(288)
84	钋	Po	208.98	100	镄*	Fm	257.10	116	𫟷*	Uuh	(289)
85	砹	At	209.99	101	钔*	Md	258.10	117			
86	氡	Rn	222.02	102	锘*	No	259.10	118	*	Uuo	(294)
87	钫*	Fr	223.02	103	铹*	Lr	260.11				
88	镭	Ra	226.03	104	𬬻*	Rf	261.11				

注:(1)表中( )内的数字表示相对原子质量末位数的不确定度。

(2)＊表示人造元素。

分子式	式量	分子式	式量	分子式	式量
AgBr	187.78	CH_3COOH	60.05	HNO_2	47.01
AgCl	143.5	$C_6H_8O_7 \cdot H_2O$	210.14	HNO_3	63.01
AgI	234.77	$C_4H_8O_6$	150.09	H_2O	18.02
AgCN	133.84	CH_3COCH_3	58.08	H_2O_2	34.02
$AgNO_3$	169.87	C_6H_5OH	94.11	H_3PO_4	98
Al_2O_3	101.96	C_2H_2COOH	116.07	H_2S	34.08
$Al_2(SO_4)_3$	342.15	CuO	79.54	HF	20.01
As_2O_3	197.84	$CuSO_4$	159.6	HCN	27.03
$BaCl_2$	208.25	$CuSO_4 \cdot 5H_2O$	249.68	H_2SO_4	98.08
$BaCl_2 \cdot 2H_2O$	244.28	CuSCN	121.62	$HgCl_2$	271.5
$BaCO_3$	197.35	FeO	71.58	KBr	119.01
BaO	153.34	Fe_2O_3	159.69	$KBrO_3$	167.01
$Ba(OH)_2$	171.36	Fe_3O_4	231.54	KCl	74.56
$BaSO_4$	233.4	$FeSO_4 \cdot 7H_2O$	278.02	K_2CO_3	138.21
$CaCO_3$	100.09	$Fe_2(SO_4)_3$	399.87	KCN	65.12
CaC_2O_4	128.1	$FeSO_4 \cdot (NH_4)_2 \cdot 6H_2O$	392.14	K_2CrO_4	194.2
CaO	56.08	$NH_4Fe(SO_4)_2 \cdot 12H_2O$	482.19	$K_2Cr_2O_7$	294.16
$Ca(OH)_2$	74.09	HCHO	30.03	$KHC_8H_4O_4$	204.23
$CaSO_4$	136.14	HCOOH	46.03	KI	166.01
$Ce(SO_4)_2$	333.25	$H_2C_2O_4$	90.04	KIO_3	214
$Ce(SO_4)_2 \cdot 2(NH_4)_2 SO_4 \cdot 2H_2O$	632.56	HCl	36.46	$KMnO_4$	158.04
CO_2	44.01	$HClO_4$	100.46	K_2O	94.2

分子式	式量	分子式	式量	分子式	式量
KOH	56.11	NaBr	102.9	NH_3	17.03
KSCN	97.18	Na_2CO_3	105.99	$NH_3 \cdot H_2O$	35.05
K_2SO_4	174.26	$Na_2C_2O_4$	134	$(NH_4)_2SO_4$	132.14
$KAl(SO_4)_2 \cdot 12H_2O$	474.39	NaCl	58.44	P_2O_5	141.95
KNO_2	85.1	NaCN	49.01	PbO_2	239.19
$K_4Fe(CN)_6$	368.36	$Na_2C_{10}H_{14}O_8N_2 \cdot 2H_2O$	372.09	$PbCrO_4$	323.18
$K_3Fe(CN)_6$	329.26	Na_2O	61.98	SiF_4	104.08
$MgCl_2 \cdot 6H_2O$	203.23	NaOH	40.01	SiO_2	60.08
$MgCO_3$	84.32	Na_2SO_4	142.04	SO_2	64.06
MgO	40.31	$Na_2S_2O_3 \cdot 5H_2O$	248.18	$SnCl_2$	189.6
$MgNH_4PO_4$	137.33	Na_2SiF_6	188.06	TiO_2	79.9
$Mg_2P_2O_7$	222.56	Na2S	78.04	ZnO	81.37
MnO_2	86.94	Na_2SO_3	126.04	$ZnO \cdot 7H_2O$	287.54
$Na_2B_4O_7 \cdot 10H_2O$	381.37	NH_4Cl	53.49		

基础化学实验

常用酸碱溶液及配制

名称	浓度 c/(mol·L^{-1})（近似）	相对密度（20 ℃）	质量分数/%	配制方法
浓 HCl	12	1.19	37.23	
稀 HCl	6	1.10	20.0	取浓 HCl 500 mL 加到蒸馏水稀释至 1 L
	4			取浓 HCl 334 mL 加入蒸馏水稀释至 1 L
	3			取浓 HCl 250 mL 加入蒸馏水稀释至 1 L
	2		7.15	取浓 HCl 167 mL 加入蒸馏水稀释至 1 L
	1			取浓 HCl 84 mL 加入蒸馏水稀释至 1 L
浓 HNO$_3$	16	1.42	69.80	
稀 HNO$_3$	6	1.20	32.36	取浓 HNO$_3$ 381 mL 加入蒸馏水稀释至 1 L
	2			取浓 HNO$_3$ 128 mL 加入蒸馏水稀释至 1 L
浓 H$_2$SO$_4$	18	1.84	95.6	
稀 H$_2$SO$_4$	3	1.18	24.8	取浓 H$_2$SO$_4$ 167 mL 缓缓倾入 833 mL 水中
	1			取浓 H$_2$SO$_4$ 56 mL 缓缓倾入 944 mL 水中
浓 HOAc	17	1.05	99.5	
稀 HOAc	6		35.0	取浓 HOAc 350 mL 加入蒸馏水稀释至 1 L
	2			取浓 HOAc 118 mL 加入蒸馏水稀释至 1 L
浓 NH$_3$·H$_2$O	15	1.90	25～27	
稀 NH$_3$·H$_2$O	6	10		取浓 NH$_3$·H$_2$O 400 mL 加入蒸馏水稀释至 1 L
	2			取浓 NH$_3$·H$_2$O 118 mL 加入蒸馏水稀释至 1 L
NaOH	6	1.22	19.7	将 240 g 固体 NaOH 溶于蒸馏水稀释至 1 L
	2			将 80 g 固体 NaOH 溶于蒸馏水稀释至 1 L

注：(1)盛装各种试剂的试剂瓶应贴上标签纸,标签纸上用炭黑墨汁(不能用钢笔或者铅笔)写明试剂名称、浓度及配制日期。

(2)标签上面涂一薄层石蜡保护。

名称	化学式	解离常数,K_a	pK_a
醋酸	HAc	1.76×10^{-5}	4.75
碳酸	H_2CO_3	$K_1 = 4.30 \times 10^{-7}$	6.37
		$K_2 = 5.61 \times 10^{-11}$	10.25
草酸	$H_2C_2O_4$	$K_1 = 5.90 \times 10^{-2}$	1.23
		$K_2 = 6.40 \times 10^{-5}$	4.19
亚硝酸	HNO_2	4.6×10^{-4} (315.5 K)	3.37
磷酸	H_3PO_4	$K_1 = 7.52 \times 10^{-3}$	2.12
		$K_2 = 6.23 \times 10^{-8}$	7.21
		$K_3 = 2.2 \times 10^{-13}$ (291 K)	12.67
亚硫酸	H_2SO_3	$K_1 = 1.54 \times 10^{-2}$ (291 K)	1.81
		$K_2 = 1.02 \times 10^{-7}$	6.91
硫酸	H_2SO_4	1.20×10^{-2}	1.92
硫化氢	H_2S	$K_1 = 9.1 \times 10^{-8}$ (291 K)	7.04
		$K_2 = 1.1 \times 10^{-12}$	11.96
氢氰酸	HCN	4.93×10^{-10}	9.31
铬酸	H_2CrO_4	$K_1 = 1.8 \times 10^{-1}$	0.74
		$K_2 = 3.20 \times 10^{-7}$	6.49
* 硼酸	H_3BO_3	5.8×10^{-10}	9.24
氢氟酸	HF	3.53×10^{-4}	3.45
过氧化氢	H_2O_2	2.4×10^{-12}	11.62
次氯酸	HClO	2.95×10^{-5} (291 K)	4.53
次溴酸	HBrO	2.06×10^{-9}	8.69
次碘酸	HIO	2.3×10^{-11}	10.64
碘酸	HIO_3	1.69×10^{-1}	0.77
砷酸	H_3AsO_4	$K_1 = 5.62 \times 10^{-3}$ (291 K)	2.25
		$K_2 = 1.70 \times 10^{-7}$	6.77
		$K_3 = 3.95 \times 10^{-12}$	11.40

名称	化学式	解离常数，K_a	pK_a
亚砷酸	$HAsO_2$	6×10^{-10}	9.22
铵离子	NH_4^+	5.56×10^{-10}	9.25
氨水	$NH_3 \cdot H_2O$	1.79×10^{-5}	4.75
联胺	N_2H_4	8.91×10^{-7}	6.05
羟氨	NH_2OH	9.12×10^{-9}	8.04
氢氧化铅	$Pb(OH)_2$	9.6×10^{-4}	3.02
氢氧化锂	$LiOH$	6.31×10^{-1}	0.2
氢氧化铍	$Be(OH)_2$	1.78×10^{-6}	5.75
	$BeOH^+$	2.51×10^{-9}	8.6
氢氧化铝	$Al(OH)_3$	5.01×10^{-9}	8.3
	$Al(OH)_2^+$	1.99×10^{-10}	9.7
氢氧化锌	$Zn(OH)_2$	7.94×10^{-7}	6.1
氢氧化镉	$Cd(OH)_2$	5.01×10^{-11}	10.3
*乙二胺	$H_2NC_2H_4NH_2$	$K_1 = 8.5 \times 10^{-5}$	4.07
		$K_2 = 7.1 \times 10^{-8}$	7.15
*六亚甲基四胺	$(CH_2)_6N_4$	1.35×10^{-9}	8.87
*尿素	$CO(NH_2)_2$	1.3×10^{-14}	13.89
*质子化六亚甲基四胺	$(CH_2)_6N_4H^+$	7.1×10^{-6}	5.15
甲酸	$HCOOH$	1.77×10^{-4} (293 K)	3.75
氯乙酸	$ClCH_2COOH$	1.40×10^{-3}	2.85
氨基乙酸	NH_2CH_2COOH	1.67×10^{-10}	9.78
*邻苯二甲酸	$C_6H_4(COOH)_2$	$K_1 = 1.12 \times 10^{-3}$	2.95
		$K_2 = 3.91 \times 10^{-6}$	5.41
柠檬酸	$(HOOCCH_2)_2C(OH)COOH$	$K_1 = 7.1 \times 10^{-4}$	3.14
		$K_2 = 1.68 \times 10^{-5}$ (293 K)	4.77
		$K_3 = 4.1 \times 10^{-7}$	6.39
酒石酸	$(CH(OH)COOH)_2$	$K_1 = 1.04 \times 10^{-3}$	2.98
		$K_2 = 4.55 \times 10^{-5}$	4.34
*8-羟基喹啉	C_9H_6NOH	$K_1 = 8 \times 10^{-6}$	5.1
		$K_2 = 1 \times 10^{-9}$	9.0
苯酚	C_6H_5OH	1.28×10^{-10} (293 K)	9.89

名称	化学式	解离常数，K_a		pK_a
*对氨基苯磺酸	$H_2NC_6H_4SO_3H$	$K_1=2.6\times10^{-1}$		0.58
		$K_2=7.6\times10^{-4}$		3.12
*乙二胺四乙酸 （EDTA）	$(CH_2COOH)_2NCH_2$ $CH_2N(CH_2COOH)_2$	$K_1=1.26\times10^{-1}$		0.90
		$K_2=2.51\times10^{-2}$		1.60
		$K_3=1.0\times10^{-2}$		2.00
		$K_4=2.13\times10^{-3}$		2.67
		$K_5=6.92\times10^{-7}$		6.16
		$K_6=5.50\times10^{-11}$		10.26

注：(1)表中近似浓度为 $0.01\sim0.003$ mol·L^{-1}，温度为 298 K。

(2)表中 * 表示电离机理尚存争议的物质。

附录 9 常见配离子的稳定常数

配离子	$K_{稳}^{\ominus}$	$\lg K_{稳}^{\ominus}$	配离子	$K_{稳}^{\ominus}$	$\lg K_{稳}^{\ominus}$
1 : 1			1 : 2		
$[NaY]^{3-}$	5.0×10^1	1.69	$[Cu(NH_3)_2]^+$	7.4×10^{10}	10.87
$[AgY]^{3-}$	2.0×10^7	7.30	$[Cu(CN)_2]^-$	2.0×10^{38}	38.30
$[CuY]^{2-}$	6.8×10^{18}	18.79	$[Ag(NH_3)_2]^+$	1.7×10^7	7.24
$[MgY]^{2-}$	4.9×10^8	8.69	$[Ag(en)_2]^+$	7.0×10^7	7.84
$[CaY]^{2-}$	3.7×10^{10}	10.56	$[Ag(NCS)_2]^-$	4.0×10^8	8.60
$[SrY]^{2-}$	4.2×10^8	8.62	$[Ag(CN)_2]^-$	1.0×10^{21}	21.00
$[BaY]^{2-}$	6.0×10^7	7.77	$[Au(CN)_2]^-$	2.0×10^{33}	38.30
$[ZnY]^{2-}$	3.1×10^{16}	16.49	$[Cu(en)_2]^{2+}$	4.0×10^{19}	19.60
$[CdY]^{2-}$	3.8×10^{16}	16.57	$[Ag(S_2O_3)_2]^{3-}$	1.6×10^{13}	13.20
$[HgY]^{2-}$	6.3×10^{21}	21.79	1 : 3		
$[PbY]^{2-}$	1.0×10^{18}	18.00	$[Fe(NCS)_3]$	2.0×10^3	3.30
$[MnY]^{2-}$	1.0×10^{14}	14.00	$[CdI_3]^-$	1.2×10^1	1.07
$[FeY]^{2-}$	2.1×10^{14}	14.32	$[Cd(CN)_3]^-$	1.1×10^4	4.04
$[CoY]^{2-}$	1.6×10^{16}	16.20	$[Ag(CN)_3]^{2-}$	5.0×10^0	0.69
$[NiY]^{2-}$	4.1×10^{18}	18.61	$[Ni(en)_3]^{2+}$	3.9×10^{18}	18.59
$[FeY]^-$	1.2×10^{25}	25.07	$[Al(C_2O_4)_3]^{3-}$	2.0×10^{16}	16.30
$[CoY]^-$	1.0×10^{36}	36.00	$[Fe(C_2O_4)_3]^{3-}$	1.6×10^{20}	20.20
$[CaY]^-$	1.8×10^{20}	20.25	1 : 4		
$[InY]^-$	8.9×10^{24}	24.94	$[Cu(NH_3)_4]^{2+}$	4.8×10^{12}	12.68
$[TlY]^-$	3.2×10^{22}	22.51	$[Zn(NH_3)_4]^{2+}$	5.0×10^8	8.69
$[TlHY]$	1.5×10^{23}	23.17	$[Cd(NH_3)_4]^{2+}$	3.6×10^6	6.55
$[CuOH]^+$	1.0×10^5	5.00	$[Zn(CNS)_4]^{2-}$	2.0×10^1	1.30
$[AgNH_3]^+$	2.0×10^3	3.30	$[Zn(CN)_4]^{2-}$	1.0×10^{16}	16.00

配离子	$K_{稳}^{\ominus}$	$\lg K_{稳}^{\ominus}$	配离子	$K_{稳}^{\ominus}$	$\lg K_{稳}^{\ominus}$
$[Cd(SCN)_4]^{2-}$	1.0×10^3	3.00	1 : 6		
$[CdCl_4]^{2-}$	3.1×10^2	2.49	$[Cd(NH_3)_6]^{2+}$	1.4×10^6	6.15
$[CdI_4]^{2-}$	3.0×10^6	6.43	$[Co(NH_3)_6]^{2+}$	2.4×10^4	4.38
$[Cd(CN)_4]^{2-}$	1.3×10^{18}	18.11	$[Ni(NH_3)_6]^{2+}$	1.1×10^8	8.04
$[Hg(CN)_4]^{2-}$	3.1×10^{41}	41.51	$[Co(NH_3)_6]^{3+}$	1.4×10^{35}	35.15
$[Hg(SCN)_4]^{2-}$	7.7×10^{21}	21.88	$[AlF_6]^{3-}$	6.9×10^{19}	19.84
$[HgCl_4]^{2-}$	1.6×10^{15}	15.20	$[Fe(CN)_6]^{3-}$	1.0×10^{24}	24.00
$[HgI_4]^{2-}$	7.2×10^{29}	29.80	$[Fe(CN)_6]^{4-}$	1.0×10^{35}	35.00
$[Co(NCS)_4]^{2-}$	3.8×10^2	2.58	$[Co(CN)_6]^{3-}$	1.0×10^{64}	64.00
$[Ni(CN)_4]^{2-}$	1.0×10^{22}	22.00	$[FeF_6]^{3-}$	1.0×10^{16}	16.00

注：表中 Y 表示 EDTA 的酸根；en 表示乙二胺。

基础化学实验

附录 10 标准电极电势(298.15 K)

电 对 (氧化态/还原态)	电极反应 (氧化态 $+ne^- \Longrightarrow$ 还原态)	标准电极电势 φ/V
Li^+ / Li	$Li^+ + e^- \Longrightarrow Li$	-3.0401
Cs^+ / Cs	$Cs^+ + e^- \Longrightarrow Cs$	-3.026
$Ca(OH)_2 / Ca$	* $Ca(OH)_2 + 2e^- \Longrightarrow Ca + 2OH^-$	-3.02
Rb^+ / Rb	$Rb^+ + e^- \Longrightarrow Rb$	-2.98
K^+ / K	$K^+ + e^- \Longrightarrow K$	-2.931
Ba^{2+} / Ba	$Ba^{2+} + 2e^- \Longrightarrow Ba$	-2.912
Sr^{2+} / Sr	$Sr^{2+} + 2e^- \Longrightarrow Sr$	-2.89
Ca^{2+} / Ca	$Ca^{2+} + 2e^- \Longrightarrow Ca$	-2.868
Na^+ / Na	$Na^+ + e^- \Longrightarrow Na$	-2.71
Mg^{2+} / Mg	$Mg^{2+} + 2e^- \Longrightarrow Mg$	-2.372
$Al(OH)_3 / Al$	* $Al(OH)_3 + 3e^- \Longrightarrow Al + 3OH^-$	-2.31
Be^{2+} / Be	$Be^{2+} + 2e^- \Longrightarrow Be$	-1.847
Al^{3+} / Al	$Al^{3+} + 3e^- \Longrightarrow Al$	-1.662
$Mn(OH)_2 / Mn$	* $Mn(OH)_2 + 2e^- \Longrightarrow Mn + 2OH^-$	-1.56
$Zn(OH)_2 / Zn$	* $Zn(OH)_2 + 2e^- \Longrightarrow Zn + 2OH^-$	-1.249
ZnO_2^{2-} / Zn	* $ZnO_2^{2-} + 2H_2O + 2e^- \Longrightarrow Zn + 4OH^-$	-1.216
Mn^{2+} / Mn	$Mn^{2+} + 2e^- \Longrightarrow Mn$	-1.185
$Sn(OH)_6^{2-} / H_2SnO_2$	* $Sn(OH)_6^{2-} + 2e^- \Longrightarrow H_2SnO_2 + 4OH^-$	-0.93
$[Co(CN)_6]^{3-} / [Co(CN)_6]^{4-}$	$[Co(CN)_6]^{3-} + e^- \Longrightarrow [Co(CN)_6]^{4-}$	-0.83
H_2O / H_2	* $2H_2O + 2e^- \Longrightarrow H_2 + 2OH^-$	-0.8277
Zn^{2+} / Zn	$Zn^{2+} + 2e^- \Longrightarrow Zn$	-0.7618
Cr^{3+} / Cr	$Cr^{3+} + 3e^- \Longrightarrow Cr$	-0.744
$Ni(OH)_2 / Ni$	* $Ni(OH)_2 + 2e^- \Longrightarrow Ni + 2OH^-$	-0.72
$SO_3^{2-} / S_2O_3^{2-}$	* $2SO_3^{2-} + 3H_2O + 4e^- \Longrightarrow S_2O_3^{2-} + 6OH^-$	-0.571
$Fe(OH)_3 / Fe(OH)_2$	* $Fe(OH)_3 + e^- \Longrightarrow Fe(OH)_2 + OH^-$	-0.56

电　对 （氧化态/还原态）	电极反应 （氧化态 $+ ne^- \Longrightarrow$ 还原态）	标准电极电势 φ/V
$CO_2/H_2C_2O_4$	$2CO_2 + 2H^+ + 2e^- \Longrightarrow H_2C_2O_4$	-0.49
NO_2^-/NO	$*\ NO_2^- + H_2O + e^- \Longrightarrow NO + 2OH^-$	-0.46
Fe^{2+}/Fe	$Fe^{2+} + 2e^- \Longrightarrow Fe$	-0.447
$[Co(NH_3)_6]^{2+}/Co$	$[Co(NH_3)_6]^{2+} + 2e^- \Longrightarrow Co + 6NH_3(aq)$	-0.422
Cr^{3+}/Cr^{2+}	$Cr^{3+} + e^- \Longrightarrow Cr^{2+}$	-0.407
Ni^{2+}/Ni	$Ni^{2+} + 2e^- \Longrightarrow Ni$	-0.257
$SO_4^{2-}/S_2O_6^{2-}$	$2SO_4^{2-} + 4H^+ + 2e^- \Longrightarrow S_2O_6^{2-} + 2H_2O$	-0.2
AgI/Ag	$AgI + e^- \Longrightarrow Ag + I^-$	-0.1522
Sn^{2+}/Sn	$Sn^{2+} + 2e^- \Longrightarrow Sn$	-0.1375
Pb^{2+}/Pb	$Pb^{2+} + 2e^- \Longrightarrow Pb$	-0.1262
Fe^{3+}/Fe	$Fe^{3+} + 3e^- \Longrightarrow Fe$	-0.037
$AgCN/Ag$	$AgCN + e^- \Longrightarrow Ag + CN^-$	-0.017
H^+/H_2	$2H^+ + 2e^- \Longrightarrow H_2$	0.000
$AgBr/Ag$	$AgBr + e^- \Longrightarrow Ag + Br$	0.0713
$S_4O_6^{2-}/S_2O_3^{2-}$	$S_4O_6^{2-} + 2e^- \Longrightarrow 2S_2O_3^{2-}$	0.08
$[Co(NH_3)_6]^{3+}/$ $[Co(NH_3)_6]^{2+}$	$*\ [Co(NH_3)_6]^{3+} + e^- \Longrightarrow [Co(NH_3)_6]^{2+}$	0.108
S/H_2S	$S + 2H^+ + 2e^- \Longrightarrow H_2S$	0.142
Sn^{4+}/Sn^{2+}	$Sn^{4+} + 2e^- \Longrightarrow Sn^{2+}$	0.151
$Co(OH)_3/Co(OH)_2$	$Co(OH)_3 + e^- \Longrightarrow Co(OH)_2 + OH^-$	0.17
SO_4^{2-}/H_2SO_3	$SO_4^{2-} + 4H^+ + 2e^- \Longrightarrow H_2SO_3 + H_2O$	0.172
$AgCl/Ag$	$AgCl + e^- \Longrightarrow Ag + Cl^-$	0.2223
IO_3^-/I^-	$*\ IO_3^- + 3H_2O + 6e^- \Longrightarrow I^- + 6OH^-$	0.26
Cu^{2+}/Cu	$Cu^{2+} + 2e^- \Longrightarrow Cu$	0.3419
Ag_2O/Ag	$*\ Ag_2O + H_2O + 2e^- \Longrightarrow 2Ag + 2OH^-$	0.342
ClO_3^-/ClO_2^-	$*\ ClO_3^- + H_2O + 2e^- \Longrightarrow ClO_2^- + 2OH^-$	0.33
$[Fe(CN)6]^{3-}/[Fe(CN)6]^{4-}$	$[Fe(CN)_6]^{3-} + e^- \Longrightarrow [Fe(CN)_6]^{4-}$	0.358
$[Ag(NH_3)_2]^+/Ag$	$[Ag(NH_3)_2]^+ + e^- \Longrightarrow Ag + 2NH_3(aq)$	0.373
O_2/OH^-	$O_2 + 2H_2O + 4e^- \Longrightarrow 4OH^-$	0.401
Cu^+/Cu	$Cu^+ + e^- \Longrightarrow Cu$	0.521

电　对 （氧化态/还原态）	电极反应 （氧化态＋ne^- ⇌ 还原态）	标准电极电势 φ/V
I_2/I^-	$I_2+2e^- \rightleftharpoons 2I^-$	0.5355
ClO^-/Cl_2	＊ $2ClO^-+2H_2O+2e^- \rightleftharpoons Cl_2+4OH^-$	0.52
MnO_4^-/MnO_2	＊ $MnO_4^-+2H_2O+3e^- \rightleftharpoons MnO_2+4OH^-$	0.58
O_2/H_2O_2	$O_2+2H^++2e^- \rightleftharpoons H_2O_2$	0.695
Fe^{3+}/Fe^{2+}	$Fe^{3+}+e^- \rightleftharpoons Fe^{2+}$	0.771
Hg_2^{2+}/Hg	$Hg_2^{2+}+2e^- \rightleftharpoons Hg$	0.7973
Ag^+/Ag	$Ag^++e^- \rightleftharpoons Ag$	0.7996
NO_3^-/N_2O_4	$2NO_3^-+4H^++2e^- \rightleftharpoons N_2O_4+2H_2O$	0.803
ClO^-/Cl^-	＊ $ClO^-+H_2O+2e^- \rightleftharpoons Cl^-+2OH^-$	0.81
Hg^{2+}/Hg	$Hg^{2+}+2e^- \rightleftharpoons Hg$	0.851
Hg^{2+}/Hg_2^{2+}	$2Hg^{2+}+2e^- \rightleftharpoons Hg_2^{2+}$	0.920
NO_3^-/NO	$NO_3^-+4H^++3e^- \rightleftharpoons NO+2H_2O$	0.957
Br_2/Br^-	$Br_2+2e^- \rightleftharpoons 2Br^-$	1.065
IO_3^-/I^-	$IO_3^-+6H^++6e^- \rightleftharpoons I^-+3H_2O$	1.085
IO_3^-/I_2	$2IO_3^-+12H^++10e^- \rightleftharpoons I_2+6H_2O$	1.195
MnO_2/Mn^{2+}	$MnO_2+4H^++2e^- \rightleftharpoons Mn^{2+}+2H_2O$	1.244
O_2/H_2O	$O_2+4H^++4e^- \rightleftharpoons 2H_2O$	1.229
$Cr_2O_7^{2-}/Cr^{3+}$	$Cr_2O_7^{2-}+14H^++6e^- \rightleftharpoons 2Cr^{3+}+7H_2O$	1.232
Cl_2/Cl^-	$Cl_2+2e^- \rightleftharpoons 2Cl^-$	1.358
ClO_4^-/Cl_2	$2ClO_4^-+16H^++14e^- \rightleftharpoons Cl_2+8H_2O$	1.39
IO_4^-/I^-	$IO_4^-+8H^++8e^- \rightleftharpoons I^-+4H_2O$	1.4
BrO_3^-/Br	$BrO_3^-+6H^++6e^- \rightleftharpoons Br^-+3H_2O$	1.423
ClO_3^-/Cl^-	$ClO_3^-+6H^++6e^- \rightleftharpoons Cl^-+3H_2O$	1.451
PbO_2/Pb^{2+}	$PbO_2+4H^++2e^- \rightleftharpoons Pb^{2+}+2H_2O$	1.455
ClO_3^-/Cl_2	$2ClO_3^-+12H^++10e^- \rightleftharpoons Cl_2+6H_2O$	1.47
MnO_4^-/Mn^{2+}	$MnO_4^-+8H^++5e^- \rightleftharpoons Mn^{2+}+4H_2O$	1.507
$HClO/Cl_2$	$2HClO+2H^++2e^- \rightleftharpoons Cl_2+2H_2O$	1.611
MnO_4^-/MnO_2	$MnO_4^-+4H^++3e^- \rightleftharpoons MnO_2+2H_2O$	1.679
Au^+/Au	$Au^++e^- \rightleftharpoons Au$	1.692
H_2O_2/H_2O	$H_2O_2+2H^++2e^- \rightleftharpoons 2H_2O$	1.776

电　对 （氧化态/还原态）	电极反应 （氧化态＋ne^- ⇌ 还原态）	标准电极电势 φ/V
Co^{3+}/Co^{2+}	$Co^{3+} + e^- \rightleftharpoons Co^{2+}$	1.92
$S_2O_8^{2-}/SO_4^{2-}$	$S_2O_8^{2-} + 2e^- \rightleftharpoons 2SO_4^{2-}$	2.010
O_3/O_2	$O_3 + 2H^+ + 2e^- \rightleftharpoons O_2 + H_2O$	2.076
F_2/F^-	$F_2 + 2e^- \rightleftharpoons 2F^-$	2.866

注：表中前面加 ＊ 符号的电极反应是在碱性溶液中进行的，其余是在酸性溶液中进行的。

附录 11 常用共沸物组成表

一、二元体系

共沸物		各组分沸点/℃		共沸物性质	
A 组分	B 组分	A 组分	B 组分	沸点/℃	A 组分质量分数/%
乙醇	水	78.5	100.0	78.2	95.6
正丁醇	水	97.2	100.0	88.1	71.8
糠醛	水	161.5	100.0	97.0	35.0
苯	水	80.1	100.0	69.4	91.1
甲苯	水	110.6	100.0	85.0	79.8
环己烷	水	81.4	100.0	69.8	91.5
甲酸	水	100.7	100.0	107.1	77.5
苯	乙醇	80.1	78.5	67.8	67.6
甲苯	乙醇	110.6	78.5	76.7	32.0
乙酸乙酯	乙醇	77.1	78.5	71.8	69.0
四氯化碳	丙酮	76.8	56.2	56.1	11.5
苯	醋酸	80.1	118.1	70.1	98.0
甲苯	醋酸	110.6	118.1	105.4	72.0
环己烯	水	83.0	100.0	70.8	90.0
吡啶	水	115.5	100.0	72.6	57.0
乙腈	水	82.0	100.0	76.5	83.7
乙腈	水	82.0	64.7	63.5	81.0
乙腈	乙醇	82.0	78.5	72.9	43.0
甲酸	乙酸	110.6	118.1	105.4	72.0
甲苯	乙酸	81.4	56.2	53.0	33.0
环己烷	丙酮	81.4	56.2	53.0	33.0
氯仿	丙酮	61.2	56.2	64.7	80.0

共沸物		各组分沸点/℃		共沸物性质	
环己烷	乙酸乙酯	81.4	77.2	72.8	46.0
氯仿	水	61.2	100.0	56.3	97.0
异丁醇	水	108.4	100.0	89.7	70.0
叔丁醇	水	82.8	100.0	79.9	88.2
异戊醇	水	130.5	100.0	95.2	50.4
环己醇	水	161.5	100.0	97.8	20.0
乙醚	水	34.6	100.0	34.2	98.8
正丁醚	水	142.0	100.0	94.1	66.6
1,4-二氧六环	水	101.3	100.0	87.8	81.6
丁酮	水	79.6	100.0	73.4	88.0
环己酮	水	155.4	100.0	95.0	38.4
乙酸乙酯	水	77.2	100.0	70.4	91.9
乙酸异戊酯	水	117.2	100.0	87.5	80.5

二、三元体系

共沸物			各组分沸点/℃			共沸物性质			
A组分	B组分	C组分	A组分	B组分	C组分	沸点/℃	A组分质量分数/%	B组分质量分数/%	C组分质量分数/%
水	乙醇	苯	100.0	78.5	80.1	64.6	7.4	18.5	7.41
水	乙醇	乙酸乙酯	100.0	78.5	77.1	70.2	9.0	8.4	82.6
水	丙醇	乙酸乙酯	100.0	97.2	101.6	82.2	21.0	19.5	59.5
水	丙醇	丙醚	100.0	97.2	91.0	74.8	11.7	20.2	68.1
水	异丙醇	甲苯	100.0	82.3	110.6	76.3	13.1	38.2	48.7
水	丁醇	乙酸乙酯	100.0	117.7	26.5	90.7	37.3	27.4	35.3
水	丁醇	丁醚	100.0	117.7	142.0	90.6	29.9	34.6	34.5
水	丙酮	氯仿	100.0	56.2	61.2	60.4	4.0	38.4	57.6
水	乙醇	四氯化碳	100.0	78.5	76.8	61.8	3.4	10.3	86.3
水	乙醇	氯仿	100.0	78.5	61.2	55.2	3.5	4.0	92.5
水	苯	乙腈	100.0	80.1	82.0	66.0	8.2	68.5	23.3

共沸物			各组分沸点/℃			共沸物性质			
水	环己酮	乙醇	100.0	81.0	78.5	62.1	7.0	76.0	17.0
水	甲苯	乙醇	100.0	110.6	78.5	74.4	12.0	51.0	37.0
水	氯仿	乙醇	100.0	61.2	78.5	55.5	3.5	92.5	4.0
水	乙腈	乙醇	100.0	82.0	78.5	72.9	1.0	44.0	55.0
水	环己烷	异丙醇	100.0	81.0	82.3	66.1	7.5	71.0	21.5
水	甲苯	异丙醇	100.0	110.6	82.3	76.3	13.1	48.7	3.82

附录 12 常用指示剂及配制

一、酸碱指示剂

名　称	变色 pH 范围	颜色变化	配制方法
百里酚蓝 ($1 g \cdot L^{-1}$)	1.2~2.8 8.0~9.6	红→黄 黄→蓝	将 0.1 g 百里酚蓝与 4.3 mL 0.05 mol·L^{-1} NaOH 溶液混合均匀,加入蒸馏水稀释至 100 mL
甲基橙 ($1 g \cdot L^{-1}$)	3.1~4.4	红→黄	将 0.1 g 甲基橙溶于 100 mL 热蒸馏水中
溴酚蓝 ($1 g \cdot L^{-1}$)	3.0~4.6	黄→紫蓝	将 0.1 g 溴酚蓝与 3 mL 0.05 mol·L^{-1} NaOH 溶液混合均匀,加入蒸馏水稀释至 100 mL
溴甲酚绿 ($1 g \cdot L^{-1}$)	3.8~5.4	黄→蓝	将 0.1 g 溴甲酚绿与 21 mL 0.05 mol·L^{-1} NaOH 溶液混合均匀,加入蒸馏水稀释至 100 mL
甲基红 ($1 g \cdot L^{-1}$)	4.8~6.0	红→黄	将 0.1 g 甲基红溶于 60 mL 乙醇中,加入蒸馏水稀释至 100 mL
中性红 ($1 g \cdot L^{-1}$)	6.8~8.0	红→黄橙	将 0.1 g 中性红溶于 60 mL 乙醇中,加入蒸馏水稀释至 100 mL
酚酞 ($10 g \cdot L^{-1}$)	8.2~10.0	无色→淡红	将 1 g 酚酞溶于 90 mL 乙醇中,加入蒸馏水稀释至 100 mL
百里酚酞 ($1 g \cdot L^{-1}$)	9.4~10.6	无色→蓝色	将 0.1 g 百里酚酞溶于 90 mL 乙醇中,加入蒸馏水稀释至 100 mL
茜素黄 R($1 g \cdot L^{-1}$)	10.1~12.1	黄→紫	将 0.1 g 茜素黄 R 溶于 100 mL 蒸馏水中
甲基红- 溴甲酚绿	5.1(灰)	红→绿	将 3 份 1 g·L^{-1} 溴甲酚绿乙醇溶液与 1 份 2 g·L^{-1} 甲基红乙醇溶液混合均匀
百里酚酞- 茜素黄 R	10.2	黄→紫	将 0.1 g 茜素黄 R 与 0.2 g 百里酚酞溶于 100 mL 乙醇中
甲酚红- 百里酚蓝	8.3	黄→紫	将 1 份 1 g·L^{-1} 甲酚红钠盐水溶液与 3 份 1 g·L^{-1} 百里酚蓝钠盐水溶液混合均匀

二、氧化还原法指示剂

名称	变色电位 $\varphi^{\ominus}/V$	颜色		配制方法
		氧化态	还原态	
二苯胺 (10 g·L^{-1})	0.76	紫	无色	将1 g 二苯胺在搅拌下溶于100 mL 浓硫酸或100 mL 浓磷酸中,并贮于棕色瓶中
二苯胺磺酸钠 (0.5%)	0.85	紫	无色	将0.5 g 二苯胺磺酸钠溶于100 mL 蒸馏水中,必要时过滤
邻二氮杂菲硫酸亚铁(0.5%)	1.06	淡蓝	红	将0.5 g FeSO$_4$·7H$_2$O 溶于100 mL 蒸馏水中,加入2滴硫酸,加入0.5 g 邻二氮杂菲
邻苯氨基苯甲酸(0.2%)淀粉(1%)	1.08	紫红	无色	将0.2 g 邻苯氨基苯甲酸加热溶解在100 mL 2 g·L^{-1}Na$_2$CO$_3$溶液中,必要时过滤,将1 g 可溶性淀粉加入少许水调成浆状,在搅拌下注入100 mL 沸水中,微沸2 min,放置,去上层清液使用(若要保持稳定,可在研磨淀粉时加入1 mg HgI$_2$)

三、沉淀及金属指示剂

名称	颜色		配制方法
	游离态	化合态	
铬酸钾	黄	砖红	50 g·L^{-1}铬酸钾水溶液
硫酸铁铵(40%)	无色	血红	NH$_4$Fe(SO$_4$)$_2$·12H$_2$O 饱和水溶液,加入数滴浓硫酸
荧光黄(0.5%)	绿色荧光	玫瑰红	将0.5 g 荧光黄溶于乙醇中,并用乙醇稀释至100 mL
铬黑T(EBT)	蓝	酒红	(1)将0.2 g 铬黑T 溶于三乙醇胺及5 mL 甲醇中;(2)将1 g 铬黑T 与100 g NaCl 研细、混匀(1:100)
钙指示剂	蓝	红	将0.5 g 铬黑T 与100 g NaCl 研细、混匀
二甲酚橙 (1 g·L^{-1},XO)	黄	红	将0.1 g 二甲酚橙溶于100 mL 离子交换水中
K-B指示剂	蓝	红	将0.5 g 酸性铬蓝K、1.25 g 萘酚绿B 和25 g K$_2$SO$_4$研细、混匀
磺基水杨酸	无	红	10%的磺基水杨酸水溶液
PAN指示剂 (2 g·L^{-1})	黄	红	将0.2 g PAN 溶于100 mL 乙醇中
邻苯二酚紫 (1 g·L^{-1})	紫	蓝	将0.1 g 邻苯二酚紫溶于100 mL 离子交换水中
钙镁指示剂 (0.5%)	红	蓝	将0.5 g 钙镁指示剂溶于100 mL 离子交换水中

附录 13 常用缓冲溶液及配制

缓冲溶液组成	pK_a	缓冲溶液 pH	配制方法
氯乙酸 - NaOH	2.86	2.8	将 200 g 氯乙酸溶于 200 mL 蒸馏水中,加入 NaOH 40 g,溶解后稀释至 1 L
甲酸 - NaOH	3.76	3.7	将 95 g 甲酸和 40 g NaOH 溶于 500 mL 蒸馏水中,然后稀释至 1 L
NH_4OAc - HOAc	4.74	4.5	将 77 g NH_4OAc 溶于 200 mL 蒸馏水中,加入冰 HOAc 59 mL,然后稀释至 1 L
NaOAc - HOAc	4.74	5.0	将 120 g 无水 NaOAc 溶于蒸馏水中,加入冰 HOAc 60 mL,然后稀释至 1 L
$(CH_2)_6N_4$ - HCl	5.15	5.4	将 40 g 六亚甲基四胺溶于 200 mL 蒸馏水中,加入浓 HCl 10 mL,然后稀释至 1 L
NH_4OAc - HOAc		6.0	将 600 g NH_4OAc 溶于蒸馏水中,加入冰 HOAc 20 mL,然后稀释至 1 L
NH_4Cl - NH_3	9.26	8.0	将 100 g NH_4Cl 溶于蒸馏水中,加入浓 $NH_3 \cdot H_2O$ 7.0 mL,然后稀释至 1 L
NH_4Cl - NH_3	9.26	9.0	将 70 g NH_4Cl 溶于蒸馏水中,加入浓 $NH_3 \cdot H_2O$ 48 mL,然后稀释至 1 L
NH_4Cl - NH_3	9.26	10	将 54 g NH_4Cl 溶于蒸馏水中,加入浓 $NH_3 \cdot H_2O$ 350 mL,然后稀释至 1 L

附录 14 常用基准物及其干燥条件

基 准 物	干燥后的组成	干燥温度及时间
$NaHCO_3$	$NaHCO_3$	$260\sim270\ ℃$ 干燥至恒重
$NaB_4O_7 \cdot 10H_2O$	$NaB_4O_7 \cdot 10H_2O$	NaCl-蔗糖饱和溶液干燥器中室温下保存
$KHC_6H_4(COO)_2$	$KHC_6H_4(COO)_2$	$105\sim110\ ℃$ 干燥 1 h
$Na_2C_2O_4$	$Na_2C_2O_4$	$105\sim110\ ℃$ 干燥 2 h
$K_2Cr_2O_7$	$K_2Cr_2O_7$	$130\sim140\ ℃$ 干燥 $0.5\sim1$ h
$KBrO_3$	$KBrO_3$	$120\ ℃$ 干燥 $1\sim2$ h
KIO_3	KIO_3	$105\sim120\ ℃$ 干燥
As_2O_3	As_2O_3	硫酸干燥器中干燥至恒重
$(NH_4)_2Fe(SO_4)_2 \cdot 6H_2O$	$(NH_4)_2Fe(SO_4)_2 \cdot 6H_2O$	室温下空气干燥
$NaCl$	$NaCl$	$250\sim350\ ℃$ 干燥 $1\sim2$ h
$AgNO_3$	$AgNO_3$	$120\ ℃$ 干燥 2 h
$CuSO_4 \cdot 5H_2O$	$CuSO_4 \cdot 5H_2O$	室温下空气干燥
$KHSO_4$	K_2SO_4	$750\ ℃$ 以上灼烧
ZnO	ZnO	约 $800\ ℃$ 灼烧至恒重
无水 Na_2CO_3	Na_2CO_3	$260\sim270\ ℃$ 干燥 0.5 h
$CaCO_3$	$CaCO_3$	$105\sim110\ ℃$ 干燥

名称	配制方法	备注
合成洗涤剂[a]	将合成洗涤剂粉用热水搅拌配成浓溶液	用于一般的洗涤
皂角水	将皂荚捣碎,用热水熬成溶液	用于一般的洗涤
铬酸洗液	取 $K_2Cr_2O_7$(LR)20 g 置于 500 mL 烧杯中,加 40 mL 水,加热溶解,冷后,缓缓加入 320 mL 浓 H_2SO_4 即成(提示:边加边搅拌),储存于磨口细口瓶中	用于洗涤油污及有机物,使用时防止被水稀释,用后倒回原瓶,可反复使用,直至溶液变成绿色[b]
$KMnO_4$ 碱性洗液	取 $KMnO_4$(LR)4 g,溶于少量水中,缓缓加到 100 mL 100 g·L^{-1} NaOH 溶液中	用于洗涤油污及有机物,洗后玻璃壁上附着的 MnO_2 沉淀可用粗亚铁盐或 Na_2SO_3 溶液洗去
碱性酒精溶液	300～400 g·L^{-1} NaOH 酒精溶液	用于洗涤油污及有机物沾染的器皿,但由于碱的腐蚀作用,玻璃器皿不能用该洗液长期浸泡
酒精-浓 HNO_3	洗涤时,在器皿内加入不多于 2 mL 的酒精与 10 mL 的浓 HNO_3,浸泡一段时间即可	用于洗涤沾污有机物或油污的结构较复杂的仪器,洗涤时先加入少量酒精于脏仪器中,再加入少量浓 HNO_3,即产生大量棕色的 NO_2,应注意采用防护措施
$H_2C_2O_4$ 洗涤液	称取 5～10 g $H_2C_2O_4$ 溶于 100 mL 水中,加入数滴浓 HCl	多用于洗涤除去沉积在器壁上的 MnO_2

注:(1)表中上标 a 表示也可用肥皂水。

(2)表中上标 b 表示溶液已还原为绿色铬酸洗液,可加入固体 $KMnO_4$ 使其再生,这样实际消耗的是 $KMnO_4$,可减少铬对环境的污染。

附录 16 常用熔剂和坩埚

熔剂(混合熔剂)名称	所用熔剂量(对试样量而言)	熔融用坩埚材料						熔剂的性质与用途
		铂	铁	镍	瓷	石英	银	
Na_2CO_3(无水)	6～8 倍	+	+	+	－	－	－	碱性熔剂,用于分析酸性矿渣黏土、耐火材料、不溶于酸的残渣、难溶硫酸盐等
$NaHCO_3$	12～14 倍	+	+	+	－	－	－	同上
1 份 Na_2CO_3(无水) 1 份 K_2CO_3(无水)	6～8 倍	+	+	+	－	－	－	同上
6 份 Na_2CO_3(无水) 0.5 份 KNO_3	8～10 倍	+	+	+	－	－	－	碱性氧化熔剂,用于测定矿石中的总 S、As、Cr、V,分离 V、Cr 等物中的 Ti
3 份 $KNaCO_3$(无水) 2 份 NaB_4O_7	10～12 倍	+	－	－	+	+	－	碱性氧化熔剂,用于分析铬铁矿、钛铁矿等
2 份 Na_2CO_3(无水) 1 份 MgO	10～14 倍	+	+	+	+	+	－	碱性氧化熔剂,用于分解铁合金、铬铁矿等
2 份 Na_2CO_3(无水) 1 份 ZnO	8～10 倍	－	－	－	+	+	－	碱性氧化熔剂,用于测定矿石中的 S
Na_2O_2	6～8 倍	－	+	+	－	－	－	碱性氧化熔剂,用于测定矿石和铁合金中的 S、Cr、V、Mn、Si、P,辉钼矿中的 Mo
$NaOH(KOH)$	8～10 倍	－	－	+	－	－	+	碱性熔剂,用以测定锡石中的 Sn、分解硅酸盐等
$KHSO_4(K_2S_2O_7)$	12～14(8～12)倍	+	－	－	+	+	－	酸性熔剂,用以分解硅酸盐、钨矿石,熔融 Ti、Al、Fe、Cu 等的氧化物
1 份 Na_2CO_3(无水) 1 份粉末结晶硫黄	8～12 倍	－	－	－	+	+	－	碱性硫化熔剂,用于从铅、铜、银等中分离钼、锑、砷、锡,分解有色矿石烘烧后的产品,分离钛和钒等
硼酸酐(熔融,研细)	5～8 倍	+	－	－	－	－	－	主要用于分解硅酸盐(当测定其中的碱金属时)

附录 17 一些物质的饱和蒸气压与温度的关系

物质	正常沸点/℃	适用温度范围/℃	A	B	C
三氯甲烷($CHCl_3$)	61.3	$-30\sim150$	13.8804	2677.98	227.4
甲醇(CH_3OH)	64.65	$-20\sim140$	16.1262	3391.96	230.0
乙酸(CH_3COOH)	118.2	$0\sim36$	15.9523	3802.03	225.0
乙醇(CH_3CH_2OH)	78.37	$-2\sim70$	16.5092	3578.91	222.65
丙酮(CH_3COCH_3)	56.5	$5\sim50$	14.1593	2673.30	200.22
乙酸乙酯($C_4H_8O_2$)	77.06	$-22\sim150$	14.3289	2852.24	217.0
苯(C_6H_6)	80.10	$5.53\sim104$	13.86698	2777.724	220.237
环己烷(C_6H_{12})	80.74	$6.56\sim105$	13.74616	2771.221	222.863
异丙醇	82.45	$1\sim101$	13.42006	1638.227	219.61

注:(1)表中的数据符合公式 $\ln p = A - B/(C+t)$,其中 t 的单位为℃。

(2)p 为蒸气压,单位为 kPa。

$t/℃$	$\rho/(kg \cdot m^{-3})$	$t/℃$	$\rho/(kg \cdot m^{-3})$
0	99.87	45	990.25
3.98	1000.00	50	988.07
5	999.99	55	985.73
10	999.73	60	983.24
15	999.13	65	980.59
18	998.62	70	977.81
20	998.23	75	974.89
25	997.07	80	971.83
30	995.67	85	968.65
35	994.06	90	965.34
38	992.99	95	961.92
40	992.24	100	958.38

不同温度下水的表面张力

$t/°C$	$\sigma/(10^{-3}\,N\cdot m^{-1})$	$t/°C$	$\sigma/(10^{-3}\,N\cdot m^{-1})$	$t/°C$	$\sigma/(10^{-3}\,N\cdot m^{-1})$
0	75.64	20	72.75	40	69.56
5	74.92	21	72.59	45	68.74
10	74.22	22	72.44	50	67.91
11	74.07	23	72.28	60	66.18
12	73.93	24	72.13	70	64.42
13	73.78	25	71.97	80	62.61
14	73.64	26	71.82	90	60.75
15	73.49	27	71.66	100	58.85
16	73.34	28	71.50	110	56.89
17	73.19	29	71.35	120	54.89
18	73.05	30	71.18	130	52.84
19	72.90	35	70.38		

不同温度下水的黏度

$t/℃$	η/cP	$t/℃$	η/cP	$t/℃$	η/cP
0	1.7921	21	0.9810	33	0.7523
10	1.3077	22	0.9579	34	0.7371
11	1.2713	23	0.9358	35	0.7225
12	1.2363	24	0.9142	40	0.6560
13	1.2028	25	0.8937	45	0.5988
14	1.1709	26	0.8737	50	0.5494
15	1.1404	27	0.8545	55	0.5064
16	1.1111	28	0.8360	60	0.4688
17	1.0828	29	0.8180	70	0.4061
18	1.0559	30	0.8007	80	0.3565
19	1.0299	31	0.7840	90	0.3165
20	1.0050	32	0.7679	100	0.2838

名称	化学式	$t/℃$	$-\Delta_c H_m^{\ominus}/(kJ \cdot mol^{-1})$
甲醇	$CH_3OH(l)$	25	726.51
乙醇	$CH_3CH_2OH(l)$	25	1366.8
甘油	$(CH_2OH)_2CHOH(l)$	20	1661.0
苯	$C_6H_6(l)$	20	3267.5
己烷	$C_6H_{14}(l)$	25	4163.1
苯甲酸	$C_6H_5COOH(s)$	20	3226.9
萘	$C_6H_8(s)$	25	5153.8
樟脑	$C_{10}H_{16}O(s)$	20	5903.6
尿素	$NH_2CONH_2(s)$	25	631.7

乙醇水溶液的表面张力

ω(乙醇)/%	$\sigma/(10^{-3}\,\mathrm{N \cdot m^{-1}})^{a}$	ω(乙醇)/%	$\sigma/(10^{-3}\,\mathrm{N \cdot m^{-1}})^{b}$
0.00	72.20	0.000	71.23
2.72	60.79	0.972	66.08
5.21	54.87	2.143	61.65
11.10	46.03	4.994	54.15
20.50	37.53	10.39	45.88
30.47	32.25	17.98	38.54
40.00	29.63	25.00	34.08
50.22	27.89	29.98	31.89
59.58	26.71	34.89	30.32
68.94	25.71	50.00	27.45
77.98	24.73	60.04	26.24
87.92	23.64	71.85	25.05
92.10	23.18	75.06	24.68
97.00	22.49	84.57	23.61
100.00	22.03	95.57	22.09
		100.00	21.41

注:(1)表中上标 a 为 25 ℃。

(2)表中上标 b 为 30 ℃。

t/℃	纯水	99.8%的乙醇	t/℃	纯水	99.8%的乙醇
14	1.33348	—	34	1.33136	1.35474
15	1.33341	—	36	1.33107	1.35390
16	1.33333	1.36210	38	1.33079	1.35306
18	1.33317	1.36129	40	1.33051	1.35222
20	1.33299	1.36048	42	1.33023	1.35138
22	1.33281	1.35967	44	1.32992	1.35054
24	1.33262	1.35885	46	1.32959	1.34969
26	1.33241	1.35803	48	1.32927	1.34885
28	1.33219	1.35721	50	1.32894	1.34800
30	1.33192	1.35639	52	1.32850	1.34715
32	1.33164	1.35557	54	1.32827	1.34629

常用参比电极在 25 ℃ 时的电极电势的温度系数

名称	体系	E/V^a	$(dE/dT)/(mV \cdot K^{-1})$
氢电极	$Pt, H_2 \mid H^+ (a_{H^+} = 1)$	0.0000	—
饱和甘汞电极	$Hg, Hg_2Cl_2 \mid$ 饱和 KCl	0.2415	-0.761
标准甘汞电极	$Hg, Hg_2Cl_2 \mid 1 \, mol/L \, KCl$	0.2800	-0.275
甘汞电极	$Hg, Hg_2Cl_2 \mid 0.1 \, mol/L \, KCl$	0.3337	-0.875
银-氯化银电极	$Ag, AgCl \mid 0.1 \, mol/L \, KCl$	0.290	-0.3
氧化汞电极	$Hg, HgO \mid 0.1 \, mol/L \, KOH$	0.165	—
硫酸亚汞电极	$Hg, Hg_2SO_4 \mid 0.1 \, mol/L \, H_2SO_4$	0.6758	—
硫酸铜电极	$Cu \mid$ 饱和 $CuSO_4$	0.316	-0.7

注:表中上标 a 为 25 ℃,相对于标准氢电极(NCE)。

附录 25 不同温度下 KCl 标准溶液的电导率

t/℃	c/(mol · L⁻¹)ᵃ			
	1.000	0.1000	0.0200	0.0100
0	0.06541	0.00715	0.001521	0.000776
5	0.07414	0.00822	0.001752	0.000896
10	0.08319	0.00933	0.001994	0.001020
15	0.09252	0.01048	0.002243	0.001147
16	0.09441	0.01072	0.002294	0.001173
17	0.09631	0.01095	0.002345	0.001199
18	0.09822	0.01119	0.002397	0.001225
19	0.10014	0.01143	0.002449	0.001251
20	0.10207	0.01167	0.002501	0.001278
21	0.10400	0.01191	0.002553	0.001305
22	0.10594	0.01215	0.002606	0.001332
23	0.10789	0.01239	0.002659	0.001359
24	0.10984	0.01264	0.002712	0.001386
25	0.11180	0.01288	0.002765	0.001413
26	0.11377	0.01313	0.002819	0.001441
27	0.11574	0.01337	0.002873	0.001468
28	—	0.01362	0.002927	0.001496
29	—	0.01387	0.002981	0.001524
30	—	0.01412	0.003036	0.001552
35	—	0.01539	0.003312	—
36	—	0.01564	0.003368	—

注:(1)表中上标 a 为在空气中称取 74.56 g KCl,溶解于 18 ℃水中,稀释到 1 L,其浓度为 1.000 mol/L,密度为 1.0449 g/mL,再稀释得其他浓度溶液。

(2)表中所列电导率 κ 单位为 S/cm。

序号	元素	符号	波长 λ/nm	检出限 DL/ (μg·mL^{-1})	主要光谱干扰	元素归属	备注 (制剂标准, μg·mL^{-1})
1	银	Ag	328.07	0.003		铜族元素	
2	铝	Al	309.27 396.15 237.34 308.22	0.008 0.01 0.01 0.025	V,Fe,Mg Mo,Ca Mn	硼族元素	
3	砷	As[b]	189.04 193.76	0.03 0.04	Al	氮族元素	1.5[a]
4	金	Au	242.80 267.60 208.21	0.008 0.02 0.03	Mn Ta	铜族元素	
5	硼	B	249.77 249.68 208.96 (182.59)	0.002 0.004 0.008 0.01	Fe Mo	硼族元素	
6	钡	Ba	455.40	0.0002		碱土金属	
7	铍	Be	313.04 234.86	0.0001 0.0002	V	碱土金属	
8	铋	Bi	223.06	0.04		氮族元素	
9	钙	Ca	393.37 317.93	0.00002 0.003		碱土金属	
10	镉	Cd	214.44 228.80 226.50	0.002 0.002 0.003	Pt As Ni	锌族元素	0.5[a]
11	铈	Ce	413.76	0.02		镧系金属 稀土元素	
12	钴	Co	238.89 228.62	0.004 0.005	Fe	铁系元素	

序号	元素	符号	波长 λ/nm	检出限 DL/ (μg·mL⁻¹)	主要光谱干扰	元素归属	备注 (制剂标准, μg·mL⁻¹)
13	铬	Cr	205.55 206.15 267.72 283.56	0.003 0.004 0.004 0.004	Bi,Zn,Pt Pt Fe	EMEA Ⅰ-1C 亚组 铬副族	2.5
14	铜	Cu	324.75 224.70 327.40	0.002 0.004 0.005		EMEA Ⅱ组 铜组元素	25
15	镝	Dy	353.17	0.008		镧系金属 稀土元素	
16	铒	Er	337.27	0.005	Ti	镧系金属 稀土元素	
17	铕	Eu	381.97	0.001		镧系金属 稀土元素	
18	铁	Fe	238.20 239.56 259.94	0.002 0.002 0.002		EMEA Ⅲ组 铁系元素	130
19	镓	Ga	294.36	0.02		硼族元素	
20	钆	Gd	342.25 335.05	0.007 0.01		镧系金属 稀土元素	
21	锗	Ge[b]	209.43 265.12	0.02 0.03	Ta,Hf	碳族元素	
22	铪	Hf	277.34 273.88 264.14 232.25	0.008 0.008 0.01 0.01	Cr,Fe Ti,Mo,Fe Fe,Mo Mo	过渡金属- 钛副族	
23	汞	Hg[b]	194.23 (187.05) 253.65	0.02 0.02 0.05	V Fe	锌族元素	1.5[a]
24	钬	Ho	345.60	0.004	Er	镧系金属 稀土元素	
25	碘	I	(178.28) (183.04) 206.24	0.008 0.02 0.1	Cu,Zn	卤素元素	
26	铟	In	230.61	0.04		硼族元素	

序号	元素	符号	波长 λ/nm	检出限 DL/ (μg·mL⁻¹)	主要光谱干扰	元素归属	备注 （制剂标准， μg·mL⁻¹)
27	铱	Ir	224.27	0.02	Cu	EMEA Ⅰ-1B亚组 铂系元素	1
28	钾	K	766.49 769.90	0.06 0.15	Cu	碱金属	
29	镧	La	394.91 379.48	0.002 0.005	Ar Fe	镧系金属 稀土元素	
30	锂	Li	670.78	0.002		碱金属	
31	镥	Lu	261.54 291.14 219.55	0.0005 0.003 0.004	Er,Fe,V,Ni Er,V	镧系金属 稀土元素	
32	镁	Mg	279.55 279.08	0.00005 0.02	Ti	碱土金属	
33	锰	Mn	257.61 259.37	0.0005 0.0008	Fe,Mo,Nb,Ta	EMEA Ⅱ组 锰副族	25
34	钼	Mo	202.03	0.004	Fe	EMEA Ⅰ-1C亚组 铬副族	2.5
35	钠	Na	589.00 589.59	0.02 0.02	Ar	碱金属	
36	铌	Nb	309.42 316.34	0.005 0.005	V	过渡金属- 钒副族	
37	钕	Nd	401.23 430.36 406.11 415.61	0.03 0.04 0.05 0.06	Ce,Nb,Ti Pr	镧系金属 稀土元素	
38	镍	Ni	221.65 232.00 231.60	0.008 0.009 0.009	Co,W Cr,Pt	EMEA Ⅰ-1C亚组 铁系元素	2.5
39	锇	Os	225.59	0.0004	Fe	EMEA Ⅰ-1B亚组 铂系元素	1

序号	元素	符号	波长 λ/nm	检出限 DL/ (μg·mL^{-1})	主要光谱干扰	元素归属	备注 (制剂标准, μg·mL^{-1})
40	磷	P	213.62 214.91 (178.29)	0.05 0.05 0.1	Cu Cu I	氮族元素	
41	铅	Pb[①]	220.35	0.03	Pd,Sn	碳族元素	1[a]
42	钯	Pd	340.46 363.47	0.02 0.03	V,Fe,Mo,Zr Co	EMEA I-1A 亚组 铂系元素	1
43	镨	Pr	390.84 422.30	0.02 0.025	Ce,U	镧系金属 稀土元素	
44	铂	Pt	214.42 203.65 204.94 265.95	0.02 0.03 0.04 0.04	Cd Rh,Co	EMEA I-1A 亚组 铂系元素	1
45	铷	Rb	780.02	0.3		碱金属	
46	铼	Re	221.43 227.53	0.006 0.006	Os,Pt,Pd Ag	锰副族	
47	铑	Rh	233.48 249.08 343.49	0.02 0.03 0.03	Sn Fe	EMEA I-1B 亚组 铂系元素	1
48	钌	Ru	240.27	0.02	Fe	EMEA I-1B 亚组 铂系元素	1
49	硫	S	(180.73)	0.04	Al	氧族元素	
50	锑	Sb[b]	206.83 217.59	0.03 0.04	Cr,Ge,Mo Co	氮族元素	
51	钪	Sc	361.38	0.0008		稀土元素	
52	硒	Se[b]	196.09	0.06	Pd	氧族元素	
53	硅	Si	251.61 212.41 288.16	0.008 0.01 0.015	V,Mo Mo	碳族元素	
54	钐	Sm	359.26 428.08	0.02 0.04	Nd,Gd,V Nd	镧系金属 稀土元素	
55	锡	Sn[b]	189.98	0.02	Ti	碳族元素	
56	锶	Sr	407.77	0.00008	La	碱土金属	

基础化学实验

序号	元素	符号	波长 λ/nm	检出限 DL/(μg·mL^{-1})	主要光谱干扰	元素归属	备注（制剂标准，μg·mL^{-1}）
57	钽	Ta	226.23 240.06	0.03 0.03	Pd Pt,Rh,Hf	过渡金属-钒副族	
58	铽	Tb	350.92	0.02	Ru,V	镧系金属稀土元素	
59	碲	Te^b	214.28	0.04		氧族元素	
60	钍	Th	283.73	0.04	Fe	锕系元素	
61	钛	Ti	334.94 336.12	0.002 0.003	Cr,Nb	过渡金属-钛副族	
62	铊	Tl	190.86	0.04	Mo,V	硼族元素	
63	铥	Tm	313.13	0.004	Be	镧系金属稀土元素	
64	铀	U	385.96 409.01 424.17	0.08 0.1 0.1	Nd,Fe	锕系金属	
65	钒	V	309.31 310.23 292.40	0.003 0.003 0.004	Al Ni	EMEA I-1C 亚组 过渡金属-钒副族	2.5
66	钨	W	207.91 239.71	0.015 0.03	Ni,Cu	铬副族	
67	钇	Y	371.03	0.001		稀土元素	
68	镱	Yb	328.94 211.67 212.67	0.001 0.005 0.005	Fe,V Mo,Rh Ir,Ni,Pd	镧系金属稀土元素	
69	锌	Zn	202.55 206.19 213.86	0.002 0.003 0.005	Mg,Cu Cr,Bi Ni,V	EMEA Ⅲ组 锌族元素	130
70	锆	Zr	343.82 339.20 349.62	0.002 0.002 0.003	Hf Er,Th,Fe,Cr Yt,Mn	过渡金属-钛副族	

注:(1)波长下画横线者为最佳波长。

(2)波长有()者需用真空光路。

(3)表中上标 a 为 USP 评判标准,制剂限度(μg·mL^{-1})。

(4)表中上标 b 为这些元素可用氢化法测定,表中列出的检出限比氢化法测定的检出限高 100～200 倍。

基团	振动类型	波数/cm^{-1}	波长/μm	强度	备注
一、烷烃类	CH 伸	3000～2843	3.33～3.52	中、强	分为反称与对称
	CH 伸(反称)	2972～2880	3.37～3.47	中、强	
	CH 伸(对称)	2882～2843	3.49～3.52	中、强	
	CH 弯(面内)	1490～1350	6.71～7.41		
	C—C 伸	1250～1140	8.00～8.77		
二、烯烃类	CH 伸	3100～3000	3.23～3.33	中、弱	C=C=C 为
	C=C 伸	1695～1630	5.90～6.13	中	2000～
	CH 弯(面内)	1430～1290	7.00～7.75	强	1925 cm^{-1}
	CH 弯(面外)	1010～650	9.90～15.4	强	
	单取代	995～985	10.05～10.15	强	
		910～905	10.99～11.05		
	双取代				
	顺式	730～650	13.70～15.38	强	
	反式	980～965	10.20～10.36	强	
三、炔烃类	CH 伸	～3300	～3.03	中	
	C≡C 伸	2270～2100	4.41～4.76	中	
	CH 弯(面内)	1260～1245	7.94～8.03		
	CH 弯(面外)	645～615	15.50～16.25	强	
四、取代苯类	CH 伸	3100～3000	3.23～3.33	变	三四个峰,特征
	泛频峰	2000～1667	5.00～6.00		
	骨架振动($\nu_{C=C}$)	1600±20	6.25±0.08		
		1500±25	6.67±0.10		
		1580±10	6.33±0.04		
		1450±20	6.90±0.10		
	CH 弯(面内)	1250～1000	8.00～10.00	弱	
	CH 弯(面外)	910～665	10.99～15.03	强	确定取代位置
单取代	CH 弯(面外)	770～730	12.99～13.70	极强	五个相邻氢
邻双取代	CH 弯(面外)	770～730	12.99～13.70	极强	四个相邻氢
间双取代	CH 弯(面外)	810～750	12.35～13.33	极强	三个相邻氢
		900～860	11.12～11.63	中	一个氢(次要)
对双取代	CH 弯(面外)	860～800	11.63～12.50	极强	二个相邻氢
1,2,3,三取代	CH 弯(面外)	810～750	12.35～13.33	强	三个相邻氢
					与间双易混
1,3,5,三取代	CH 弯(面外)	874～835	11.44～11.98	强	一个氢
1,2,4,三取代	CH 弯(面外)	885～860	11.30～11.63	中	一个氢
		860～800	11.63～12.50	强	二个相邻氢
*1,2,3,4 四取代	CH 弯(面外)	860～800	11.63～12.50	强	二个相邻氢
*1,2,4,5 四取代	CH 弯(面外)	860～800	11.63～12.50	强	一个氢
*1,2,3,5 四取代	CH 弯(面外)	865～810	11.56～12.35	强	一个氢
*五取代	CH 弯(面外)	～860	～11.63	强	一个氢

基团	振动类型	波数/cm⁻¹	波长/μm	强度	备注
五、醇类、酚类	OH 伸	3700～3200	2.70～3.13	变	
	OH 弯（面内）	1410～1260	7.09～7.93	弱	液态有此峰
	C—O 伸	1260～1000	7.94～10.00	强	
	O—H 弯（面外）	750～650	13.33～15.38	强	
OH 伸缩频率					
游离 OH	OH 伸	3650～3590	2.74～2.79	强	锐峰
分子间氢键	OH 伸	3500～3300	2.86～3.03	强	钝峰（稀释向低频移动）
分子内氢键	OH 伸（单桥）	3570～3450	2.80～2.90	强	钝峰（稀释无影响）
OH弯或C—O伸					
伯醇（饱和）	OH 弯（面内）	～1400	～7.14	强	
	C—O 伸	1250～1000	8.00～10.00	强	
仲醇（饱和）	OH 弯（面内）	～1400	～7.14	强	
	C—O 伸	1125～1000	8.89～10.00	强	
叔醇（饱和）	OH 弯（面内）	～1400	～7.14	强	
	C—O 伸	1210～1100	8.26～9.09	强	
酚类（Ph—OH）	OH 弯（面内）	1390～1330	7.20～7.52	中	
	Ph—O 伸	1260～1180	7.94～8.47	强	
六、醚类	C—O—C 伸	1270～1010	7.87～9.90	强	或标 C—O 伸
脂链醚	C—O—C 伸	1225～1060	8.16～9.43	强	
脂环醚	C—O—C 伸（反称）	1100～1030	9.09～9.71	强	
	C—O—C 伸（对称）	980～900	10.20～11.11	强	
芳醚	=C—O—C 伸（反称）	1270～1230	7.87～8.13	强	氧与侧链碳相连
（氧与芳环相连）	=C—O—C 伸（对称）	1050～1000	9.52～10.00	中	的芳醚同脂醚
	CH 伸	～2825	～3.53	弱	O—CH₃ 的特征峰
七、醛类（—CHO）	CH 伸	2850～2710	3.51～3.69	弱	一般～2820 及～2720 cm⁻¹ 两个带
	C=O 伸	1755～1665	5.70～6.00	很强	
	CH 弯（面外）	975～780	10.2～12.80	中	
饱和脂肪醛	C—O 伸	～1725	～5.80	强	
α,β-不饱和醛	C=O 伸	～1685	～5.93	强	
芳醛	C=O 伸	～1695	～5.90	强	
八、酮类（＞C=O）	C=O 伸	1700～1630	5.78～6.13	极强	
	C—C 伸	1250～1030	8.00～9.70	弱	
	泛频	3510～3390	2.85～2.95	很弱	

基团	振动类型	波数/cm⁻¹	波长/μm	强度	备注
脂酮					
饱和链状酮	C=O 伸	1725~1705	5.80~5.86	强	
α,β-不饱和酮	C=O 伸	1690~1675	5.92~5.97	强	C=O 与
					C=C
β 二酮	C=O 伸	1640~1540	6.10~6.49	强	共轭向低频移动
芳酮类	C=O 伸	1700~1630	5.88~6.14	强	谱带较宽
Ar—CO	C=O 伸	1690~1680	5.92~5.95	强	
二芳基酮					
1-酮基-2-羟基	C=O 伸	1670~1660	5.99~6.02	强	
（或氨基)芳酮					
脂环酮	C=O 伸	1665~1635	6.01~6.12	强	
四环元酮	C=O 伸	~1775	~5.63	强	
五元环酮	C=O 伸	1750~1740	5.71~5.75	强	
六元、七元环酮	C=O 伸	1745~1725	5.73~5.80	强	
九、羧酸类	OH 伸	3400~2500	2.94~4.00	中	在稀溶液中，
（—COOH)	C=O 伸	1740~1650	5.75~6.06	强	单体酸为锐峰在
	OH 弯(面内)	~1430	~6.99	弱	~3350 cm⁻¹；
	C—O 伸	~1300	~7.69	中	二聚体为宽峰，
	OH 弯(面外)	950~900	10.53~11.11	弱	以~3000 cm⁻¹
					为中心
脂肪酸					
R—COOH	C=O 伸	1725~1700	5.80~5.88	强	
α,β-不饱和酸	C=O 伸	1705~1690	5.87~5.91	强	
芳酸	C=O 伸	1700~1650	5.88~6.06	强	氢键
十、酸酐					
链酸酐	C=O 伸(反称)	1850~1800	5.41~5.56	强	共轭时每个谱带
					降20 cm⁻¹
	C=O 伸(对称)	1780~1740	5.62~5.75	强	
	C—O 伸	1170~1050	8.55~9.52	强	
环酸酐	C=O 伸(反称)	1870~1820	5.35~5.49	强	共轭时每个谱带
(五元环)					降20 cm⁻¹
	C=O 伸(对称)	1800~1750	5.56~5.71	强	
	C—O 伸	1300~1200	7.69~8.33	强	
十一、酯类	C=O 伸(泛频)	~3450	~2.90	弱	多数酯
$\left(-\overset{O}{\underset{}{C}}-O-R\right)$	C=O 伸	1770~1720	5.65~5.81	强	
	C—O—C 伸	1280~1100	7.81~9.09	强	

基团	振动类型	波数/cm^{-1}	波长/μm	强度	备注
C＝O 伸缩振动					
正常饱和酯	C＝O 伸	1744～1739	5.73～5.75	强	
α,β-不饱和酯	C＝O 伸	～1720	～5.81	强	
δ-内酯	C＝O 伸	1750～1735	5.71～5.76	强	
γ-内酯（饱和）	C＝O 伸	1780～1760	5.62～5.68	强	
β-内酯	C＝O 伸	～1820	～5.50	强	
十二、胺	NH 伸	3500～3300	2.86～3.03	中	
	NH 弯（面内）	1650～1550	6.06～6.45		伯胺强,中; 仲胺极弱
	C—N 伸	1340～1020	7.46～9.80	中	
	NH 弯（面外）	900～650	11.1～15.4	强	
伯胺类	NH 伸	3500～3400	2.86～2.94	中、中	双峰
	（反称、对称）				
仲胺类	NH 弯（面内）	1650～1590	6.06～6.29	强、中	一个峰
	C—N 伸	1340～1020	7.46～9.80	中、弱	
	NH 伸	3500—3300	2.86～3.03	中	
叔胺类	NH 弯（面内）	1650—1550	6.06—6.45	极弱	
	C—N 伸	1350—1020	7.41～9.80	中、弱	
	C—N 伸（芳香）	1360～1020	7.35～9.80	中、弱	
十三、酰胺 （脂肪与芳香酰胺 数据类似）	NH 伸	3500～3100	2.86～3.22	强	伯酰胺双峰 仲酰胺单峰
	C＝O 伸	1680～1630	5.95～6.13	强	谱带Ⅰ
	NH 弯（面内）	1640～1550	6.10～6.45	强	谱带Ⅱ
	C—N 伸	1420～1400	7.04～7.14	中	谱带Ⅲ
伯酰胺	NH 伸 （反称）	～3350	～2.98	强	
	（对称）	～3180	～3.14	强	
	C＝O 伸	1680～1650	5.95～6.06	强	
	NH 弯（剪式）	1650～1620	6.06～6.15	强	
	C—N 伸	1420～1400	7.04～7.14	中	
	NH$_2$ 面内摇	～1150	～8.70	弱	两峰重合
	NH$_2$ 面外摇	750～600	1.33～1.67	中	两峰重合
仲酰胺	NH 伸	～3270	～3.09	强	
	C＝O 伸	1680～1630	5.95～6.13	强	
	NH 弯＋C—N 伸	1570～1515	6.37～6.60	中	
	C—N 伸＋NH 弯	1310～1200	7.63～8.33	中	
叔酰胺	C＝O 伸	1670～1630	5.99～6.13	强	

基团	振动类型	波数/cm^{-1}	波长/μm	强度	备注
十四、氰类化合物					
脂肪族氰	C≡N 伸	2260～2240	4.43～4.46	强	
α、β 芳香氰	C≡N 伸	2240～2220	4.46～4.51	强	
α、β 不饱和氰	C≡N 伸	2235～2215	4.47～4.52	强	
十五、硝基化合物					
R—NO$_2$	NO$_2$ 伸（反称）	1590～1530	6.29～6.54	强	
	NO$_2$ 伸（对称）	1390～1350	7.19～7.41	强	
Ar—NO$_2$	NO$_2$ 伸（反称）	1530～1510	6.54～6.62	强	
	NO$_2$ 伸（对称）	1350～1330	7.41～7.52	强	

参 考 文 献

[1] 天津大学无机化学教研室. 无机化学[M]. 5版. 北京:高等教育出版社,2018.

[2] 刘卫. 无机化学实验[M]. 合肥:中国科学技术大学出版社,2012.

[3] 朋伟,叶同奇. 无机化学实验[M]. 合肥:合肥工业大学出版社,2013.

[4] 南京大学《无机及分析化学实验》编写组. 无机及分析化学实验[M]. 5版. 北京:高等教育出版社,2015.

[5] 鲁润华,张春荣,周文峰. 分析化学实验[M]. 北京:化学工业出版社,2012.

[6] 郑莉. 分析化学实验[M]. 北京:中国石化出版社,2011.

[7] 华东理工大学有机化学教研组. 有机化学[M]. 3版. 北京:高等教育出版社,2019.

[8] 王玉良,陈华. 有机化学实验[M]. 2版. 北京:化学工业出版社,2015.

[9] 徐雅琴,姜建辉,王春. 有机化学实验[M]. 2版. 北京:化学工业出版社,2016.

[10] 天津大学物理化学教研室. 物理化学. 上册[M]. 6版. 北京:高等教育出版社,2017.

[11] 天津大学物理化学教研室. 物理化学. 下册[M]. 6版. 北京:高等教育出版社,2017.

[12] 张玉军,闫向阳. 物理化学实验[M]. 北京:化学工业出版社,2014.

[13] 夏海涛. 物理化学实验[M]. 3版. 南京:南京大学出版社,2019.

[14] 赵振波,刘翱,孙国英,等. 工科基础化学实验[M]. 北京:化学工业出版社,2015.